普通高等院校计算机基础教育“十四五”规划教材

C# 程序设计实践教程（微课版）

韩玉民　余雨萍◎主　编

高　亮　赵　冬　朱彦松　韩　至◎副主编

中国铁道出版社有限公司
CHINA RAILWAY PUBLISHING HOUSE CO., LTD.

内 容 简 介

本书基于 Visual Studio（VS）开发平台，介绍 C# 程序设计方法与技术。全书内容包括 C# 语言与集成开发环境，C# 程序的组成，数据类型、常量与变量，运算符与表达式，流程控制语句，字符与字符串，数组与集合，面向对象程序设计基础，面向对象高级技术，调试与异常处理，文件与文件流，Windows 窗体应用程序设计，GDI+ 绘图，ADO.NET 操作数据库等，附录中提供了 ASCII 码表、程序流程图符号和用法，以及程序设计命名规则与 C# 编程规范。

本书通过大量的实例介绍 C# 编程方法，并提供综合实例讲解小型应用程序解决方案，以问题和需求导向，激发学生编程兴趣，注重实践能力培养。提供微课视频等教学资源，方便学习，每章有习题与拓展训练。

本书适合作为高等院校计算机、软件工程、软件技术及相关专业的教材，也可作为 C# 初级、中级程序员的自学或参考用书。

图书在版编目（CIP）数据

C# 程序设计实践教程：微课版 / 韩玉民，余雨萍主编．—北京：中国铁道出版社有限公司，2021.8
普通高等院校计算机基础教育“十四五”规划教材
ISBN 978-7-113-27664-5

Ⅰ.①C… Ⅱ.①韩… ②余… Ⅲ.①C 语言-程序设计-高等学校-教材 Ⅳ.①TP312.8

中国版本图书馆 CIP 数据核字（2020）第 273162 号

书　　名：C# 程序设计实践教程（微课版）
作　　者：韩玉民　余雨萍

策　　划：韩从付　　　　　　　　编辑部电话：（010）63549501
责任编辑：贾　星　包　宁
封面设计：付　巍
封面制作：曾　程
责任校对：焦桂荣
责任印制：樊启鹏

出版发行：中国铁道出版社有限公司（100054，北京市西城区右安门西街 8 号）
网　　址：http://www.tdpress.com/51eds/
印　　刷：三河市宏盛印务有限公司
版　　次：2021 年 8 月第 1 版　2021 年 8 月第 1 次印刷
开　　本：880 mm×1 230 mm 1/16　印张：17.5　字数：554 千
书　　号：ISBN 978-7-113-27664-5
定　　价：49.80 元

前　言

C# 语言是微软公司开发的一种完全面向对象的程序设计语言，是开发基于 .NET 生态应用程序的首选语言，也是当今最主流的面向对象编程语言之一。C# 程序设计成为众多高校计算机与软件类专业的必修编程课程。

程序设计课程的特点是实践性强，而近年来我国深化高等教育改革的重要措施之一就是强化学生实践能力和创新能力培养。本书紧扣知识点，通过精心设计的应用实例，介绍 C# 程序设计方法与技术，实例遵循“问题引入—思路分析—解决方案”能力培养路线，按照“实例描述—实例分析—实例实现”结构描述，循序渐进，培养学生的思考能力和用程序解决实际问题的能力，并注重编程的规范化，培养学生优良的专业素养。为便于自学，每个知识点提供微课视频等教学资源。每章都提供了相应的习题与拓展训练，可供课后训练提升能力。

本书共 14 章，作为教材使用时，课堂教学建议 56 学时左右，实践教学建议 26 学时左右。各章主要内容与学时建议如下。

章	主要内容	课堂学时	实践学时
第 1 章	C# 语言简介、Microsoft .NET 框架、Visual Studio 的安装与启动、Visual C# 开发环境	2	1
第 2 章	C# 项目的组成、C# 项目的存储结构、C# 控制台应用程序的基本结构、C# 程序的基本组成元素	3	2
第 3 章	数据类型、常量与变量	4	2
第 4 章	运算符与表达式概述、C# 的运算符	2	2
第 5 章	选择语句、循环语句、跳转语句	4	2
第 6 章	字符、字符串、正则表达式	3	2
第 7 章	数组的基本概念、一维数组、二维数组、多维数组、Array 类、ArrayList 类、综合实例——集合元素操作	4	2
第 8 章	类与对象、方法、字段、属性、索引器、类的面向对象特性	6	2
第 9 章	抽象类与抽象方法、接口、密封类与密封方法、迭代器、分部类、泛型	6	2
第 10 章	程序调试、异常处理语句	2	1
第 11 章	文件基本操作、文件夹基本操作、文本文件读写、二进制文件读写	5	2
第 12 章	Windows 窗体介绍，基本 Windows 控件，菜单、工具栏与状态栏，高级控件与组件，通用对话框、综合实例——系统登录实现	6	2
第 13 章	GDI+ 绘图基础、绘图基本步骤、基本图形绘制、创建绘图工具、综合实例——根据参数绘制图形	4	2
第 14 章	ADO.NET 访问数据库基础、Connection 数据连接对象、Command 命令执行对象、DataReader 数据读取对象、DataSet 和 DataAdapter 数据操作对象、数据绑定控件、综合实例——商品信息管理	5	2

限于篇幅，书中实例仅提供了关键源代码，完整的实例项目和源代码等资源，可到中国铁道出版社有限公司教育资源数字化平台（http://www.tdpress.com/51eds/）上下载。

本书由韩玉民、余雨萍任主编，由高亮、赵冬、朱彦松、韩至任副主编，韩玉民对全书进行了规划，具体编写分工如下：第 1~3 章和附录由韩玉民编写，第 4 章由韩至编写，第 5 章由朱彦松、余雨萍编写，第 6 章由朱彦松、高亮编写，第 7 章由朱彦松、赵冬编写，第 8~11 章由余雨萍编写，第 12 章由高亮编写，第 13~14 章由赵冬编写，全书由韩玉民、余雨萍统稿。

本书的编写得到了中原工学院教材建设经费资助，在此表示感谢。

虽然我们力求完美，但限于水平，书中难免存在疏漏及不妥之处，敬请广大读者批评指正。

编　者

2021 年 1 月

目　录

第1章 C# 语言与集成开发环境

工欲善其事，必先利其器。

——《论语》

千里之行，始于足下。

——老子《道德经》

C# 语言是微软公司推出的面向对象的程序设计语言，从 C、C++ 派生而来，因其具有简洁、面向对象、强大灵活等优点，得到广泛应用。C# 的集成开发环境为 Visual Studio，利用 Visual Studio 可以快速开发各种基于 .NET Framework 平台的应用程序。

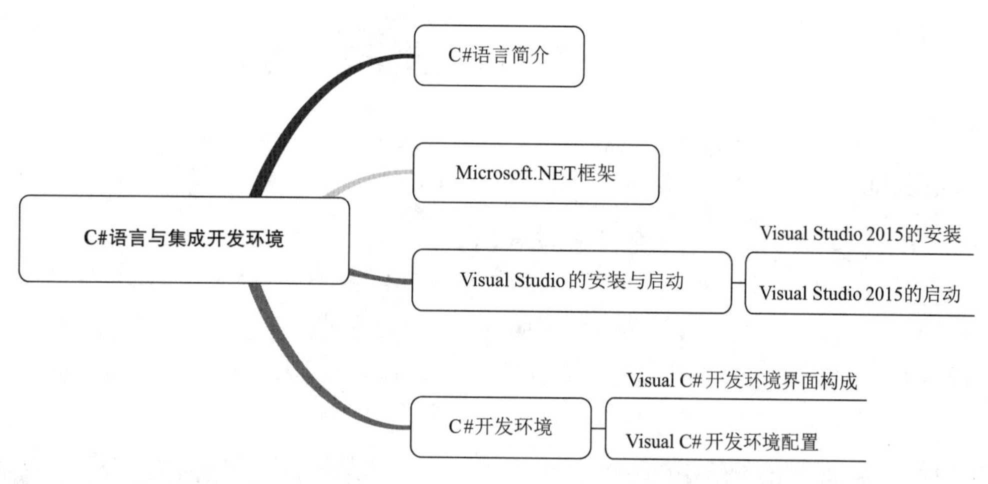

学习目标

（1）掌握 C# 语言及其特点。

（2）了解 Visual Studio .NET 平台构成及其优点。

（3）掌握 Visual Studio 的安装方法。

（4）掌握 Visual Studio 的开发环境配置和使用方法。

1.1 C# 语言简介

C# 语言是微软公司推出的一款面向对象的程序设计语言，派生于 C、C++，主要用于开发可以在 .NET 平台上运行的应用程序。利用 C# 语言可以开发 20 多种不同类型的应用程序，包括最常用的 Windows 窗体应用程序、控制台应用程序、ASP .NET Web 应用程序等。C# 语言具有下列主要特点：

（1）语法简洁。C# 使用统一的操作符，简化类、方法等操作，简单易用。

（2）完全面向对象。C# 具有面向对象的所有基本特性，如封装、继承和多态。

（3）与 Web 紧密结合。C# 支持绝大多数 Web 标准，包括 HTML、XML、SOAP 等。

（4）强大的安全机制。C# 可以消除软件开发中的常见错误（如语法错误），还提供了包括类型安全在内的完整的安全机制。

（5）兼容性。C# 语言遵守 .NET 的公共语言规范（CLS），从而保证了 C# 组件与其他语言组件间的互操作性。

（6）完善的错误、异常处理机制。C# 提供了完善的错误和异常处理机制，使应用程序更加健壮。

1.2 Microsoft .NET 框架

Microsoft .NET Framework（框架）是生成、运行 .NET 应用程序和 Web Service 的组件库，基于 .NET 框架开发的应用程序，无论采用的是哪种语言，均须基于 .NET 框架运行，即必须在 .NET 框架的支持下才能运行。

.NET 框架主要包含多种语言编译器、公共语言运行库（Common Language Runtime，CLR）和框架类库（Framework Class Library，FCL）。公共语言运行库是 .NET 框架的基础，提供 .NET 应用程序所需的内存管理、线程管理和远程处理等核心服务。类库是一个综合性的面向对象的可重用类型集合，为 Windows 应用程序、Web 应用程序、Web 服务和数据访问等各种应用程序的开发提供支持。

初学者要注意区分 Visual Studio 和 .NET 框架。.NET 框架是支持生成和运行 .NET 应用程序的基础，而 Visual Studio 是用来开发 .NET 应用程序的集成开发环境。

1.3 Visual Studio 的安装与启动

微视频
VS的安装

Visual Studio 2015 包括企业版、专业版、个人（社区）版等不同版本，本书所有例子都基于 Visual Studio 2015 的专业版。

1.3.1 Visual Studio 2015 的安装

用户到微软或相关网站上下载 Visual Studio 2015 的相应版本后，就可以进行安装。这里以 Visual Studio Professional 2015（专业版）为例，说明其安装与配置过程。

安装程序启动后首先要初始化安装程序，进行系统环境监测和资源配置工作，界面如图 1-1 所示。

初始化安装程序后，进入安装路径设置与安装类型选择界面，如图 1-2 所示。

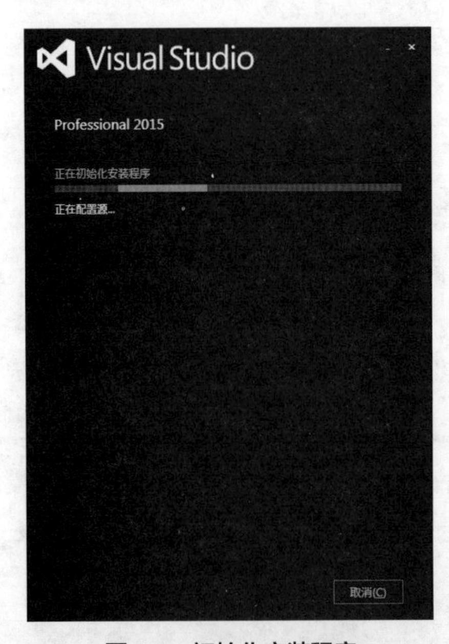

图 1-1　初始化安装程序

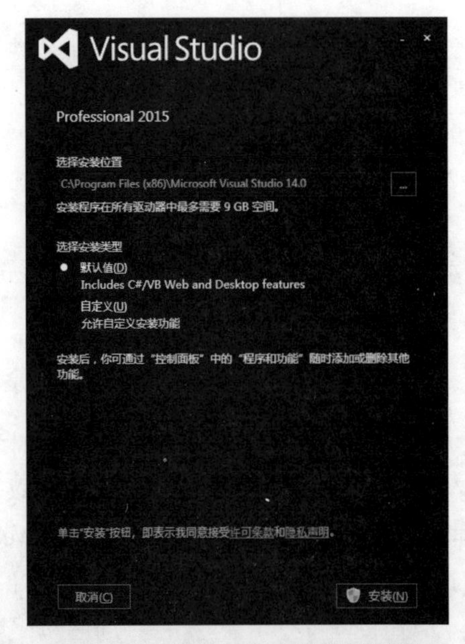

图 1-2　安装位置与安装类型设置

用户可以采用默认的安装路径，也可以重新指定；安装类型包括“默认值”和“自定义”两种，默认值模式包括 C#、VB 等常用的开发功能，自定义模式用户可自行定义需要安装的组件。这里采用“默认值”安装。

单击“安装”按钮后，开始进行系统安装，如图 1-3 所示。

由于 Visual Studio 2015 比较大，安装通常需要十多分钟甚至更长时间，正常安装成功后，显示图 1-4 所示的对话框。

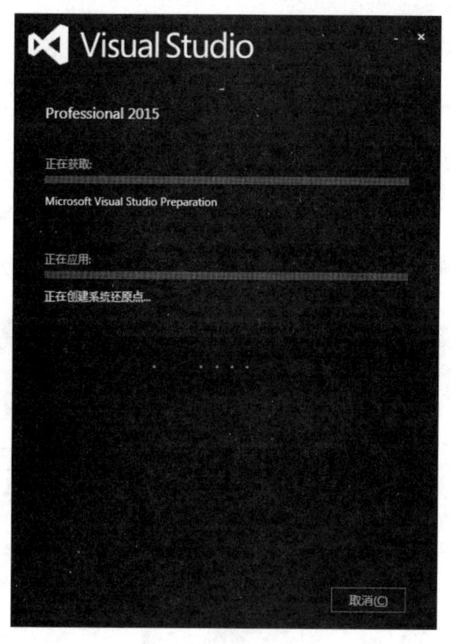

图 1-3　安装进度显示

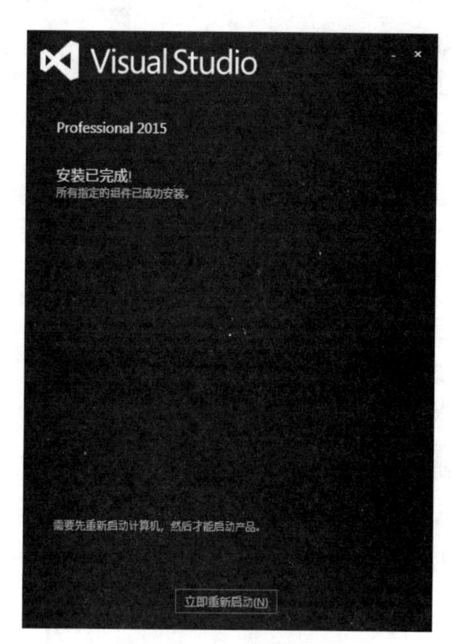

图 1-4　安装完成

重启系统，即可使用 Visual Studio 2015。

1.3.2　Visual Studio 2015 的启动

安装好 Visual Studio 2015，并重启系统后，在 Windows 系统“开始”菜单中选择 Visual Studio 2015 命令，即可启动 Visual Studio 2015。首次启动后首先打开欢迎界面，如图 1-5 所示。

有账户的用户可以登录，没有账户的可以注册新账户，或者直接单击“以后再说”链接，则打开启动时开发环境设置与颜色主体设置界面，如图 1-6 所示，可在“开发设置”下拉列表框中选择 Visual C#，这样就将开发环境直接设置为 Visual C# 开发环境。

图 1-5　首次启动时的欢迎界面

图 1-6　首次启动时开发环境设置与颜色主体设置

通常采用默认的设置即可，单击“启动 Visual Studio”按钮，则进入首次启动系统准备界面，如图 1-7 所示。

数分钟后，Visual Studio 2015 正式启动，进入图 1-8 所示 Visual Studio 初始界面，便可以创建项目、编写程序了。

图 1-7　首次启动系统准备

图 1-8　Visual Studio 初始界面

通过图 1-8 中的“起始页”，可以新建、打开项目，也可以从“最近”项目列表中快速打开最近开发或使用过的项目，还可以了解 Visual Studio 2015 的新增功能。如果启动时不想显示该起始页，取消选择左下角的“启动时显示此页”复选框即可。

1.4　Visual C# 开发环境

Visual Studio 是一个综合性的开发平台，可以用来开发 C#、Visual Basic、JavaScript、Web 等应用程序。针对不同类型的应用程序，开发环境与界面不尽相同。本节介绍 C# 开发环境界面构成与 C# 开发环境的常用系统设置。

微视频 VS界面构成

1.4.1　Visual C# 开发环境界面构成

本节通过一个控制台实例程序，来介绍 Visual C# 开发环境界面构成。

【实例1-1】第一个C#程序：Hello World！。

实例描述：创建一个 C# 控制台应用程序，输出“Hello World！”。

实例实现：

（1）启动 Visual Studio，在图 1-8 所示初始界面中，单击起始页中“开始”栏下的“新建项目”，或者选择“文件”→“新建”→“项目”命令，打开“新建项目”对话框，如图 1-9 所示。在左侧模板列表中选择 Visual C# 选项，在中间 C# 项目模板中选择“控制台应用程序”，将“名称”文本框中默认的 ConsoleApplication1 改为 HelloWorld，在“位置”组合框中可自行指定项目保存位置。

微视频 Hello World!

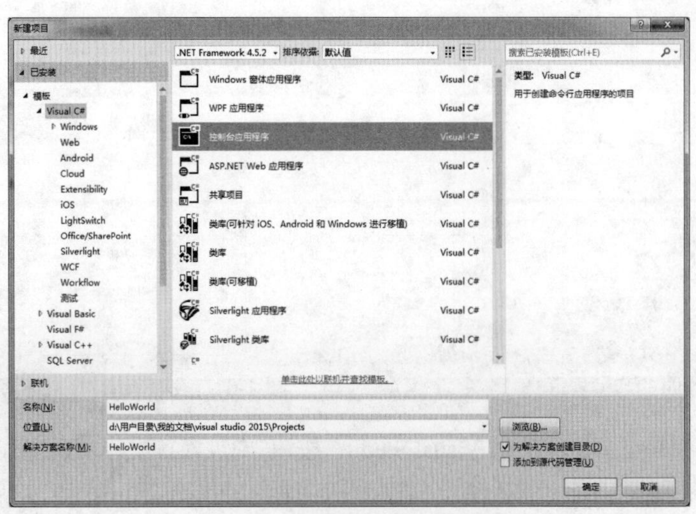

图 1-9　“新建项目”对话框

（2）单击“确定”按钮，则进入 C# 控制台应用程序集成开发环境，如图 1-10 所示。

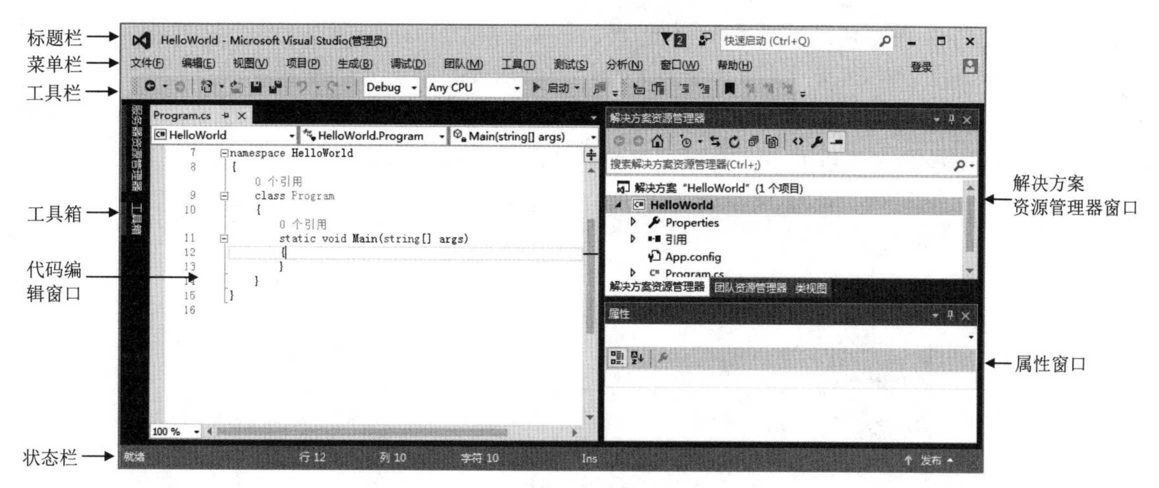

图 1-10 C# 控制台应用程序集成开发环境

代码编辑窗口用于编辑源代码、HTML 页、CSS 表单，以及设计用户界面等，不同类型的项目或文件，其所用的编辑器和设计器也不同。

解决方案资源管理器窗口以树状结构展示解决方案的具体资源组成（该窗口亦可切换为“团队资源管理器”或“类视图”）。在 Visual Studio 中，项目是一个独立的编程单位，一个项目中包括程序文件和若干相关文件，若干项目组成一个解决方案。解决方案是管理配置、生成和部署相关项目集的组织方式。在创建新项目时，默认情况下会自动创建一个相应的解决方案。

（3）在图 1-10 所示的代码编辑窗口中的 Main() 方法中输入下列代码，如图 1-11 所示。

```
Console.WriteLine("Hello World!");
Console.ReadKey();
```

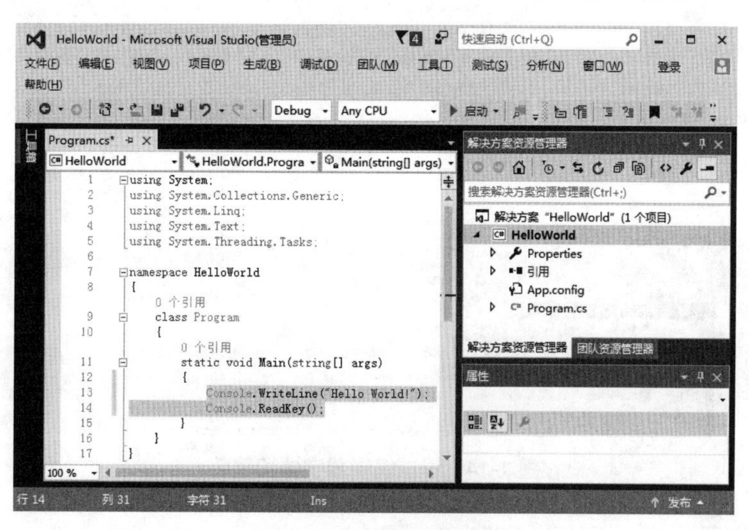

图 1-11 输入代码

（4）按【Ctrl+F5】组合键或单击工具栏上的“启动”按钮 ▶，程序运行结果如图 1-12 所示。

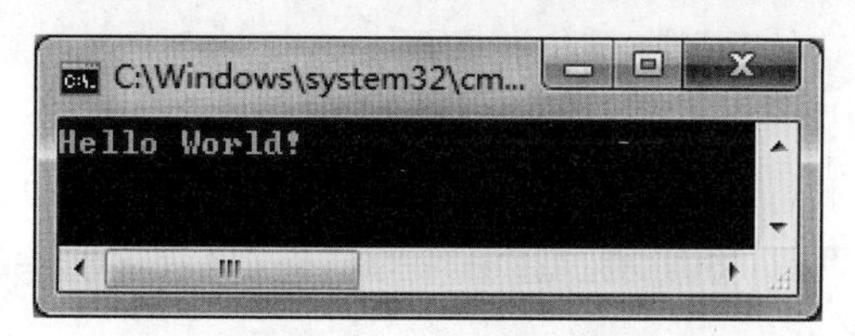

图 1-12 “Hello World！”运行结果

1.4.2 Visual C# 开发环境配置

微视频
C#环境配置

用户可以根据自己的需要来配置开发环境，如改变编辑器代码颜色和字号、设置个人项目和解决方案存放路径等。这里介绍几个用户通常需要自行配置的配置选项。

设置方法是选择“工具”→“选项”命令，打开图 1-13 所示的“选项”对话框。“选项”对话框左栏是设置项目列表，右栏是对应左栏项目的设置内容。

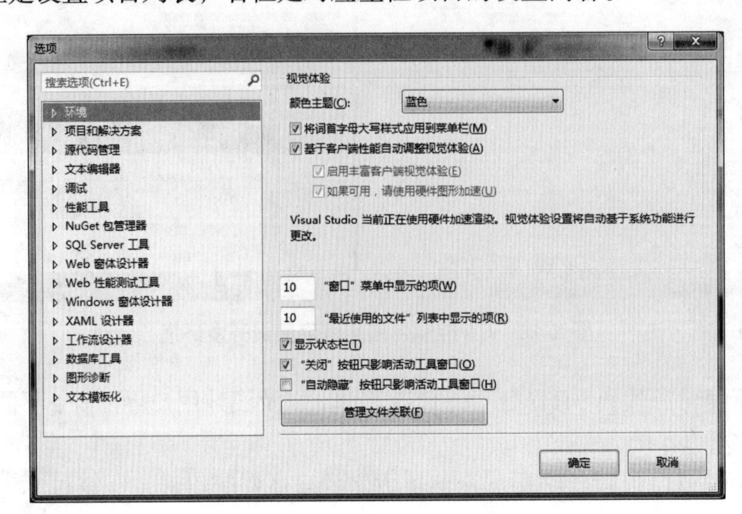

图 1-13 “选项”对话框

1. 设置编辑器字号和颜色

代码编辑器中的字号默认为 10，字号较小。字号等相关设置可以通过“环境”选项下的“字体和颜色”选项进行设置，如图 1-14 所示，在此可以设置编辑器各个显示项的字体、大小（字号）、颜色等。

图 1-14 设置编辑器字体和颜色

2. 项目存储位置设置

Visual Studio 设置了默认的项目保存位置，但通常用户需要指定自己的存储位置。设置存储位置可以通过“项目和解决方案”选项下的“常规”选项进行，如图 1-15 所示。“项目位置”文本框中是默认的项目存储位置，将其设置成个人指定的项目存储位置即可。

3. 文本编辑器——行号等设置

“文本编辑器”选项主要用于对文本编辑工具进行设置，如代码自动感知（IntelliSense）、代码行号显示、大括号自动成对输入等，如图 1-16 所示。其中行号不是 C# 程序的一部分，显示行号纯粹是为了调试程序时方便定位。

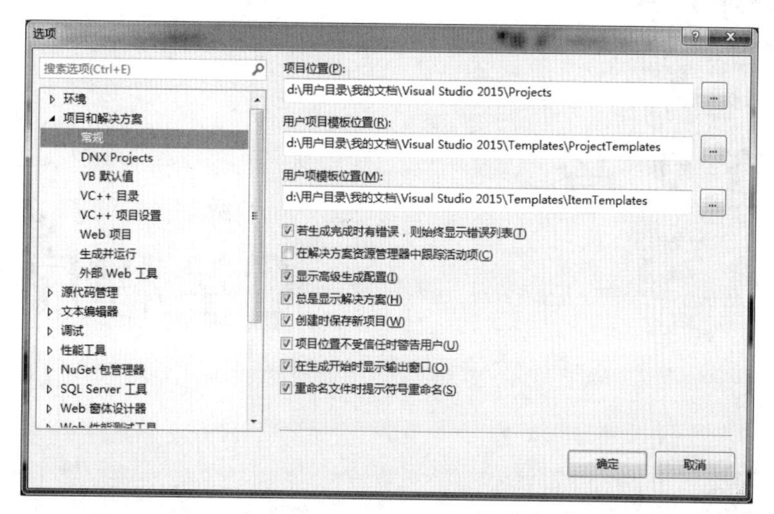

图 1-15　“项目和解决方案”——“常规”项设置

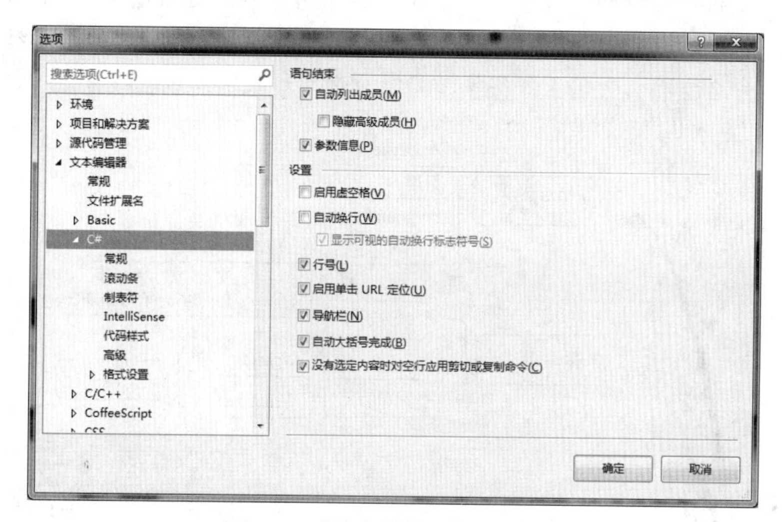

图 1-16　“文本编辑器”选项设置

习题与拓展训练

一、简答题

1. C# 语言的主要特点有哪些？

2. 简述 Microsoft.NET 框架的主要组件。

二、拓展训练

1. 在个人笔记本计算机上安装 Visual Studio 2015 或更新版本的专业版。

2. 创建一个控制台应用程序，输出类似图 1-17 所示的欢迎信息。

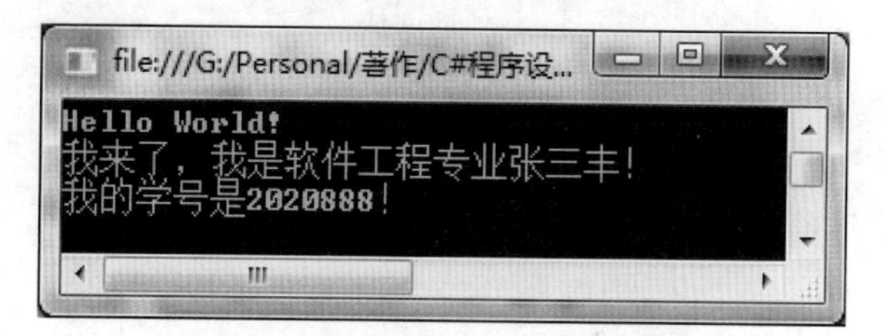

图 1-17　“我来了！”运行结果

第 2 章

C# 程序的组成

不积跬步，无以至千里。——荀子《劝学篇》

道生一，一生二，二生三，三生万物。——老子《道德经》

编写 C# 程序首先要创建 C# 项目，C# 项目中包含程序用到的配置信息、源代码、图片等各种资源。要设计好的项目，需要了解项目的构成。要编写规范的程序，需要掌握 C# 程序的基本结构、基本构成元素，包括标识符、关键字、命名空间、代码注释符等，同时应该掌握基本的编程规范。

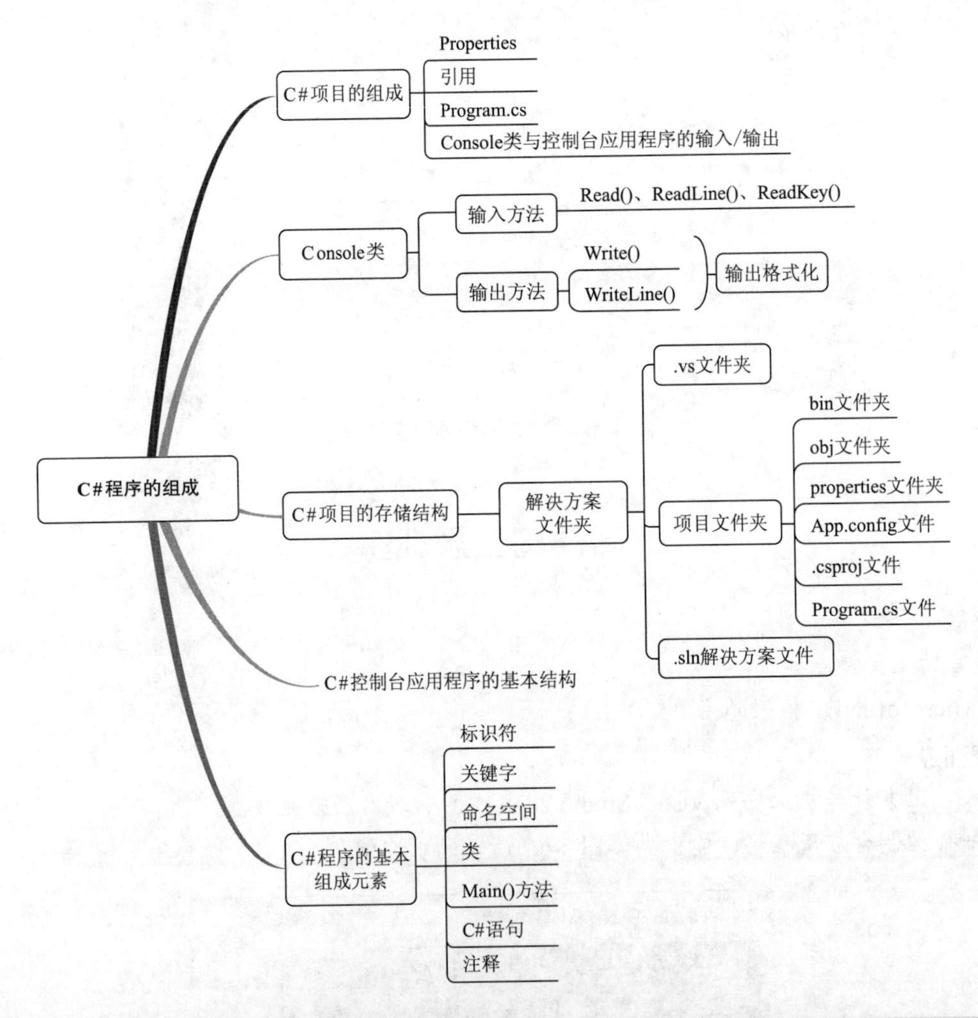

学习目标

（1）掌握 C# 项目的构成与项目存储结构。

（2）掌握 C# 控制台程序的基本结构。

（3）掌握 C# 程序的基本构成元素。

2.1　C# 项目的组成

本节通过一个简单的两个整数的四则运算实例程序来介绍 C# 项目的组成。

【实例2-1】两个整数的四则运算。

实例描述：创建一个控制台应用程序，实现两个整数的加减乘除四则运算。

实例实现：按照第 1 章 1.4 节控制台应用程序创建步骤，创建一个控制台应用程序，项目名称为 Example2_1，在程序的 Main() 方法中输入图 2-1 所示的代码。要注意的是，该代码中的除法运算没有考虑除数为零的异常情况。完整的项目构成与代码参看项目 Example2_1。

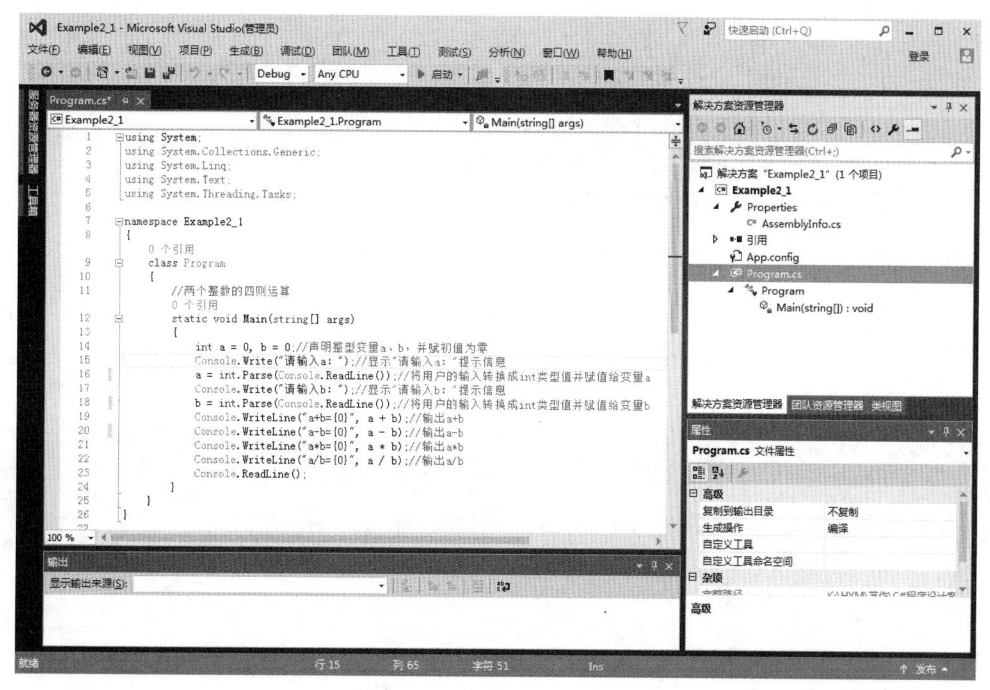

图 2-1　实例 2-1 的程序代码

程序运行结果如图 2-2 所示。

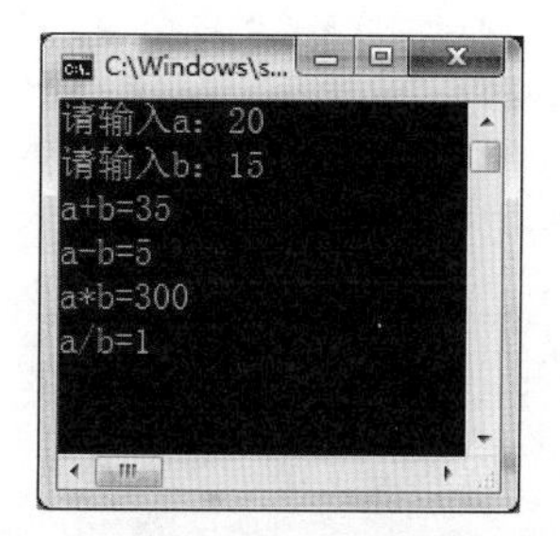

图 2-2　实例 2-1 的程序运行效果

微视频
C#项目组成

如图 2-1 解决方案资源管理器窗口中所示，C# 解决方案中包含项目，项目中有类。C# 控制台项目的构成包括 Properties、引用、Program.cs 等，下面逐项介绍。

2.1.1　Properties

Properties 是定义程序集的属性、项目属性文件夹，一般只有一个 AssemblyInfo.cs 类文件，用于保存程序集的信息，包括程序集名称、版本、说明、版权信息等，这些信息通常与项目属性面板中的信息对应，可以通过属性面板设置，自动生成到该类中，一般无须手动编写。Example2_1 的 AssemblyInfo.cs 的内容如下。

```
using System.Reflection;
using System.Runtime.CompilerServices;
```

```
using System.Runtime.InteropServices;

// 有关程序集的一般信息由以下属性控制。更改这些属性值可修改与程序集关联的信息
[assembly: AssemblyTitle("Example2_1")]
[assembly: AssemblyDescription("")]
[assembly: AssemblyConfiguration("")]
[assembly: AssemblyCompany("Microsoft")]
[assembly: AssemblyProduct("Example2_1")]
[assembly: AssemblyCopyright("Copyright © Microsoft 2019")]
[assembly: AssemblyTrademark("")]
[assembly: AssemblyCulture("")]

//将 ComVisible 设置为 false 将使此程序集中的类型对 COM 组件不可见
//如果需要从COM访问此程序集中的类型，请将此类型的 ComVisible 属性设置为 true
[assembly: ComVisible(false)]

// 如果此项目向 COM 公开，则下列 Guid 用于类型库的 ID
[assembly: Guid("e2588a23-ec68-4d88-98ee-d8419cc84347")]

// 程序集的版本信息由下列4个值组成：
//
//       主版本
//       次版本
//       生成号
//       修订号
//
//可以指定所有这些值，也可以使用“生成号”和“修订号”的默认值，
//方法是按如下所示使用"*":
//[assembly: AssemblyVersion("1.0.*")]
[assembly: AssemblyVersion("1.0.0.0")]
[assembly: AssemblyFileVersion("1.0.0.0")]
```

2.1.2 引用

引用部分指出程序要引用的命名空间，在此可以添加或移除命名空间，如图 2-3 所示，在解决方案资源管理器窗口中的“引用”节点下，实例 2-1 已经默认引用了 System 等命名空间。

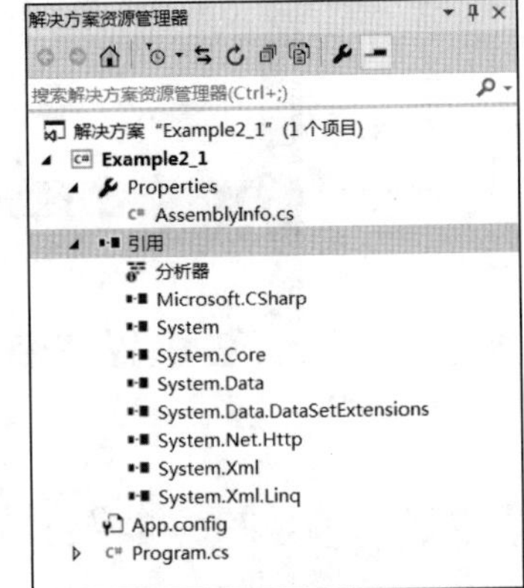

图 2-3　引用的命名空间

其中的 App.config 为配置文件，指定字符集、CLR 版本和 .NET Framework 的版本等。

```
<?xml version="1.0" encoding="utf-8" ?>
<configuration>
    <startup>
        <supportedRuntime version="v4.0" sku=".NETFramework, Version=v4.5.2" />
    </startup>
</configuration>
```

2.1.3 Program.cs

Program.cs 是 C# 应用程序文件（源代码），C# 程序的文件扩展名是 .cs（class 的缩写），这里是 Program 类。双击该文件则在代码编辑窗口中打开，用户可进行编辑修改。

2.1.4 Console 类与控制台应用程序的输入 / 输出

控制台应用程序是在命令行窗口中运行的程序，Console 类表示控制台应用程序的标准输入流、输出流和错误流，提供了控制台应用程序的输入 / 输出方法，如实例 2-1 中数据的 Console.ReadLine()、Console.WriteLine() 等都是 Console 类提供的输入 / 输出方法。

Console 类常用方法如表 2-1 所示。

表 2-1 Console 类常用方法

方法名称	说 明
Console.Read()	从控制台上读取一个字符，返回值为首字符的 ASCII 码
Console.ReadLine()	从控制台上读取一行字符
Console.ReadKey()	获取用户按下的下一个字符或功能键，按下的键显示在控制台窗口中
Console.Write()	向控制台输出内容后不换行
Console.WriteLine()	向控制台输出内容并换行
Console.Beep()	通过控制台扬声器播放提示音
Console.Clear()	清除控制台缓冲区和相应的控制台窗口的显示信息

1. 输入方法 Console.ReadLine()

Console.ReadLine() 用来获取用户从键盘上输入的一行字符串，用户输入的字符会立即被显示在控制台窗口中，直到用户按下【Enter】键才开始处理整个字符串。

控制台应用程序绝大部分用户输入都是通过 Console.ReadLine() 实现的，包括字符串、数值等（如果只输入一个字符或功能键，可以使用 Console.Read() 与 Console.ReadKey()）。例如，下列代码将用户输入的姓名字符串赋给变量 MyName。

```
string  MyName = Console.ReadLine();//将用户输入数字串赋给MyName字符串变量
```

要注意的是，因为 Console.ReadLine() 返回的是字符串，如果要输入数值时必须要将用户输入的数字字符串（如 "251"）转换成相应的数值类型，当然首先用户要确保输入的是纯数字字符串（如 "251"，而不能是 " 中 251" 之类）。实例 2-1 中输入数值 a、数值 b 的第 16 行、第 18 行代码就是将用户输入的字符串转换成 int 整型数，并分别赋值给 int 变量 a 和 b。

```
a = int.Parse(Console.ReadLine());//将用户输入的数字串转换成int类型并赋值给变量a
b = int.Parse(Console.ReadLine());//将用户输入的数字串转换成int类型并赋值给变量b
```

上述语句是使用了 int 整型的 Parse() 方法对输入的字符串进行转换，要转换成带小数的实数值（float、double、decimal）或其他类型的整数（byte）等数值类型时，可使用相应数据类型的 Parse() 方法进行转换，如下列代码：

```
float f = float.Parse(Console.ReadLine());      //将用户输入的字符串转换成float数值并赋值给变量f
double d = double.Parse(Console.ReadLine()); //将用户输入的字符串转换成double数值并赋值给变量d
```

2. 输入方法 Console.Read() 与 Console.ReadKey()

Console.Read() 是从控制台上读取一个字符，返回值为首字符的 ASCII 码（int 整型数）。用户可输入多个字符，直到按下【Enter】键后表示输入结束，但不管输入多少字符，Console.Read() 都只返回第一个字符的 ASCII 码。例如：

```
int i = Console.Read());//将用户输入字符的ASCII码值赋给变量i
```

Console.ReadKey() 用来输入一个字符或功能键（如【F】键、【Insert】键、方向键等），按下的键显示在控制台窗口中，其返回类型为 ConsoleKeyInfo。

在调试控制台应用程序时，显示完执行结果后，经常用 Console.ReadKey() 来等待用户确认输出结果后，输入任意键结束程序运行。

3. 输出方法 Console.Write()、Consol.WriteLine() 与输出格式化

Console.Write() 向控制台输出指定内容，不进行换行，如实例 2-1 中的第 15 行、第 17 行。Console.Write() 常用于显示用户提示信息，使得紧随其后的用户输入与该提示信息在同一行。如实例 2-1 中的第 15 行、第 16 行代码，“请输入 a: ” 和用户输入的数值在同一行。

```
Console.Write("请输入a: ");           //显示“请输入a: ”提示信息
a = int.Parse(Console.ReadLine());//将用户输入的数字转换成int类型并赋值给变量a
```

Console.WriteLine() 输出指定内容，并进行换行（屏幕光标移动至下一行行首），如实例 2-1 中的第 19 行～第 22 行。

Console.Write() 和 Console.WriteLine() 可以直接将具体输出内容作为参数输出，也可以通过格式化字符串将要输出的内容经过格式化转换后输出。例如下列代码：

```
int a = 10, b = 20;
Console.WriteLine("a={0},b={1}",a,b);                //输出: a=10, b=20
Console.WriteLine("{0}+{1} = {2}", a, b, a + b);  //输出:10+20 = 30
Console.WriteLine("{0}={1} + {2}", a+b, a, b);    //输出:30 = 10+20
```

以 Console.WriteLine() 为例，说明 Console.Write() 和 Console.WriteLine() 的输出格式化。其一般语法形式为：

```
Console.WriteLine("格式化表示" , 参数序列)
```

用格式化表示时，用“{”和“}”将格式与其他实际输出字符区分开，一般形式如下：

```
{N [, M] [: 格式化字符串]}
```

格式中的 [] 表示其中的内容为可选项。以下列代码为例，其他符号含义如下：

```
Console.WriteLine("{0}+{1} = {2}", a, b, a + b);  //输出:10+20 = 30
```

- N：指定输出参数序列的序号，从 0 开始，即 0 对应第一个要输出的参数 a（值或变量等），序号 2 对应的是 a+b，依此类推。输出序号必须按升序连续编号，个数要和输出参数序列一致，否则会产生编译错误。
- [,M]：可选项，M 指定输出参数所占的字符个数（最小长度），如果参数的长度小于 M，就用空格填充；否者就按实际长度输出。如果 M 为负数，输出就左对齐；如果 M 为正值，输出就右对齐。
- [: 格式化字符串]：可选项，对于数字，可用 Xn 的形式来指定输出字符串的格式，其中 X 为数字格式符，n 为数字的精度，即有效数字的位数（小数位）。

常用格式符如表 2-2 所示。

表 2-2　常用格式符

格式符	含　义	示　例	输出结果
C 或 c	将数据按货币形式输出	Console.WriteLine("{0:C2}", 123.4);	¥123.40
D 或 d	十进制整数格式	Console.WriteLine("{0:D5}",123);	00123
E 或 e	科学记数法格式	Console.WriteLine("{0:E5}",123.45);	1.235E+002
F 或 f	浮点数据类型格式（四舍五入），默认两位小数	Console.WriteLine("{0:f}",123.4567); Console.WriteLine("{0:f3}",123.4567);	123.46 123.457
G 或 g	通用格式	Console.WriteLine("{0:G}",123.45);	123.45
N 或 n	自然数据格式（千分位分割）	Console.WriteLine("{0:N}", 12345.6789);	12,345.68
P 或 p	百分比格式	Console.WriteLine("{0:P}", 1.234);	123.40%
X 或 x	十六进制格式	Console.WriteLine("{0:X}", 1234);	4D2

涉及特殊字符的输出（如“\”、换行、回车等）需要用到转义符（详见第 6 章）。格式化输出方式灵活、丰富，还可以使用 string 类型的 String.Format() 方法（详见第 6 章）、相应数据类型的 ToString() 方法、Convert 类的转换方法，以及 DateTime 类的日期时间转换等进行格式化（详见第 3 章）。

2.2　C# 项目的存储结构

Visual Studio 将在用户指定的路径下为每一个解决方案创建一个文件夹，如实例 2-1 Example2_1 的文件夹下内容如图 2-4 所示，其中有一个同名的子文件夹和 Example2_1.sln 文件。

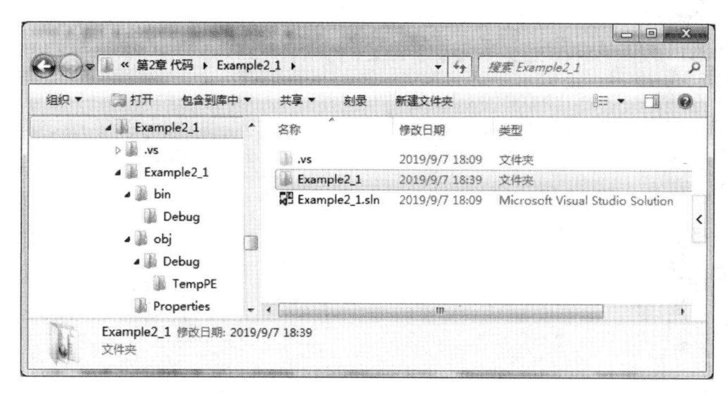

图 2-4　实例 2-1 Example2_1 文件夹

.sln 文件是解决方案文件（Solution），存储整个解决方案的设置信息，双击该文件即可用 Visual Studio 快速打开相应的解决方案。在 Visual Studio 中通过菜单打开一个解决方案也是打开该文件，通过为环境提供对项目、项目项和解决方案项在磁盘上位置的引用，可将它们组织到解决方案中。

双击打开图 2-4 中 Example2_1 子文件夹，如图 2-5 所示。

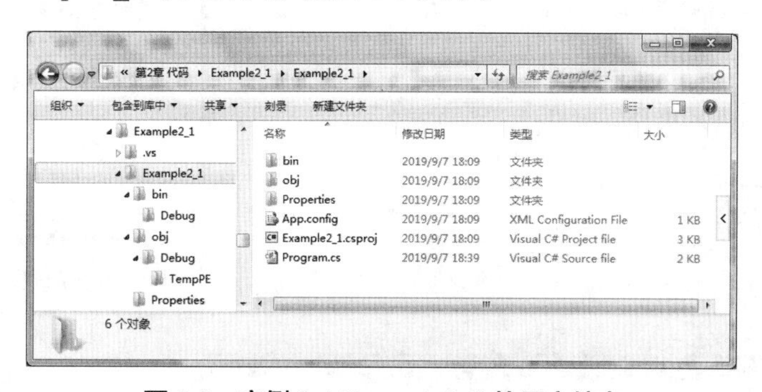

图 2-5　实例 2-1 Example2_1 的子文件夹

可以看到，Example2_1 子文件夹中有 bin、obj、Properties 这 3 个子文件夹和 Program.cs 等文件。其中 App.config 为配置文件，Example2_1.csproj 为项目文件（管理文件项），Program.cs 为 Program 类文件，Main 方法就在其中。

bin 文件夹用来存放编译结果，存放 dll 或者 exe 文件。它有两种编译模式：Debug（调试）和 Release（发布）两个版本。bin 文件夹中的 Debug 子文件夹内容如图 2-6 所示，其中的 Example2_1.exe 即为编译后的可执行文件。

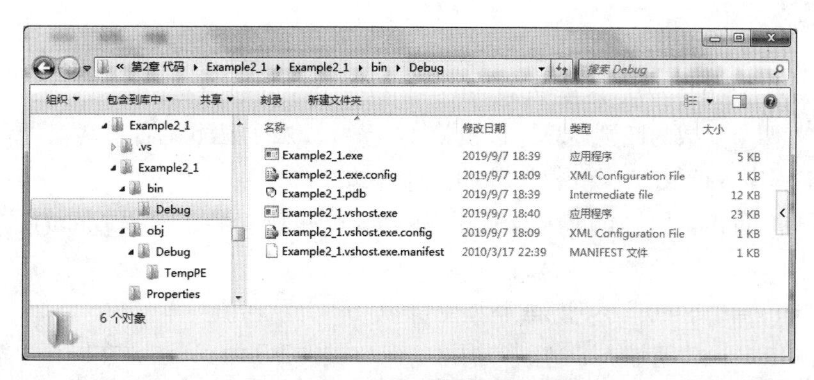

图 2-6　bin\ Debug 文件夹中内容

obj 文件夹存放编译过程中生成的中间临时文件。每次编译时默认都是采用增量编译，即只重新编译改变了的模块，obj 文件夹保存每个模块的编译结果，用来加快编译速度。用户可自行查看 obj 文件夹中内容。

Properties 文件夹下只有一个 AssemblyInfo.cs 文件，定义程序集的属性、项目属性文件夹等配置信息。

注意：复制C#项目时，需复制解决方案的整个文件夹内容，缺少文件将造成项目不能正常打开。

2.3　C# 控制台应用程序的基本结构

如图 2-7 中 Example2_1 程序所示，C# 控制台应用程序基本结构大致包括下列部分：

（1）命名空间引用。

（2）命名空间声明。

（3）class（类）的声明。

（4）Main() 方法定义。

（5）语句。

（6）注释。

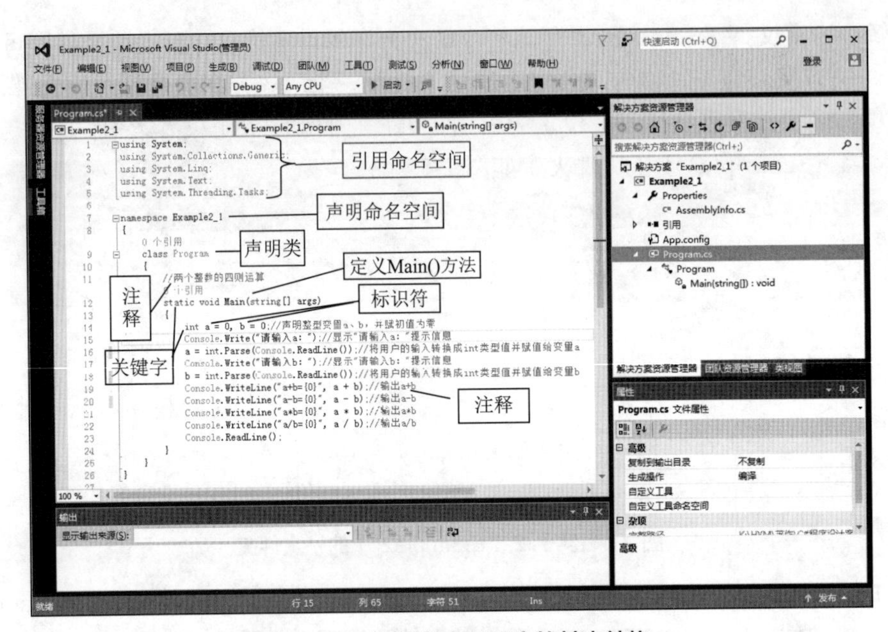

图 2-7　C# 控制台应用程序的基本结构

程序的第 1 行 ~ 第 5 行为命名空间引用。 using 关键字用于在程序中引用命名空间，一个程序一般有多个 using 语句，如 using System; 是引用 System 命名空间。

第 7 行是 namespace（命名空间）声明。一个 namespace 中可以包含一系列类。此处 Example2_1 命名空间包含了 Program 类。

第 9 行是 class（类）声明，这里声明了 Program 类。类包含了程序使用的数据和方法声明。类一般包含多个方法，方法定义了类的行为。这里 Program 类只有一个 Main() 方法。

第 11 行中的“// 两个整数的四则运算”以及第 14 行 ~ 第 22 行语句后面“//”注释符号后的文本为注释内容，注释用于对程序进行说明，编译时会被编译器忽略。

第 12 行定义了 Main() 方法，Main() 方法是所有 C# 程序的入口点。这里 Main() 方法的具体内容包括第 12 行 ~ 第 24 行。

第 14 行中的“int a = 0, b = 0;”声明 int 整型变量 a、b，并赋初值为零。

第 15 行“Console.Write(" 请输入 a : ");”调用 Console 类的 Write() 方法，在屏幕上输出“请输入 a :”提示信息。Write() 方法输出信息后不换行。

第 16 行“a = int.Parse(Console.ReadLine());”先调用 Console 类的 ReadLine() 方法从键盘上读入一行用户输入的内容（按 Enter 键结束），然后调用 int 类的 Parse() 方法将输入内容转换成 int 整数，并将结果赋予变量 a，这样执行后，a 就被赋予了用户输入的整数。第 18 行同此，为输入 b 的值。

第 19 行“Console.WriteLine("a+b={0}", a + b);”调用 Console 类的 WriteLine() 方法，在屏幕上输出“a+b=”以及 a+b 的值。第 20 行 ~ 第 22 行与此类似，分别输出变量 a 和 b 的差、积和商。

第 23 行“Console.ReadLine();”，此处仅起暂停的作用，等待用户按下 Enter 键继续执行，防止程序快速运行结束并关闭而使用户看不到运行效果。

2.4　C# 程序的基本组成元素

由实例 2-1 Example2_1 程序可以看出，C# 程序的基本组成元素包括标识符、关键字、命名空间、类、语句、注释等。

2.4.1　标识符

标识符是用户在程序中定义变量、类、方法和其他各种用户定义对象的名称。C# 中命名标识符时应当遵守以下规则：

（1）标识符不能以数字开头，也不能包含空格。

（2）标识符可以包含大小写字母、数字、下画线和 @ 字符，@ 字符只能是标识符的第一个字符（带 @ 前缀的标识符称为逐字标识符）。

（3）标识符必须区分大小写。如 a 和 A 是不同的。

（4）标识符不能与 C# 关键字相同，也不能与 C# 类库名称相同。

除了上述硬性规定外，作为程序员，还应遵守标识符命名规范（参见附录 C：程序设计命名规则与 C# 编程规范）：

（1）变量的名字要有意义，尽量用对应的英语命名，具有“见名知意”的作用。例如，“学生姓名”变量命名为 student_Name。

（2）避免使用单个字符作为变量名（除了在循环中的循环控制变量）。

（3）当使用多个单词组成变量名时，应该使用 Camel 命名法，即第一个单词的首字母小写，其他单词的首字母大写，如 myName、myAge。

2.4.2　关键字

关键字是预定义的保留标识符，对编译器有特殊意义，如前面实例代码中的 using、namespace、class 等。除非前面有 @ 前缀，否则不能在程序中用作标识符。例如，@if 是有效标识符，而 if 则不是，因为 if 是关键字。C# 关键字如表 2-3 所示。

表 2-3　C# 关键字

abstract	as	base	bool	break	byte	case	catch	char	checked
class	const	continue	decimal	default	delegate	do	double	else	enum
event	explicit	extern	false	finally	fixed	float	for	foreach	goto
if	implicit	in	int	interface	internal	is	lock	long	namespace
new	null	object	operator	out	override	params	private	protected	public
readonly	ref	return	sbyte	sealed	short	sizeof	stackalloc	static	string
struct	switch	this	throw	true	try	typeof	uint	ulong	unchecked
unsafe	ushort	using	virtual	void	volatile	while			

2.4.3　命名空间

命名空间（Namespace）是一种代码组织的形式。命名空间使用层次模型组织类，其优点是可以防止对象命名上的冲突。例如，在同一个命名空间中不能有完全相同的两个标识符，但在不同的命名空间中可以。

例如，之前程序中用到的 System 就是系统定义的命名空间，在创建控制台应用程序时，在 Program.cs 中默认会自动声明与项目同名的命名空间，如实例 2-1 中的 Example2_1 命名空间。

2.4.4 类

类（class）是最基础的 C# 类型，如例 2-1 控制台程序中的 Program 类。类是一个数据结构。类将数据成员、方法成员和其他类封装在一个单元中。类是创建对象的模板。类是 C# 语言的核心和基本构成模块，C# 中所有的语句都必须包含在类中。使用 C# 编程，实际上就是编写自定义的类来描述解决具体问题的过程。

2.4.5 Main() 方法

Main() 方法是程序的入口点，C# 程序中必须包含一个 Main() 方法，在 Main() 方法中可以创建对象和调用其他方法。

一个 C# 程序中只能有一个 Main() 方法（即一个程序只能有一个入口点），并且在 C# 中所有的 Main() 方法都必须是静态（static）的，使它可以不依赖于类的实例对象而执行。

默认的 Main() 方法代码为：

```
static void Main(string[] args)
{
}
```

可以用 3 个修饰符修饰 Main() 方法，分别是 public、static 和 void。

（1）public：说明 Main() 方法是共有的，在类的外面也可以调用整个方法。

（2）static：说明方法是一个静态方法，即这个方法属于类的本身，而不是这个类的特定对象，调用静态方法不能使用类的实例化对象，必须直接使用类名来调用。

（3）viod：此修饰符说明方法无返回值。

2.4.6 C# 语句

语句是构成 C# 程序的基本单位，要按照 C# 语法规则来书写。C# 语句包括表达式语句、方法调用语句、控制语句、复合语句等，在语句中可以声明局部变量和常数、给变量赋值、调用方法、创建对象等。例如，下列语句：

```
Console.WriteLine("Hello World!");
Console.ReadLine();
```

注意：所有的语句和表达式必须以分号“;”结尾。

2.4.7 注释

为增强代码可读性，便于后期软件维护与升级，需要在代码中添加适当的注释，这也是程序员的一种基本职业素质。

C# 语言注释有单行注释、多行注释和 XML 格式注释 3 种形式。

1. 单行注释

以“//”符号开始，任何位于“//”符号后的本行文字都视为注释。程序执行时编译器对注释不进行编译。

在 Visual Studio 编辑器中单击工具栏上的按钮（或者先按【Ctrl+K】组合键，再按【Ctrl+C】组合键）则注释当前行或选中行，单击工具栏中的按钮（或者先按【Ctrl+K】组合键，再按【Ctrl+U】组合键）则取消注释当前行或选中行。

2. 多行注释

多行注释亦称块注释，以“/*”开始，以“*/”结束。任何介于这对符号之间的文字块都被视为注释，程序执行时编译器对注释不进行编译。

3. XML 注释

XML 注释是文档注释，使用“///”符号，在“///”后可以有预定义或自定义的 XML 文档注释标记等，任何“///”后面的文字都被认为是 XML 注释。/// 注释通常放在函数上面使用，给函数加注解。程序执行时编译器将对 XML 注释进行编译。

在 Visual Studio 编辑器中输入“///”，则会在相应的位置自动添加如下注释语句，开发人员在其中填写注释文本即可。

```
/// <summary>
///
/// </summary>
```

【实例2-2】个人简要信息展示。

实例描述：创建一个控制台应用程序，输入个人姓名、学号和年龄，并显示出来。变量定义要规范，并添加必要的注释。

实例分析：用 Console.Write() 输出用户提示信息，使得用户输入的内容与提示信息在同一行；姓名为字符串（string 类型），可以直接用 Console.ReadLine() 输入，学号和年龄都为数值（用 int 类型），需要通过 Console.ReadLine() 输入，然后使用 int.Parse() 方法转换为 int 数值；通过 Console.WriteLine() 进行信息输出，最后通过 Console.ReadKey() 等待用户输入任意键，结束程序。

实例实现：

（1）创建一个控制台应用程序，项目名称为 Example2_2。

（2）在程序的 Main() 方法中输入图 2-8 所示的代码。

程序运行结果如图 2-9 所示。

图 2-8　实例 2-2——个人简要信息展示代码

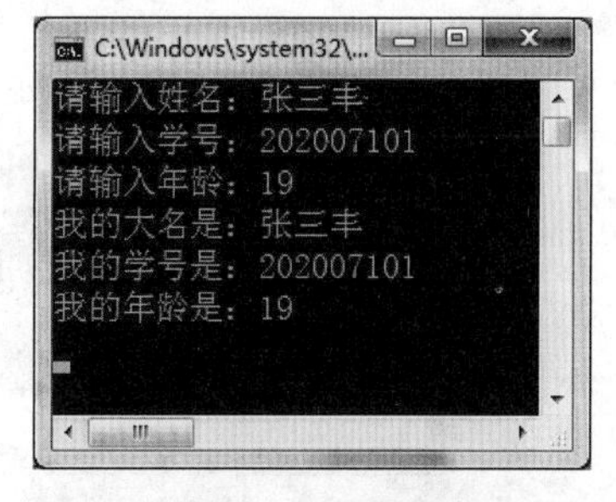

图 2-9　实例 2-2 的程序运行结果

习题与拓展训练

一、选择题

1. CLR 是一种（　　）。

   A. 程序设计语言　　B. 运行环境　　C. 开发环境　　D. API 编程接口

2. C# 源代码文件的扩展名为（　　）。

A. C#　　B. CC　　C. CSP　　D. CS

3. C# 中程序的入口方法名是（　　）。

A. Main　　B. main　　C. Begin　　D. using

4. 关于 C# 程序的书写，下列描述中不正确的是（　　）。

A. 区分大小写

B. 一行可以写多条语句

C. 一条语句可以写成多行

D. 一个类只能有一个 Main() 方法，因此多个类中可以有多个 Main() 方法

5. 以下变量命名正确的是（　　）。

A. name、_222*1、9class、public

B. _teacher、void、string、myName

C. $Age、cross、fire、_grade

D. _glass、g23、c_12、my_first_2

6. 在 C# 语言中，下列选项中能够作为变量名的是（　　）。

A. if　　B. 3ab　　C. a_3b　　D. a-bc

二、简答题

1. 简述 C# 控制台应用程序的构成。
2. 什么是命名空间？简述其作用。
3. 类可以包含哪些成员？
4. C# 应用程序的入口方法是什么？简述其特点。
5. 简述标识符的命名规则。
6. 列举 C# 中常用的 5 个关键字。
7. 代码注释的功能有哪些？行注释和块注释分别使用什么符号？

三、拓展训练

1. 创建一个控制台应用程序，先输入一门课程的课程号（纯数字）和成绩（百分制），然后输出课程号和成绩。程序运行结果如图 2-10 所示。

2. 创建一个控制台应用程序，计算一个输入数(int 整数)的平方和立方。程序运行结果如图 2-11 所示。

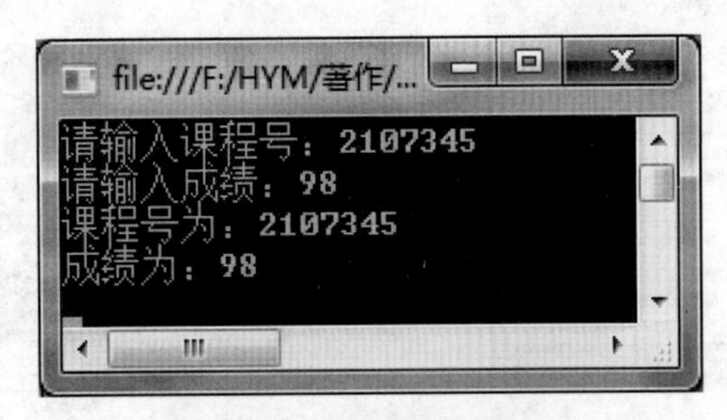

图 2-10　课程成绩展示

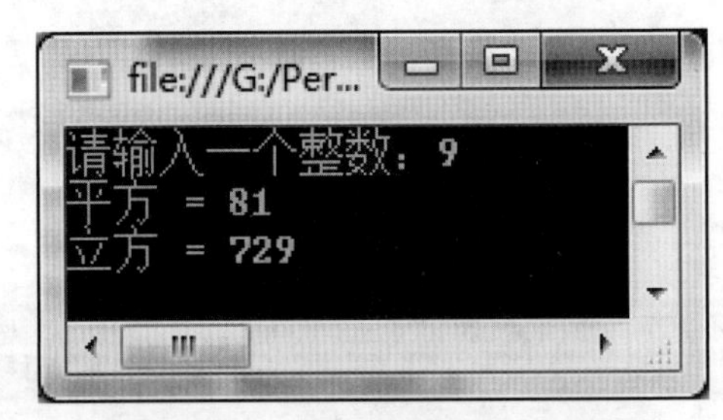

图 2-11　求一个数的平方和立方

第3章 数据类型、常量与变量

不以规矩，不能成方圆。

——《孟子》

应用程序中离不开常量和变量的应用。C# 是一种强类型语言，每个常量和变量都属于某一种数据类型。C# 已经预定义了值类型和引用类型两大类数据类型，包括 10 多种具体的数据类型，每种数据类型规定了存储位数、取值范围及相应的运算。C# 也支持用户自定义数据类型。

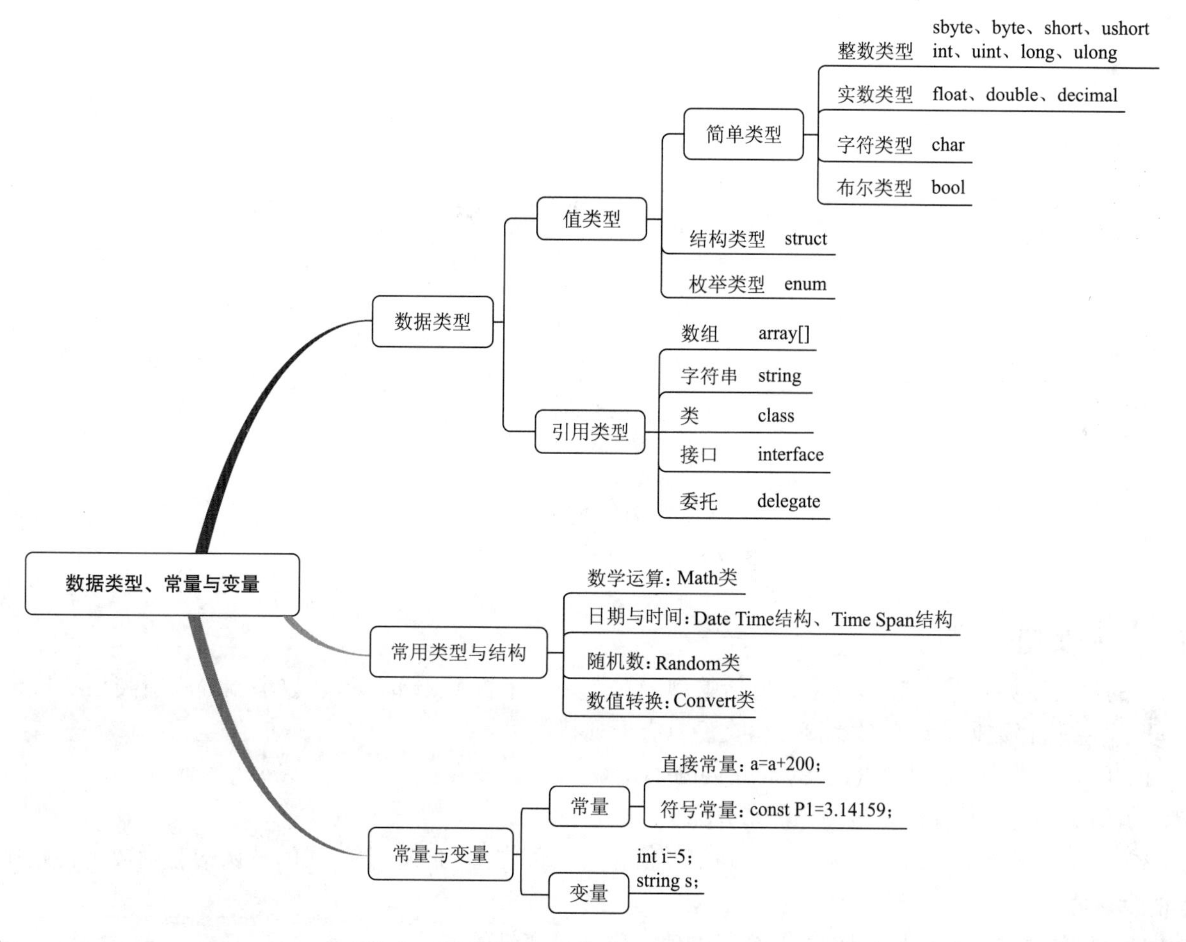

学习目标

（1）掌握数据类型的概念及 C# 中数据类型的分类。

（2）掌握 C# 中常用数据类型的特点和使用。

（3）掌握不同数据类型之间的转换。

（4）掌握常量与变量的定义与使用。

3.1 数 据 类 型

在日常生活中，存在着各种各样的数据，人们通常把每一种数据根据其特点进行归类，从而成为不同的数据类型，如整数、小数……

数据类型在数据结构中的定义是：一组性质相同的值的集合以及定义在这个值集合上的一组操作的总称。每一种数据类型都有其特定的取值范围和可执行的运算。C# 是一种强类型语言，要求每个变量都必须指定数据类型。

微视频
数据类型

C# 的数据类型分为值类型和引用类型两大类，如图 3-1 所示，其差异在于数据的存储方式不同，值类型直接存储数据，而引用类型则存储对实际数据的引用（地址），通过该引用再找到实际的数据。从内存角度来看，值类型的数据存储在内存的栈中，引用类型的数据存储在内存的堆中，而内存单元中只存放堆中对象的地址。

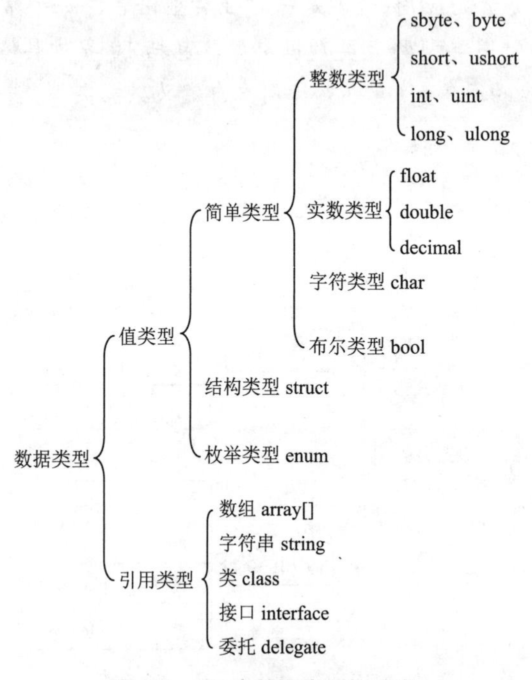

图 3-1　C# 中数据类型的分类

3.1.1　值类型

C# 的值类型亦称基本数据类型，包括整型、浮点型、字符型、布尔型、枚举型等。值类型在栈中分配空间，直接保存数据，因此效率高。值类型具有下列特性：

（1）所有值类型均隐式派生自 System.ValueType。

（2）值类型变量都存储在栈中（静态分配）。

（3）值类型不能为 null，必须有一个确定的值，每种值类型均有一个隐式的默认构造函数来初始化该类型的默认值。

（4）复制值类型变量时，复制的是变量的值，而不是变量的地址。

（5）所有的值类型都是密封（seal）的，所以无法派生出新的值类型。

1. 整数类型

整数类型（整型）就是存储整数的类型。按照存储值的范围不同，C# 将整型分成 byte、short、int、long 等，并分别定义了有符号数和无符号数，如表 3-1 所示。有符号数可以表示负数，无符号数仅能表示正数。

表 3-1 整数类型

类 型	说 明	占用位数	取值范围	类型指定符	示 例
sbyte	8 位有符号数	8	$-2^7 \sim 2^7-1$		sbyte i=-5;
byte	8 位无符号数	8	$0 \sim 2^8-1$		byte i=5;
short	16 位有符号数	16	$-2^{15} \sim 2^{15}-1$		short i=-5;
ushort	16 位无符号数	16	$0 \sim 2^{16}-1$		ushort i=5;
int	32 位有符号数	32	$-2^{31} \sim 2^{31}-1$	十六进制数需要加 0x 前缀	int i=-5;
uint	32 位无符号数	32	$0 \sim 2^{32}-1$	后缀：U 或 u	uint i=5; uint i=5U;
long	64 位有符号数	64	$-2^{63} \sim 2^{63}-1$	后缀：L 或 l	long i=-5; long i=-5L;
ulong	64 位无符号数	64	$0 \sim 2^{64}-1$	后缀：UL 或 ul	ulong i=5; ulong i=5U; ulong i=5L; ulong i=5UL;

2. 实数类型

整数类型是不能存储小数的，实数类型则可用来处理含有小数的数据。C# 有 3 种实数类型：float（单精度型）、double（双精度型）、decimal（十进制小数型），如表 3-2 所示。其差别主要是取值范围和精度不同。

表 3-2 实数类型

类 型	说 明	占用位数	取值范围	类型指定符	示 例
float	单精度浮点数	32	$\pm 1.5 \times 10^{-45} \sim 3.4 \times 10^{38}$，精度为 7 位数	F 或 f	float f=3.14F;
double	双精度浮点数	64	$\pm 5.0 \times 10^{-324} \sim 1.7 \times 10^{308}$，精度为 15、16 位数	D 或 d	double d=3.14D;
decimal	固定精度十进制小数型	128	$(-7.9 \times 10^{28} \sim 7.9 \times 10^{28}) / (10^{0 \sim 28})$，精度为 28、29 位数	M 或 m	decimal d=3.14M;

【实例3-1】计算平均成绩。

实例描述：创建一个控制台应用程序，输入个人的学号、高等数学和大学英语的成绩（整数），然后计算两门课程的平均成绩，保留两位小数。

实例分析：平均成绩要求保留两位小数，故应采用 float 或 double 类型，这里使用 double 类型，在输出时要通过输出格式控制符控制输出两位小数。

实例实现：创建一个控制台应用程序，项目名称为 Example3_1，在程序的 Main() 方法中输入下列代码：

```
static void Main(string[] args)
{
    int student_ID, mathScore,engScore;                   //声明学号、高等数学成绩、大学英语成绩变量
    double avgScore;                                      //声明平均成绩变量
    Console.Write("请输入学号：");                          //提示输入学号
    student_ID = int.Parse(Console.ReadLine());           //输入学号
    Console.Write("请输入高等数学成绩：");
    mathScore = int.Parse(Console.ReadLine());            //输入高等数学成绩
    Console.Write("请输入大学英语成绩：");
    engScore = int.Parse(Console.ReadLine());             //输入大学英语成绩
    avgScore = (mathScore + engScore) / 2.0;              //计算平均成绩，除以2.0而不是除以2，是为了
将整数计算式按double计算
    Console.WriteLine("平均成绩：{0:f2}", avgScore); //f2:控制输出两位小数
    Console.ReadLine();
}
```

程序运行结果如图 3-2 所示。

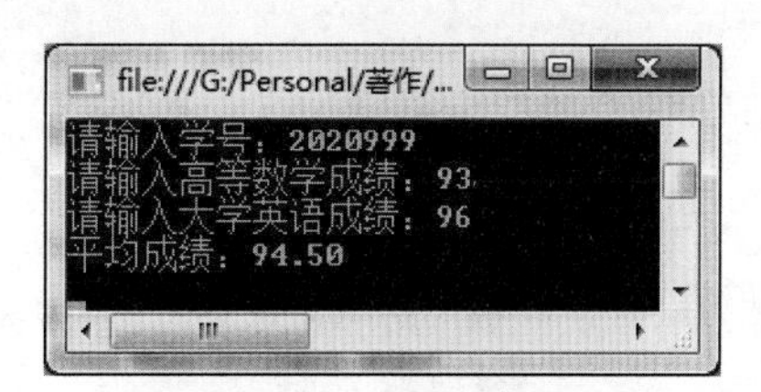

图 3-2 计算平均成绩

3. 字符类型（char 类型）

字符类型采用国际标准 Unicode 字符集，占用两个字节，只能存放一个西文字符或一个汉字。字符类型用 char 关键字标识，存放到 char 类型的字符需要使用单引号括起来，例如 'a'、' 中 ' 等。

```
char um='6';
char letter1 ='a';
char letter2 ='中';
```

字符类型的介绍详见第 6 章。

4. 布尔类型

布尔类型使用 bool 关键字来声明。布尔类型只能表示逻辑真（true）或逻辑假（false），即该类型的值只有 true 和 false。布尔类型变量不能与其他类型进行转换。布尔类型的值经常用在条件判断的语句中。

例如：

```
bool myBool = false;
myBool = (month>=1 && month<=12);
```

5. 结构类型

在实际应用中，有时仅用一种数据类型无法完全表示实体信息，如学生信息主要有学号（int 或 string）、姓名（string）、出生日期（DateTime）、性别（char）、各科成绩（int 或 float）等，为了将相关的信息组合在一起描述，C# 提供了结构类型。结构类型属于自定义类型，可以将不同类型的多个信息集成在一个结构体中，共同描述一个结构体的完整信息。结构类型和类一样，还可以定义相应的方法。

定义结构类型需要使用 struct 关键字，声明结构类型（结构体）的一般语法格式为：

```
public struct 结构类型名称
{
    [字段访问修饰符] 数据类型 字段1;
    [字段访问修饰符] 数据类型 字段2;
    …
    [字段访问修饰符] 数据类型 字段n;
}
```

其中的字段又称结构类型的成员。例如，下列代码声明一个学生 student 结构类型：

```
struct Student                          //声明Student结构体
{
    public int student_ID;              //学号
    public string student_name;         //姓名
    public string student_sex;          //性别
    public string class_name;           //班级名称
    public int mathScore;               //高等数学成绩
    public int engScore;                //大学英语成绩
}
```

其中，public 为字段访问修饰符，定义了各个字段的访问权限。

结构类型为用户自定义数据类型，声明之后，便可以和基本数据类型一样通过声明该类型的变量来使用。

结构类型变量为一个整体，其操作都是通过对其字段的操作实现的，包括赋值和访问，各字段的操作遵守该字段相应的基本数据类型运算规则。访问结构类型变量的一般格式为：

```
结构类型变量名.字段名
```

下列代码声明两个 Student 类型变量，并为 s1 的部分字段赋值：

```
Student s1, s2;                         //声明两个Student变量
s1.student_ID = 20201106;               //为s1学号赋值
s1.student_name = "张三丰";             //为s1姓名赋值
s2 = s1;                                //将s1值复制到s2
```

【实例3-2】用结构类型保存学生多项信息。

实例描述：创建一个控制台应用程序，通过结构数据类型来保存、处理学生信息，学生信息包括学号、姓名、班级名称、高等数学和大学英语的成绩（整数）等，并输出学生基本信息。

实例分析：应使用 struct 关键字来声明学生结构类型，要注意结构类型中的各个字段需要根据字段的实际值域使用合理的数据类型，如学号为纯数字，可使用 int 或 string 类型；姓名为字符串，应使用 string 类型等。

实例实现：

（1）创建一个控制台应用程序，项目名称为 Example3_2。

（2）在 class Program 下（Main() 方法外面）声明 Student 结构类型。

（3）在程序的 Main() 方法中使用 Student 类型，声明两个 Student 变量 s1、s2，并分别赋值、处理。

代码如下：

```
namespace Example3_2
{
    class Program
    {
        struct Student                          //声明Student结构体
        {
            public int student_ID;              //学号
            public string student_name;         //姓名
            public string student_sex;          //性别
            public string class_name;           //班级名称
            public int mathScore;               //高等数学成绩
            public int engScore;                //大学英语成绩
        }
        static void Main(string[] args)
        {
            Student s1, s2;                     //声明两个Student变量
            s1.student_ID = 20201106;           //为s1学号赋值
            s1.student_name = "张三丰";          //为s1姓名赋值
            s1.student_sex = "男";              //为s1性别赋值
            s1.class_name = "软件工程201";       //为s1班级名称赋值
            s1.mathScore = 97;                  //为s1高等数学成绩赋值
            s1.engScore = 95;                   //为s1大学英语成绩赋值
            s2.student_ID = 20203311;           //为s2学号赋值
            s2.student_name = "欧阳锋";          //为s2姓名赋值
            s2.student_sex = "男";              //为s2性别赋值
            s2.class_name = "数据科学203";       //为s2班级名称赋值
            s2.mathScore = 88;                  //为s2高等数学成绩赋值
            s2.engScore = 99;                   //为s2大学英语成绩赋值
            Console.WriteLine("学号:{0},姓名:{1},性别:{2},班级名称:{3},高等数学成绩:{4},
            大学英语成绩:{5}", s1.student_ID, s1.student_name, s1.student_sex, s1.class_name,
            s1.mathScore, s1.engScore);     //输出学生s1信息
            Console.WriteLine("学号:{0},姓名:{1},性别:{2},班级名称:{3},高等数学成绩:{4},
            大学英语成绩:{5}", s2.student_ID, s2.student_name, s2.student_sex, s2.class_name,
            s2.mathScore, s2.engScore);     //输出学生s2信息
        }
    }
}
```

程序运行结果如图 3-3 所示。

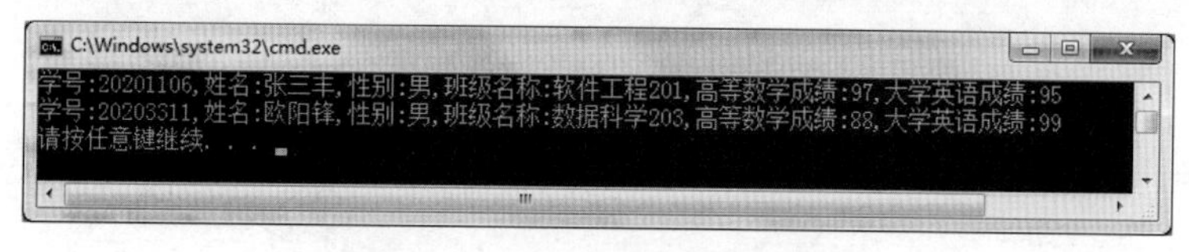

图 3-3 Student 结构类型示例

6. 枚举类型

枚举类型和结构体类型都是特殊的值类型。枚举类型用于声明一组具有相同性质的常数。例如，一年中的 12 个月份、一周中的 7 天等。使用枚举可增加代码的可读性和可维护性，同时可避免类型错误。

枚举类型使用 enum 关键字声明，定义枚举类型的一般语法格式如下：

```
enum  枚举名 {枚举成员1, 枚举成员2, …, 枚举成员n}
```

下列代码定义一个描述一周内 7 天的枚举类型：

```
enum Days {Sunday,Monday,Tuesday,Wednesday,Thursday,Friday,Saturday}; //声明一周内7天的枚举类型
```

在枚举类型中，每一个枚举成员都有一个相对应的常量值，用户可以为一个或多个枚举成员赋整型值。未赋值情况下，默认第一个枚举成员的值为 0，其后每个枚举成员的值依次递增 1。例如，上述 Days 中 Sunday 值为 0，Monday 为 1……当某个枚举成员被赋值后，如果其后的枚举成员没有被赋值，则其值为自动为当前枚举成员值 +1。不同的枚举成员可以具有相同的值。

枚举类型变量的声明和结构类型一样，其成员的访问语法格式为：枚举名 . 枚举成员。

【实例3-3】一周内7天的描述与应用。

实例描述：创建一个控制台应用程序，用枚举类型描述一周内的 7 天，并演示应用。

实例实现：

（1）创建一个控制台应用程序，项目名称为 Example3_3。

（2）在 class Program 下（Main() 方法外面）声明描述一周内 7 天的枚举类型 Days。

（3）在程序的 Main() 方法中应用 Days 类型，声明两个 Days 变量 day1、day2，并分别赋值、处理。

代码如下：

```
namespace Example3_3
{
    class Program
    {
        //enum类型要声明在Main()函数外面
        enum Days {Sunday,Monday,Tuesday,Wednesday,Thursday,Friday,Saturday};
        //声明一周内7天的枚举类型
        static void Main(string[] args)
        {
            Days day1, day2;            //定义两个Days枚举变量
            day1 = Days.Monday;         //为day1赋值
            day2 = Days.Friday;         //为day2赋值
            Console.WriteLine("day1={0},值={1}; day2={2},值={3}", day1, (int)day1, day2,
(int)day2);                             //输出day1和day2及其相应值
            Console.ReadLine();
        }
    }
}
```

枚举成员的值的类型默认为 int，代码中的 (int)day1 是将 day1 枚举值强制转换为 int 输出。程序运行结果如图 3-4 所示。

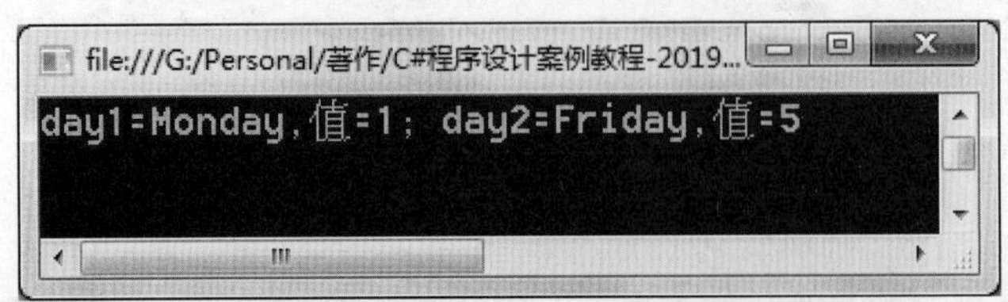

图 3-4　用枚举类型描述一周内 7 天及其应用

3.1.2　引用类型

引用类型也称参考类型。和值类型变量直接存储值不同，引用类型变量存储的是对值（对象）的引用。

换句话说，引用类型变量存储的是指向实际值（对象）存储的内存地址（指针）。另外，值类型变量的存储空间是在栈空间中分配，而引用类型变量的存储空间是在堆空间中分配。

所有被称为“类”的都是引用类型，包括类、接口、数组、委托等，引用类型的变量又称“对象”，这些内容将在后面相关章节中详细介绍。C# 预定义的引用类型有 object 和 string。

引用类型具有下列特性：

（1）所有引用类型均隐式派生自 System.object。

（2）引用类型可以派生出新的类型。

（3）引用类型可以包含 null 值，引用类型被赋值前的值都是 null。

（4）引用类型变量的复制只复制对对象的引用，而不复制对象本身。

（5）引用类型的对象总是在堆中分配（动态分配）。

1. object 类型

object 是 System.Object 类的别名。object（对象）类型是 C# 通用类型系统（Common Type System，CTS）中所有数据类型的基类，即所有类型都是直接或间接地派生于 object 类型。因此，object 类型可以被分配任何其他类型（值类型、引用类型、预定义类型或用户自定义类型）的值。但是，在分配值之前，需要先进行类型转换。

一个值类型转换为 object 类型称为“装箱”；一个 object 类型转换为值类型称为“拆箱”。

2. string 类型

string（字符串）类型表示零个或多个 Unicode 字符组成的字符串。string 类型属于引用类型，是程序设计语言中重要的数据类型，具体介绍详见第 6 章。

3.1.3 类型转换

类型转换是把数据从一种类型转换为另一种类型。例如，把一个 int 类型的数据转换成 double 类型的数据，把一个字符转换成其 ASCII 值等。在 C# 程序中对不同类型的数据进行操作时，经常需要进行数据类型转换。

C# 类型转换有两种方式：隐式类型转换和显式类型转换。

1. 隐式类型转换

隐式类型转换是指系统默认的、不需要加转换声明就可以进行的转换。隐式类型转换是编译器默认的以安全方式进行的转换，不会导致数据丢失。例如，从小的整数类型转换为大的整数类型，从派生类转换为基类。

微视频
隐式转换

隐式类型转换时转换前后的类型必须兼容，如 int 和 double。隐式类型转换实际上就是从低精度数值类型到高精度数值类型的转换。C# 支持的隐式类型转换如表 3-3 所示。

表 3-3　C# 支持的隐式类型转换

源类型	目标类型
sbyte	short、int、long、float、double、decimal
byte	short、ushort、int、uint、long、ulong、float、double、decimal
short	int、long、float、double、decimal
ushort	int、uint、long、ulong、float、double、decimal
int	long、float、double、decimal
uint	long、ulong、float、double、decimal
long	float、double、decimal
ulong	float、double、decimal
char	ushort、int、uint、long、ulong、float、double、decimal
float	double

2. 显式类型转换

显式类型转换又称强制类型转换。和隐式类型转换不同，显式类型转换需要在代码中明确指定要转换的类型。显式类型转换包括所有的隐式类型转换。需要进行显式类型转换的数据类型如表 3-4 所示。

表 3-4 显式类型转换

源类型	目标类型
sbyte	byte、ushort、uint、ulong、char
byte	sbyte、char
short	sbyte、byte、ushort、uint、ulong、char
ushort	sbyte、byte、short、char
int	sbyte、byte、short、ushort、uint、ulong、char
uint	sbyte、byte、short、ushort、int、char
long	sbyte、byte、short、ushort、int、uint、ulong、char
ulong	sbyte、byte、short、ushort、int、uint、long、char
char	sbyte、byte、short
float	sbyte、byte、short、ushort、int、uint、long、ulong、char、decimal
double	sbyte、byte、short、ushort、int、uint、long、ulong、char、float、decimal
decimal	sbyte、byte、short、ushort、int、uint、long、ulong、char、float、double

显式类型转换需要强制转换运算符，把转换的目标类型名放在要转换的值之前的圆括号中，语法格式为：

```
(目标数据类型)(源表达式);
```

例如，下列代码将 double 类型的值显式转换为 int：

```
double  val = 1234.88;
int i = (int)val;                           //将double类型显式转换为int类型
```

要注意的是，当源数据的值大于目标类型的值域时，显式转换会因为数据溢出而导致转换失败；当 float、double、decimal 等实数类型数据转换为 int 等整型时，是向下取整，将舍去小数部分。例如，上述代码中的 int i = (int)val 执行后，i 的结果为 1234。

3. 通过系统提供的方法进行数据类型转换

有时通过显式转换和隐式转换都无法将一种数据类型转换为另一种数据类型，如将数值类型和字符串类型互相转换。C# 中预定义的数据类型封装了一些数据类型转换方法，还专门定义了一个 Convert 类（转换类）用来进行不同类型之间的强制转换。

（1）ToString() 方法。ToString() 方法可将其他数据类型转换为字符串类型。所有类型都继承了 Object 基类，所以都有 ToString() 方法（转化成字符串）。很多类都重写了 ToString() 方法，可以根据需要转换成不同格式的字符串。如 2.5.ToString() 结果为 "2.5"，25.ToString("D5") 结果为 "00025"。例如，下列代码将 int 转换成字符串：

```
int i = 200;
string s = i.ToString();                    //字符串类型变量s的值就是"200"
```

（2）Parse() 方法。Parse() 方法可将特定格式的字符串转换为数值。所有数值类型都提供了 Parse() 方法，其一般语法格式为：

```
数据类型.Parse(字符串类型的值);
```

例如，下列代码：

```
int i = int.Parse("100");                   //将字符串"100"转换为int值
double d= double.Parse("123.455");          //将字符串"123.455"转换为double值
```

（3）通过 Convert 类进行转换。Convert 类（转换类）中提供了很多转换的方法，如表 3-5 所示，其用于将任意一个值类型的值转换成任意其他值类型，前提是不能超出指定数据类型的范围。

表 3-5 Convert 类转换方法

方 法	说 明
Convert.ToInt16()	转换为整型（short）
Convert.ToInt32()	转换为整型（int）
Convert.ToInt64()	转换为整型（long）
Convert.ToChar()	转换为字符型（char）
Convert.ToString()	转换为字符串型（string）
Convert.ToDateTime()	转换为日期型（datetime）
Convert.ToDouble()	转换为双精度浮点型（double）
Conert.ToSingle()	转换为单精度浮点型（float）

具体的语法格式如下：

```
数据类型  变量名 = Convert.To数据类型(变量名);
```

这里 Convert.To 后面的数据类型要与等号左边的数据类型相匹配，如下列代码：

```
int i = Convert.ToInt32('A');    //将字符'A'转换为ASCII值并赋予i
```

【实例3-4】数据类型转换。

实例描述：创建一个控制台应用程序，展示隐式类型转换、显式类型转换、Convert 类类型转换等。

实例分析：隐式类型转换只要系统默认支持即可，无须特殊处理；显式类型转换需要采用“(目标数据类型)(源表达式)”格式；char 类与整数类的转换是用 char 变量或常量的 ASCII 值；用 Convert 类进行转换需要根据转换的目标类型使用 Convert 类相应的方法；数值转换成字符串时可使用相应数据类型的 ToString() 方法；可使用格式化控制符控制有效位等输出格式。

实例实现：创建项目名称为 Example3_4 的控制台应用程序，在其 Main() 方法中输入如下代码，并运行展示。

```
static void Main(string[] args)
{
    int i1 = 65, i2;
    double d1 = 1234.99, d2;
    char c1 = 'A',c2;
    string s1;
    Console.WriteLine("i1={0:d4},d1={1:f},C1={2}", i1, d1, c1);
    i2 = (int)d1;                   //强制类型转换
    d2 = i1;                        //隐式类型转换
    c2 = (char)(65 + 1);            //强制类型转换
    s1 = d1.ToString();             //用ToString()方法将double转换成字符串
    Console.WriteLine("i2={0:d4},d2={1:f},C2={2},s1={3}", i2, d2, c2, s1);
    i2 = int.Parse("5678");         //用Parse()方法将字符串转换成int
    d2 = Convert.ToDouble(i1);      //用Convert类的ToDouble()方法将int转换成double
    c2 = Convert.ToChar(i1 + 2);    //用Convert类的ToChar()方法将int转换成char
    Console.WriteLine("i2={0:d5},d2={1:f},C2={2}", i2, d2, c2);
    Console.ReadLine();
}
```

程序运行结果如图 3-5 所示。

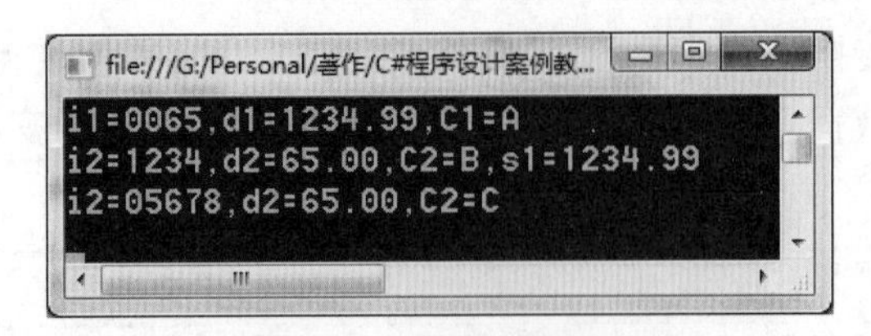

图 3-5 数据类型转换

4. 装箱与拆箱

装箱转换是将值类型（如 int）转换成 object 或者接口类型的过程。当对值类型进行装箱时，会将该值包装为 object 类型，再将包装后的对象存储在堆上。装箱转换是隐式的。

拆箱转换是装箱转换的逆过程，是将引用类型转换为值类型的过程，或者是将接口类型转换为执行该接口的值类型的过程。拆箱转换必须是显式的。

拆箱转换要与装箱转换符合类型一致的原则。例如，对一个 int 数据进行了装箱操作，拆箱时也要将其拆箱为 int 类型数据。

【实例3-5】装箱与拆箱。

实例描述：创建一个控制台应用程序，展示 int 数据类型的装箱转换与拆箱转换。

实例实现：创建项目名称为 Example3_5 的控制台应用程序，在其 Main() 方法中输入如下代码。

```
static void Main(string[] args)
{
    int intData = 123;
    object objData = intData;  //装箱操作，隐式类型转换
    Console.WriteLine("装箱操作：intData为{0}, object为{1}", intData, objData);
    intData = (int)objData;   //拆箱操作，显式类型转换
    Console.WriteLine("拆箱操作：object为{0}, intData为{1}", objData, intData);
}
```

程序运行结果如图 3-6 所示。

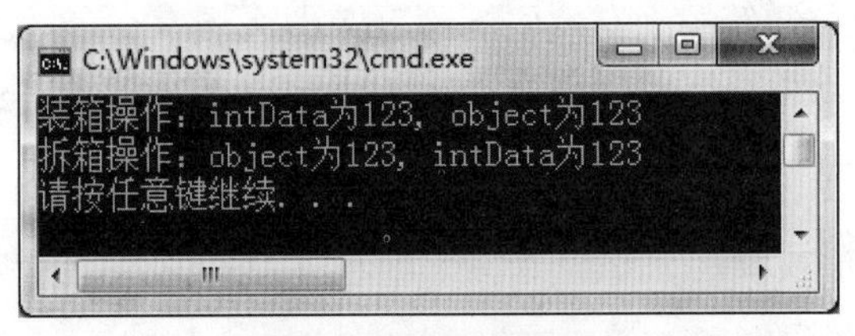

图 3-6 装箱与拆箱

虽然在显示效果上 int 变量 intData 与 object 对象 objData 的值一样，但实际上两者的存储机制和处理方法是不同的。

3.1.4 Math 类

Math 类是用于数学计算的非常重要的一个类，是 System 命名空间中的一个静态类，用来为通用数学函数提供常数和静态方法，这些方法可通过“Math. 方法名 (参数)”格式调用。Math 类常用的常数和方法如表 3-6 所示。

表 3-6 Math 类常用的常数和方法

常数 / 方法	说　明
Math.E	欧拉（Euler）常数，自然对数的底（约为 2.718）
Math.LN2	常数，10 的自然对数（约为 2.302）
Math.PI	常数，圆周率
Math.SQRT2	常数，2 的平方根（约为 1.414）
Math.Abs(n)	计算绝对值
Math.Acos(n)	计算反余弦值

续表

常数 / 方法	说　明
Math.Asin(n)	计算反正弦值
Math.Atan(n)	计算反正切值
Math.Atan2(y,x)	计算正切值为 y/x 的角度
Math.Ceiling(n)	将数字向上舍入为最接近的整数
Math.Cos(n)	计算余弦值
Math.Exp(n)	计算指数值
Math.Floor(n)	将数字向下舍入为最接近的整数
Math.Log(n)	计算自然对数
Math.Max(x,y)	返回两个数中较大的一个
Math.Min(x,y)	返回两个数中较小的一个
Math.Pow(x,y)	计算 x 的 y 次方
Math.Random()	返回一个 0.0 与 1.0 之间的伪随机数
Math.Round(x)	将指定数字四舍五入为最接近的整数
Math.Sin(x)	计算指定角度的正弦值
Math.Sqrt(x)	计算平方根
Math.Tan(x)	计算指定角度的正切值

【实例3-6】Math类应用。

实例描述：创建一个控制台应用程序，用户输入一个整数，计算该数的 3 次方、平方根（3 位小数），并计算以该数为半径的圆的面积，分别输出保留两位小数的面积、四舍五入取整后的面积。

实例分析：Math.pow(x,y) 的作用就是计算 x 的 y 次方，可用来计算一个数的 3 次方，其计算后是浮点数；Math.Sqrt(x) 方法用来计算 x 的平方根；计算圆的面积时，圆周率 π 常数可直接引用 Math.PI；四舍五入取整使用 Math.Round(x) 取整方法。

实例实现：创建项目名称为 Example3_6 的控制台应用程序，在其 Main() 方法中输入如下代码。

```
static void Main(string[] args)
{
    int r, rCube;                                    //声明r变量，r的三次方变量rCube
    double rRoot,area;                   //声明r的平方根变量rRoot，以r为半径的圆的面积变量area
    Console.Write("请输入整数r: ");
    r = int.Parse(Console.ReadLine());       //输入r值
    rCube = (int)Math.Pow(r, 3);             //求r的三次方
    rRoot = Math.Sqrt(r);                    //求r的平方根
    area = Math.PI * r * r;                  //求以r为半径的圆的面积
    Console.WriteLine("r={0}, r的三次方={1}, r的平方根={2:f3}, 圆的面积（两位小数）={3:f2},
圆的面积（整数）={4}",r, rCube, rRoot, area, Math.Round(area));//输出结果
    Console.ReadLine();
}
```

代码中的 rCube = (int)Math.Pow(r, 3); 因 Math.Pow() 方法返回结果为 double，此处要求输入整数，其 3 次方一定为整数，故需将其强制转换为 int 再赋予 int 变量 rCube。

程序运行结果如图 3-7 所示。

图 3-7　Math 类的应用

3.1.5 DateTime 结构与 TimeSpan 结构

微视频 DateTime结构与TimeSpan结构

1. DateTime 结构

DateTime（日期时间）是一种重要的结构类型，用于表示日期时间，并提供日期时间的有关计算方法。其所表示的范围是从 0001 年 1 月 1 日 0 点到 9999 年 12 月 31 日 24 点。

DateTime 变量的声明语法格式为：

```
DateTime 变量名 = new DateTime(年,月,日,时,分,秒);
```

注意：年、月、日必须整体指定，即不能仅指定年而不指定月日；同样，时、分、秒必须整体指定；如果只指定年、月、日，则默认时、分、秒为"0时0分0秒"。日期时间的具体制式只要是系统支持的都可以。例如：

```
DateTime dt1 = new DateTime(2019,8,5);          //2019年8月5日0时0分0秒
DateTime dt2 = new DateTime(2019,8,5,12,36,45); //2019年8月5日12时36分45秒
```

DateTime 结构的常用属性如表 3-7 所示，常用方法如表 3-8 所示。

表 3-7　DateTime 结构的常用属性

属　性	说　明
Date	获取实例的日期部分
Month	获取实例的月份部分
Day	获取该实例所表示的日期是一个月的第几天
DayOfWeek	获取该实例所表示的日期是一周的星期几
DayOfYear	获取该实例所表示的日期是一年的第几天
Now	获取系统当前的日期时间
Hour	获取实例的小时部分
Minute	获取实例的分钟部分
Second	获取实例的秒部分
Year	获取实例的年份部分

表 3-8　DateTime 结构的常用方法

方　法	说　明
Add(Timespan value)	非静态方法，在当前实例的值上加上时间间隔值 value
AddDays(double value)	非静态方法，在当前实例的值上加上指定天数 value
AddHours(double value)	非静态方法，在当前实例的值上加上指定的小时数 value
AddMinutes(double value)	非静态方法，在当前实例的值上加上指定的分钟数 value
AddSeconds(double value)	非静态方法，在当前实例的值上加上指定的秒数 value
AddMonths(int value)	非静态方法，在当前实例的值上加上指定的月份 value
AddYears (int value)	非静态方法，在当前实例的值上加上指定的年份 value
ToString(" 转换格式 ")	非静态方法，将当前实例的值按指定转换格式转换成字符串
Compare(DateTime t1, DateTime t2)	静态方法，比较两个 DateTime 实例，并返回其相对值的指示
IsLeapYear(int value)	静态方法，返回指定的年份是否为闰年的指示

2. TimeSpan 结构

TimeSpan 结构表示一个时间间隔，两个 DateTime 值的差值即为 TimeSpan 值。TimeSpan 实例的值为时间间隔的刻度值，其主要属性有 Days、TotalDays、Hours、TotalHours、Minutes、TotalMinutes、Seconds、TotalSeconds、Ticks。

【实例3-7】DateTime结构类型应用。

实例描述：创建一个控制台应用程序，用于实现下列功能。

（1）定义一个 DateTime 结构变量，赋其值为个人的出生日期，然后输出年、月、日，并判断是否为闰年。

（2）获取当前系统日期和时间，然后输出年、月、日、时、分、秒及星期几。

（3）根据当前系统时间，计算个人的年龄。

实例分析：获取 DateTime 结构的年、月、日等可以通过实例的 Year、Month、Dsy 等属性；判断一个日期是否为闰年可使用 IsLeapYear(int value) 方法，注意该方法为静态方法，且其参数为年份；DateTime.Now 属性可获取当前系统日期和时间；获取实例的日期是星期几可以通过 DayOfWeek 属性；计算年龄可以先计算当前系统日期与个人出生日期的差值，然后获取该差值的年份值即可。

实例实现：创建一个控制台应用程序，项目名称为 Example3_7，在其 Main() 方法中输入如下代码。

```
    static void Main(string[] args)
    {
        DateTime dt = new DateTime(2001, 12, 25);      //定义个人出生日期的变量
        DateTime dtNow = DateTime.Now;                 //定义dtNow值为当前系统日期时间
        Console.WriteLine("我的出生日期：{0}", dt);      //整体输出
         Console.WriteLine("我的出生日期为：{0}年{1}月{2}日，该年是否为闰年：{3}", dt.Year, dt.Month,
dt.Day, DateTime.IsLeapYear(dt.Year));                 //分项输出个人出生日期、是否闰年
        Console.WriteLine("当前系统日期时间：{0}", dtNow);             //整体输出
         Console.WriteLine("当前系统日期时间为：{0}年{1}月{2}日{3}时{4}分{5}秒，今天是：{6}", dtNow.
Year, dtNow.Month, dtNow.Day, dtNow.Hour, dtNow.Minute, dtNow.Second, dtNow.DayOfWeek); //
分项输出当前系统日期时间、星期几
        Console.WriteLine("当前日期与个人出生日期的相距时间：{0}", dtNow - dt);
        Console.WriteLine("个人年龄：{0}", (dtNow.Year - dt.Year));  //计算年龄
        Console.WriteLine("个人年龄(天)：{0}", (dtNow - dt).Days);    //计算年龄（天数）
    }
```

程序运行结果如图 3-8 所示。注意：因实际执行时 DateTime.Now 获取的是当前系统日期时间，故执行结果会与图 3-8 不同。

图 3-8　DateTime 结构类型应用

3. DateTime 结构的格式化字符串

DateTime 是一个包含日期、时间的类型，通过实例方法 ToString() 转换为字符串时，可根据传入 Tostring() 的格式化字符串参数转换为多种字符串格式。程序员通过格式化字符串可自由组合日期时间格式。DateTime 格式化字符串区分大小写。

DateTime 结构类型的格式化字符串及其说明如表 3-9 所示。

表 3-9　DateTime 结构的格式化字符串及其说明

格式字符串	说　明	语法示例（2020-08-01 16:26:39:9816）	效　果
Y	年月	DateTime.Now.ToString("Y")	2020 年 8 月
yy	年份后两位	DateTime.Now.ToString("yy")	20
yyyy	4 位年份	DateTime.Now.ToString("yyyy")	2020
M	月日	DateTime.Now.ToString("M")	8 月 1 日
MM	两位月份；一位数月份前面有前导零	DateTime.Now.ToString("MM")	08
MMM	3 个字符的月份缩写，如九月、Sep	DateTime.Now.ToString("MMM")	八月
MMMM	完整的月份名，如八月、August	DateTime.Now.ToString("MMMM")	八月
D	长日期	DateTime.Now.ToString("D")	2020 年 8 月 1 日
d	短日期	DateTime.Now.ToString("d")	2020/8/1

续表

格式字符串	说　明	语法示例（2020-08-01 16:26:39:9816）	效　果
dd	两位数的日数（01~31）	DateTime.Now.ToString("dd")	01
ddd	周几的缩写，如周五、Fri	DateTime.Now.ToString("ddd")	周六
dddd	完整的周几名称，如星期一、Monday	DateTime.Now.ToString("dddd")	星期六
f	长日期和短时间	DateTime.Now.ToString("f")	2020 年 8 月 1 日 16:26
F	长日期和长时间	DateTime.Now.ToString("F")	2020 年 8 月 1 日 16:26:39
hh	12 小时制的小时数	DateTime.Now.ToString("hh")	04
HH	24 小时制的小时数	DateTime.Now.ToString("HH")	16
mm	分钟数（00~59）	DateTime.Now.ToString("mm")	26
s	使用当地日期时间	DateTime.Now.ToString("s")	2020-08-01T16:26:39
ss	秒数（00~59）	DateTime.Now.ToString("ss")	39
ff	毫秒数前 2 位	DateTime.Now.ToString("ff")	98
fff	毫秒数前 3 位	DateTime.Now.ToString("fff")	981
ffff	毫秒数前 4 位	DateTime.Now.ToString("ffff")	9816
fffff	毫秒数前 5 位	DateTime.Now.ToString("fffff")	98164
ffffff	毫秒数前 6 位	DateTime.Now.ToString("ffffff")	981642
fffffff	毫秒数前 7 位	DateTime.Now.ToString("fffffff")	9816422
t	在 AMDesignator 或 PMDesignator 中定义的 AM/PM 指示项的第一个字符（如果存在）	DateTime.Now.ToString("t")	16:26
tt	在 AMDesignator 或 PMDesignator 中定义的 AM/PM 指示项（如果存在）	DateTime.Now.ToString("tt")	下午

【实例3-8】DateTime结构类型的格式化字符串应用。

实例描述：创建一个控制台应用程序，输出系统当前的日期和时间，并使用 DateTime 结构格式化字符串实现下列功能

（1）输出长日期。

（2）输出长日期和长时间。

（3）用年、月、日、时、分、秒格式化字符串输出对应部分的时间值。

（4）输出完整的周几名称。

实例分析：获取系统当前时间使用 DateTime.Now 属性，直接将其转换成字符串输出即可实现输出系统当前的日期和时间;转换成长日期使用 D 格式化符，长日期和长时间使用 F 格式化符，年、月、日、时、分、秒等使用表 3-9 中相应的格式换字符串即可。

实例实现：创建一个控制台应用程序，项目名称为 Example3_8，在其 Main() 方法中输入如下代码。

```
static void Main(string[] args)
{
    DateTime  dtNow = DateTime.Now;  //定义dtNow并获取当前系统日期时间
    Console.WriteLine("当前系统日期时间：{0}", dtNow.ToString());   //直接转换为字符串
    Console.WriteLine("长日期格式：" + dtNow.ToString("D"));       //长日期
    Console.WriteLine("长日期长时间格式：" + dtNow.ToString("F")); //长日期长时间
    Console.WriteLine("分项组合日期时间：" + dtNow.ToString("yyyy年MM月dd日HH时mm分ss秒"));
                    //分项格式化，凡不属于规定格式化字符串的都按原样输出，如其中的“年”“月”等
    Console.WriteLine("星期几：" + dtNow.ToString("dddd")); //完整的星期几
}
```

程序运行结果如图 3-9 所示。

```
C:\Windows\system32\cmd.exe
当前系统日期时间：2020/8/1 18:19:05
长日期格式：2020年8月1日
长日期长时间格式：2020年8月1日 18:19:05
分项组合日期时间：2020年08月01日18时19分05秒
星期几：星期六
请按任意键继续. . .
```

图 3-9　DateTime 结构格式化字符串应用

3.1.6　Random 类

随机数的使用很普遍，System.Random 类用于生成随机数（实际上是伪随机数）。Random 类有下列两种构造函数：

微视频
Random类

（1）New Random()：以触发那刻的系统时间作为种子。

（2）New Random(Int32)：以用户指定的 Int32 参数值作为种子。

Random 类主要方法如表 3-10 所示，这些方法都是实例方法（非静态方法）。

表 3-10　Random 类主要方法及其说明

方　法	说　明
Next()	每次产生一个不同的随机正整数
Next(int max Value)	产生一个比 max Value 小的正整数
Next(int min Value,int max Value)	产生一个 min Value~max Value 的正整数，但不包含 max Value
NextDouble()	产生一个 0.0~1.0 的浮点数
NextBytes(byte[] buffer)	用随机数填充指定字节数的数组

【实例3-9】用Random类生成随机数。

实例描述：创建一个控制台应用程序，生成一个随机整数、一个≤ 20 的正整数、一个≥ 60 且≤ 80 的正整数、一个浮点数。

实例分析：产生随机正整数可直接使用 Next() 方法；Next(int max Value) 产生的随机正整数包含下限 0 但不包含上限 max Value，故产生≤ 20 的正整数应使用 Next(21)。同理，产生≥ 60 且≤ 80 的正整数应使用 Next(60,81)。

实例实现：

（1）创建一个控制台应用程序，项目名称为 Example3_9。

（2）在程序的 Main() 方法中首先声明一个 Random 类实例，然后调用该实例生成随机数的相应方法，生成所需随机数。

代码如下：

```
static void Main(string[] args)
{
    Random rad = new Random();                                   //声明一个Random实例
    Console.WriteLine("随机整数：{0}", rad.Next());               //产生一个随机正整数
    Console.WriteLine("≤20正整数：{0}", rad.Next(21));            //产生一个≤20的正整数
    Console.WriteLine("≥60且≤80的正整数：{0}", rad.Next(60,81)); //产生一个≥60且≤80的正整数
    Console.WriteLine("随机浮点数：{0}", rad.NextDouble());        //产生一个0.0~1.0的浮点数
}
```

程序运行结果如图 3-10 所示。

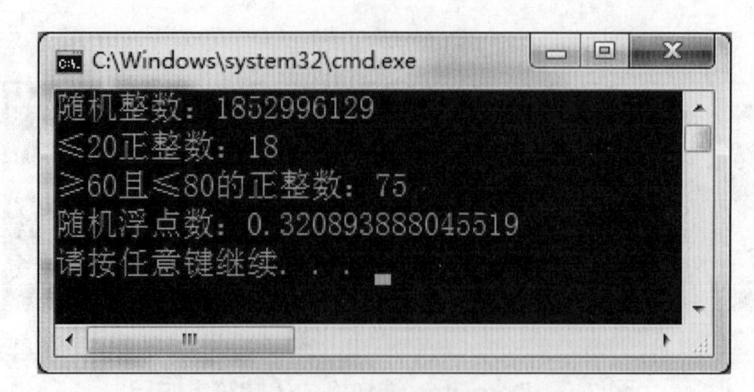

图 3-10 生成的随机数

3.2 常量与变量

常量和变量都是用来存储数据的容器，在定义时都需要指明数据类型。它们唯一的区别是：变量（Variable）中所存放的值是允许改变的，而常量（Constant）中存放的值不允许改变。

3.2.1 常量

微视频 常量

1. 直接常量

常量是固定值，程序执行期间不会改变。常量可以是任何基本数据类型，如整数常量、浮点常量、字符常量、字符串常量、枚举常量等，如 3.1.4 节 Math 类中预定义的 Math.PI（圆周率）常量。

常量又可以分为直接常量和符号常量，直接常量是直接在表达式中引用的具体的数值或字符串等。例如：

```
int a = 5;
a = a + 200;        //200为直接常量
float f1 = 1.234e6; //浮点数直接常量
```

要注意的是，在程序中使用十进制数值常数时，如果该数值不带小数点，如 123，则按整数处理（按 int、uint、long、ulong 顺序判断）；如果该数值带小数点，如 123.0，则该数值为 double 类型。可以使用数据类型的前缀和后缀标识符来明确标识该数值是何种类型，如 123f（或 123F）表明 123 为 float 类型。具体的类型后缀标识符见本章表 3-1 和表 3-2。

2. 符号常量

符号常量需要使用 const 关键字来定义，具体的语法形式如下：

```
const 数据类型 常量名 = 值;
```

要注意的是，在定义常量时必须为其赋值，因为如果不赋值以后就再也不能赋值了。另外，可以同时定义多个常量。符号常量可以被当作常规的变量，只是它们的值在定义后就不能再改变。

3.2.2 变量

微视频 变量

变量是在程序运行过程中其值可以变化的量。变量是相对于常量而言的。和数学上的变量一样，C# 中的变量可以理解为存放数据的容器，可以在程序中使用变量来存储各种类型的数据，并且可以对变量进行读、写、执行变量所属数据类型允许的各种运算等。

变量是有作用域（作用范围）的，作用域定义了变量的有效范围和生存周期。C# 程序中的一个块就定义了一个作用域，作用域内定义的变量对于作用域外的代码是不可见的，因此也是无效的。一个变量的生命周期被限制在其自身的作用域内。

【实例3-10】变量与常量。

实例描述：创建一个控制台应用程序，用自定义的常量表示圆周率 π（8 位小数），根据用户输入的半径 r，计算圆的周长和面积（3 位小数）。

实例分析：在程序中多次使用的常量需要用符号常量，符号常量用 const 关键字定义。本例中的自定义 π 用符号常量，半径、周长、面积等用变量。

实例实现：

（1）创建一个控制台应用程序，项目名称为 Example3_10。

（2）在程序的 Main() 方法中首先定义符号常量 double PI = 3.14159265，然后提示用户输入半径，并计算基于该半径的圆的周长与面积。

代码如下：

```
static void Main(string[] args)
{
    const double PI = 3.14159265;                         //声明符号常量PI
    double r, C, S;                                       //定义半径、周长、面积变量r、C、S
    Console.Write("请输入半径r: ");
    r = double.Parse(Console.ReadLine());                 //输入半径
    C = 2 * PI * r;                                       //计算周长并赋予C变量
    S = PI * r * r;                                       //计算面积并赋予S变量
    Console.WriteLine("半径r={0},周长C={1:f3},面积S={2:f3}", r, C, S); //输出，周长和面积保留3位小数
}
```

程序运行结果如图 3-11 所示。

图 3-11　变量与常量演示

习题与拓展训练

一、选择题

1. C# 中的值类型包括 3 种，它们是（　　）。

   A. 整型、浮点型、基本类型　　B. 数值类型、字符类型、字符串类型

   C. 简单类型、枚举类型、结构类型　　D. 数值类型、字符类型、枚举类型

2. 下列类型中，不属于值类型的是（　　）。

   A. int　　B. byte　　C. object　　D. float

3. 下列数据中，属于 float 常量的是（　　）。

   A. 123.45m　　B. 123.45　　C. 123f　　D. 123

4. 枚举类型是一组命名的常量集合，所有整型都可以作为枚举类型的基本类型，如果类型省略，则约定为（　　）。

   A. uint　　B. sbyte　　C. int　　D. ulong

5. C# 的引用类型包括类、接口、数组、委托、object 和 string，其中 object（　　）根类。

   A. 只是引用类型的　　B. 只是值类型的

   C. 只是 string 类型的　　D. 是所有值类型和引用类型的

6. 浮点常量有 3 种格式，下面（　　）组的浮点常量都属于 double 类型。

A. 0.618034, 0.618034D, 6.18034E-1　　B. 0.618034, 0.618034F, 0.0618034e1

C. 0.618034, 0.618034f, 0.618034M　　D. 0.618034F, 0.618034D, 0.618034M

7. 下面字符常量表示有错的一组是（　　）。

A. '\\', 'u0027', '\x0027'　　B. '\n', '\t', '\037'

C. 'a', '\u0061', (char)97　　D. '\x0030', '\0', '0'

二、简答题

1. C# 中的数据类型主要分为哪两种？
2. 值类型与引用类型比较，哪种执行效率更高？
3. C# 中数据类型转换分为哪两种？
4. 如果在不存在隐式转换的类型之间进行转换，需要使用什么类型转换？
5. 在进行隐式类型转换时，编译器如何工作？
6. 简述装箱和拆箱的基本原理。
7. 简述 C# 中变量和常量的区别。声明常量的关键字是什么？

三、拓展训练

1. 创建一个控制台应用程序，将 byte 类型的 97 强制转换为 char 类型并输出；将 double 类型的变量 m（值为 5.99）强制转换为 int 并输出。

2. 创建一个控制台应用程序，定义一个图书结构类型来保存、处理图书信息，字段包括图书编号、图书名称、作者、出版社、定价等，各字段使用合理的基本数据类型。用该结构存储一本书的信息，并输出。

3. 创建一个控制台应用程序，定义一个一年中四季名称的季节枚举类型，并应用。

4. 创建一个控制台应用程序，根据用户输入的球体半径，计算球体表面积和球体积（使用 Math.PI 定义的圆周率），输出保留 3 位小数。

5. 创建一个控制台应用程序，实现下列功能：

（1）分项显示当前系统时间的年、月、日、时、分、秒，以及星期几。

（2）计算个人当前的年龄。

6. 创建一个控制台应用程序，使用 Random 类随机生成所在班级学生的序号，如班级共 42 人，则随机生成一个学生序号 n（1 ≤ n ≤ 42）。

第4章 运算符与表达式

数学是符号加逻辑。

——罗素

兵无常势，水无常形。

——孙武《孙子兵法·虚实篇》

运算符是程序中进行某种运算的符号，C#对不同类型的数据提供了预定义的运算符，如整型数的 +、-、*、/、% 等。表达式是由操作数和运算符组合而成的运算式，表示一个计算过程，并返回计算结果。在表达式中不同类型的运算符具有不同的优先级和结合特性。掌握常用的运算符、运算规则、编写正确的表达式是用 C# 进行正确高效运算的基础。

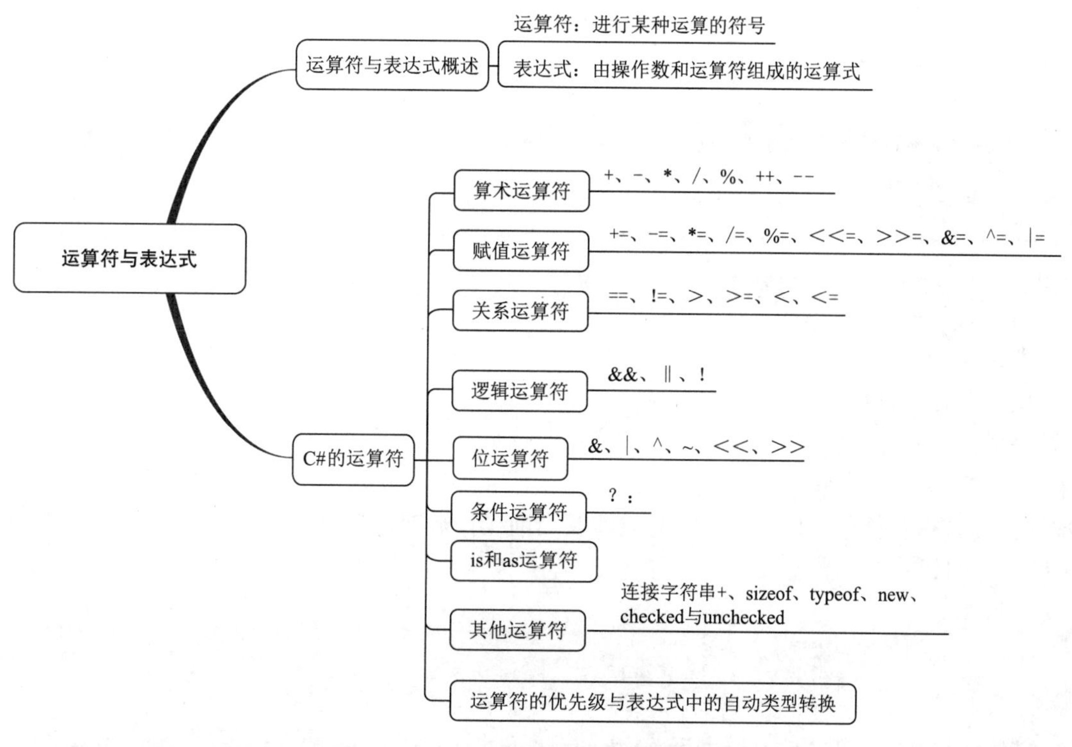

学习目标

（1）理解运算符，并掌握各类运算符的使用及其优先级。

（2）理解表达式，能综合应用各类运算符书写正确的表达式。

4.1 运算符与表达式概述

运算符是进行某种运算的符号，参与运算的数据称为操作数。

表达式由操作数和运算符构成。操作数可以是常量、变量、属性、表达式等；运算符是进行某种运算的符号，指示对操作数执行何种运算。

在 C# 中，如果表达式最终的计算结果为所需的类型值，表达式就可以出现在需要值或对象的任意位置。例如下列代码：

```
int r = 5;                        //定义半径r
double s = Math.PI*r*r;           //定义圆面积变量s并计算面积
Console.WriteLine("s={0}",s);     //输出面积s
```

4.2 C# 的运算符

C# 提供了许多预定义的运算符，按照运算符的作用，可以分为算术运算符、关系运算符、逻辑运算符、位运算符、赋值运算符和特殊运算符。按照运算符所需要的操作数个数划分，可分为以下 3 类：

（1）一元运算符：又称单目运算符，只有一个操作数，又分为前缀运算符和后缀运算符，如 ++a、b--。

（2）二元运算符：又称二目运算符，运算符在两个操作数中间，如 a+b。

微视频
算术运算符

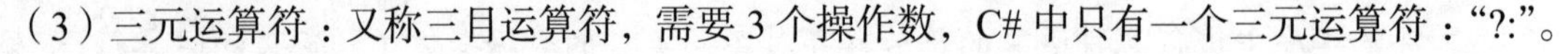

（3）三元运算符：又称三目运算符，需要 3 个操作数，C# 中只有一个三元运算符："?:"。

4.2.1 算术运算符

算术运算是一种最基本的数据运算，主要用于实现数学上的基础运算功能。算术运算的操作数只能是整型数和实数型数据。C# 中的算术运算符如表 4-1 所示。

表 4-1 算术运算符

运算符	含义	示例
+	加法运算	a+b、a+20
-	减法运算	a-b、d-1.23f
*	乘法运算	a*b、d*3.14m
/	除法运算	a/b、d/5m
%	求余数运算	a%b、9%5
++	递增运算（自加 1 运算），在整数变量基础上 +1	++a、b++
--	递减运算（自减 1 运算），在整数变量基础上 -1	--a、b--

1. 递增、递减运算符

递增运算符"++"和递减运算符"--"都是一元运算符，除了加法或减法功能外，还具有赋值功能，递增运算符适用于数值和枚举类型。"++"和"--"运算符包括前缀方式（如 ++i）和后缀方式（如 i++）。

当递增、递减运算符单独使用时，因为只涉及当前操作数变量自身运算，前缀方式和后缀方式的运算效果是一样的。例如：

```
int i = 5, j=0;
i++;              //后缀方式：i=6
++i;              //前缀方式：i=7；后缀方式和前缀方式都是i增1运算
j = (i++);        //后缀方式：因为有小括号，++也属于对i单独使用，结果：i=8，j=8
j = (++i);        //前缀方式：因为有小括号，++也属于对i单独使用，结果：i=9，j=9；后缀方式和前缀方式
都是i增1运算
i--;              //后缀方式：i=8
--i;              //前缀方式：i=7；后缀方式和前缀方式都是i减1运算
```

在表达式中时，当递增、递减运算符与其他运算符（如赋值运算符）结合使用时，前缀方式是先进行递增（递减）运算，再将结果用于赋值；后缀方式是先进行赋值，再进行递增（递减）运算。例如，下列"++"运算：

```
int i=5,  j=0;
j = i++;          //后缀方式：先将i赋值给j，再对i进行自增运算。结果：i=6，j=5
j = ++i;          //前缀方式：先将i进行自增运算，再将i值赋值给j。结果：i=7，j=7
```

2. 算术表达式中的类型转换

由算术运算符构成的表达式为算术表达式，其结果是一个数值，数值类型由运算符和运算数确定。当表达式中有不同类型的数据时，计算结果会按照规定的隐式转换规则转换成精度高、取值范围大的数据类型。例如，byte 类型的数据 int 数据进行计算时，结果为 int 类型；float 与 double 数据进行计算时，结果为 double 类型；decimal 类型数据与任何实数类型进行计算时，结果都为 decimal 类型。带小数的直接常数都按 double 类型计算。

【实例4-1】算术运算综合实例。

实例描述：创建一个控制台应用程序，展示算术运算符使用与类型转换。

实例分析：通过两个 int 整型数 a、b 的运算，展示算术运算 +、-、*、/ 等。整型数的运算结果仍为整型数，包括 a/b（如不能整除，结果将只取整数而截去小数）。如果要保留小数，可以通过与 (a/b*1.0) 类似的方式先将 b 转化成 double 类型。

实例实现：创建项目名称为 Example4_1 的控制台应用程序，在其 Main() 方法中输入如下代码。

```
static void Main(string[] args)
{
    int a=9, b=4,  c;
    double d = 0;
    c = a + b;
    Console.WriteLine("a={0},b={1},c=a+b={2}", a, b, c);
    c = a * b;
    Console.WriteLine("a={0},b={1},c=a*b={2}", a, b, c);
    c = a / b;
    Console.WriteLine("a={0},b={1},c=a/b={2}", a, b, c);
    c = a % b;
    Console.WriteLine("a={0},b={1},c=a%b={2}", a, b, c);
    d = a / b;       //a、b都是int，计算后仍为int，只有整数部分赋值给d
    Console.WriteLine("a={0},b={1},d=a/b={2:f3}", a, b, d);
    d = a / (b*1.0);  //(b*1.0)后结果为double，因此a/(b*1.0)结果为double
    Console.WriteLine("a={0},b={1},d=a/(b*1.0)={2:f3}", a, b, d);
    c = a++;
    Console.WriteLine("a={0},c=a++={1}", a, c); //a后缀递增：先将a值赋值给c，a再自增。a=10,c=9
    c = --a;
    Console.WriteLine("a={0},c=--a={1}", a, c); //a前缀递减：a值先自减，再将a值赋值给c。a=9,c=9
}
```

程序运行结果如图 4-1 所示。

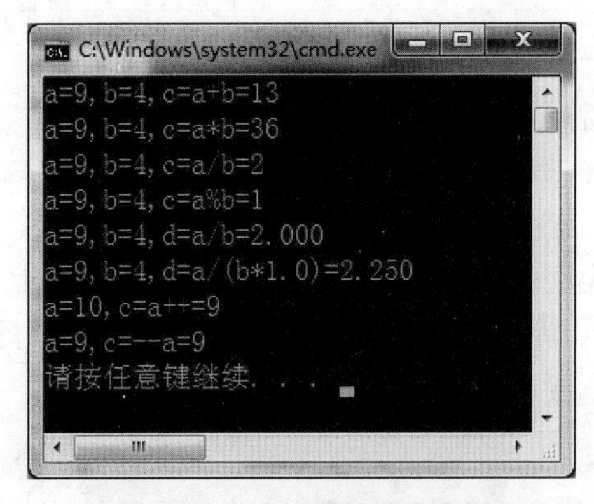

图 4-1　算术运算符综合实例

4.2.2　赋值运算符

赋值运算符用于给变量赋值。赋值运算符包括简单赋值运算符和复合赋值运算符。

C# 采用“=”作为简单赋值运算符，给变量赋值的表达式称为赋值表达式。在赋值表达式中，运算符左边的变量称为左值，运算符右边的值称为右值。左值必须是变量，右值可以是各种可求值的表达式，右值的类型必须与左值类型兼容。如果类型不同，可能需要进行强制类型转换。例如：

```
int i = 5;
i = i*5;
i = (int) (2.4*2);   //结果为4
```

复合赋值运算符是将简单赋值运算符与算术运算符或位运算符组合在一起，实现先运算再赋值的双重效果。类似于“++”“--”运算。复合赋值运算符如表 4-2 所示。

表 4-2　复合赋值运算符

运 算 符	含　义	示　例
+=	先加再赋值	a += b 等同于 a = a + b
-=	先减再赋值	a -= b 等同于 a = a - b
*=	先乘再赋值	a *= b 等同于 a = a * b
/=	先除再赋值	a /= b 等同于 a = a / b
%=	先求余再赋值	a %= b 等同于 a = a % b
<<=	先左移再赋值	a <<= 2 等同于 a = a << 2
>>=	先右移再赋值	a >>= 2 等同于 a = a >> 2
&=	先按位再赋值	a &= 2 等同于 a = a & 2
^=	先按位异或再赋值	a ^= 2 等同于 a = a ^ 2
|=	先按位或再赋值	a |= 2 等同于 a = a | 2

微视频
关系运算符

4.2.3　关系运算符

关系运算符又称比较运算符，用于对两个操作数进行比较，比较的结果为 bool 类型，如成立则返回逻辑真（true），否则返回逻辑假（false）。关系运算是一种常用的重要运算，常用于条件判断表达式中。C# 中的关系运算符如表 4-3 所示。

表 4-3　关系运算符

运 算 符	含　义	示　例
==	等于	5==6 为 false
!=	不等于	5!=6 为 true
>	大于	5>6 为 false
>=	大于或等于	5>=6 为 false
<	小于	5<6 为 true
<=	小于或等于	5<=6 为 true

关系运算符主要用于数值类型（整数、实数、枚举）、char 类型变量或表达式的比较，char 类型以字符的 UNICODE 编码进行。== 和 != 既可以用于数值类型、char 类型比较，还可以用于引用类型和 bool 类型比较。当用于引用类型比较时，是判断它们是否指向同一个实例对象。

关系运算符一般用于对相同类型的数据进行比较，比较不同类型的数据时，可能会产生无法预测的结果。例如，下列代码执行时是将 'A' 转换为 ASCII 值（65）与数字 65 进行比较。

```
bool  b1=(65=='A');   //b1结果为true
```

4.2.4　逻辑运算符

微视频
逻辑运算符

逻辑运算符用于对 bool 类型的操作数进行逻辑运算，由逻辑运算符构成的表达式称为逻辑表达式，其运算的结果 bool 类型的，为 true 或者 false。C# 中的逻辑运算符如表 4-4 所示。

表 4-4　逻辑运算符

运 算 符	含　义	示　例
&&	逻辑与当且仅当两个操作数都为 true 时，结果才为 true，否则结果为 false	(5<6) &&(6>7) 为 false
||	逻辑或当且仅当两个操作数都为 false 时，结果才为 false，否则结果为 true	(5<6) ||(6>7) 为 true
!	逻辑非为一元运算符，用来逆转操作数的逻辑状态。当操作数为 true 时结果为 false；当操作数为 false 时结果为 true	!(5<6) 为 false

其中 ! 为一元运算符，优先级最高，&& 次之，|| 最低。

&&、|| 也分别称为“短路与”“短路或”，是指在进行 && 运算时，当第一个 bool 操作数为 false 时，直接给出整个表达式结果为 false（短路），对后面的 bool 操作数将不再进行判断；在进行 || 运算时，当第一个 bool 操作数为 true 时，直接给出整个表达式结果为 true（短路），对后面的 bool 操作数将不再进行判断。短路可以有效提高执行效率。

【实例4-2】判断随机数是否大于50。

实例描述：创建一个控制台应用程序，用 Random 类随机生成两个 100 以内的整数，并判断这两个数是否都大于 50、是否至少有一个大于 50、是否至少有一个不大于 50。

实例分析：随机生成 n 以内的整数可以使用第 3 章中介绍的 Random 类的 Next(int max Value) 方法。判断这两个数是否都大于 50，则可以使用逻辑与 && 运算，即 (i1 > 50) && (i2 > 50)；上式中只要有一个数不大于 50，结果即为 false，因此判断是否至少有一个不大于 50，直接将上式进行逻辑非运算即可。

实例实现：创建项目名称为 Example4_2 的控制台应用程序，在其 Main() 方法中输入如下代码。

```
static void Main(string[] args)
{
    bool b1, b2;                                       //声明两个bool变量
    Random ra = new Random();                          //生成Random实例ra
    int i1 = ra.Next(100), i2 = ra.Next(100);          //产生两个小于100的随机整数
    b1 = (i1 > 50) && (i2 > 50);                       //判断两个数是否都大于50，结果赋给b1
    b2 = (i1 > 50) || (i2 > 50);                       //判断是否至少有一个数大于50，结果赋给b2
    Console.WriteLine("i1={0},i2={1}", i1, i2);        //输出两个随机数
    Console.WriteLine("i1、i2都大于50: {0}", b1);       //输出b1
    Console.WriteLine("i1、i2至少有一个大于50: {0}", b2);   //输出b2
    Console.WriteLine("i1、i2至少有一个不大于50: {0}", !b1);      //b1仅当两个数都大于50时才为true，因此
直接对b1逻辑非即可
}
```

程序运行结果如图 4-2 所示。

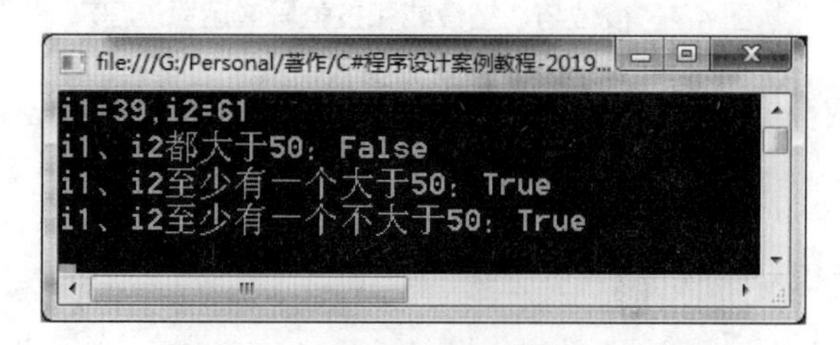

图 4-2　判断随机数是否大于 50

4.2.5　位运算符

位运算符用于对整数类型（含 char 类型）的每一个二进制位进行逻辑运算和移位运算，运算的结果仍然是整数。C# 的位运算符如表 4-5 所示。

表 4-5　位运算符

<table>
<tr><th>运算符</th><th>含义</th><th>示例</th></tr>
<tr><td>&</td><td>按位与</td><td>5&6</td></tr>
<tr><td>|</td><td>按位或</td><td>5|6</td></tr>
<tr><td>^</td><td>按位异或</td><td>5^6</td></tr>
<tr><td>~</td><td>按位取反，为一元运算符，对包括符号位在内的所有位进行“翻转”，即 0 变成 1，1 变成 0</td><td>~5</td></tr>
<tr><td><<</td><td>二进制左移。左操作数的值向左移动右操作数指定的位数</td><td>5<<2</td></tr>
<tr><td>>></td><td>二进制右移。左操作数的值向右移动右操作数指定的位数</td><td>5>>3</td></tr>
</table>

【实例4-3】位运算。

实例描述：创建一个控制台应用程序，对 byte 类型的 6 执行按位求反、左移 2 位、右移 2 位运算，对 6 和 85 执行按位与、按位或和按位异或运算。

实例分析：

（1）byte 类型为 8 位无符号整数，b1=6，其对应的二进制数为 00000110；b2=85，其对应的二进制数为 01010101。

（2）对 b1 按位取反后的二进制为 11111001，十进制为 249。

（3）二进制数每左移一位相当于乘以 2，每右移一位相当于除以 2。左移时高位溢出的位被丢弃，低端空出的位用 0 补充。

（4）对 b1（6）的按位取反、左移 2 位和右移 2 位运算过程如图 4-3 所示。

```
   b1:   00000110        b1:   00000110          b1:   00000110
-------------------   -------------------    -------------------
  ~b1:   11111001     b1<<2:   00011000       b1>>2:   00000001
十进制:   249         十进制:   24            十进制:    1
```

图 4-3　按位取反、左移和右移运算过程

（5）对 b1（6）和 b2（85）执行按位与、按位或和按位异或的运算过程如图 4-4 所示。

```
    b1:   00000110        b1:   00000110         b1:   00000110
    b2:   01010101        b2:   01010101         b2:   01010101
--------------------   -------------------   -------------------
 b1&b2:   00000100     b1|b2:   01010111      b1^b2:   01010011
 十进制:   4           十进制:   87           十进制:   83
```

图 4-4　按位与、按位或和按位异或运算过程

实例实现：创建一个控制台应用程序，项目名称为 Example4_3，在 Main() 方法中输入下列代码。

```
static void Main(string[] args)
{
    byte b1 = 6, b2 = 85, b3;
    b3 = (byte) ~b1;                        //因~b1的结果自动提升为int，因此需强制转换为byte
    Console.WriteLine("b1={0},~b1={1}", b1, b3);
    Console.WriteLine("b1={0},b1<<2={1}", b1, b1 << 2);                 //6左移2位
    Console.WriteLine("b1={0},b1>>2={1}", b1, b1 >> 2);                 //6右移2位
    Console.WriteLine("b1={0},b2={1},b1&b2={2}", b1, b2, b1 & b2);      //6&85
    Console.WriteLine("b1={0},b2={1},b1|b2={2}", b1, b2, b1 | b2);      //6|85
    Console.WriteLine("b1={0},b2={1},b1^b2={2}", b1, b2, b1 ^ b2);      //6^85
    Console.ReadLine();
}
```

程序运行结果如图 4-5 所示。

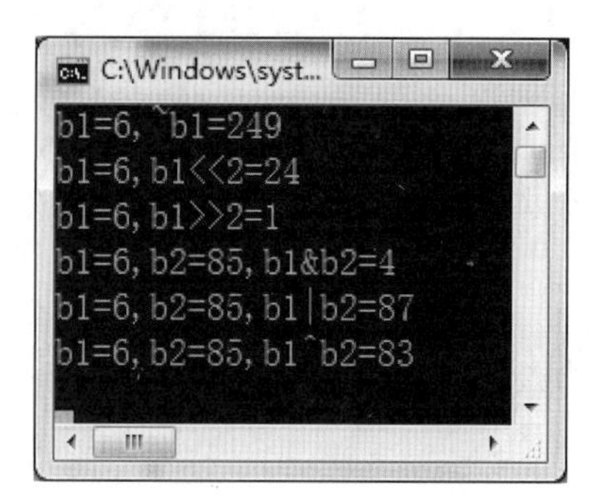

图 4-5 十进制数 6 与 85 的位运算结果

4.2.6 条件运算符

条件运算符“?:”是 C# 中唯一的三元运算符。由条件运算符构成的表达式称为条件表达式，条件表达式中每个操作数同时又是表达式的值。条件运算符的使用格式如下：

```
判断条件? 表达式1:表达式2
```

判断条件为逻辑表达式，结果为 bool 值。当判断条件的结果为 true 时，计算表达式 1 的值并作为整个表达式的结果，否则计算表达式 2 的值并作为整个表达式的结果。例如：

```
max = a > b ? a : b;  //求a和b的最大值，若a>b，max=a，否则max=b
c=c<0?-c:c            //求c的绝对值，若c<0时，c=-c，否则c=c
```

注意：条件运算符构成的表达式本身只是一个表达式，不能作为独立的语句。

【实例4-4】用条件运算符求最大值。

实例描述：创建一个控制台应用程序，用 Random 类随机生成 3 个 <1000 的整数，用条件运算符求其最大值、最小值。

实例分析：生成随机整数可以用第 3 章中介绍的 Random 类的 Next(int max Value) 方法。通过条件运算符求 3 个数的最大值，可以先求出前两个数的最大值，再将该最大值与第三个数进行比较即可。求最小值原理类似。

实例实现：创建一个控制台应用程序，项目名称为 Example4_4，在其 Main() 方法中输入下列代码。

```
static void Main(string[] args)
{
    int Max, Min;                          //定义存放最大值、最小值的变量
    Random ra = new Random();              //生成Random实例ra
    int i1 = ra.Next(1000), i2 = ra.Next(1000), i3 = ra.Next(1000);   //随机生成3个整数
    Max = (i1 > i2 && i1 > i3) ? i1 : (i2 > i3 ? i2 : i3);            //求最大值
    Min = (i1 < i2 && i1 < i3) ? i1 : (i2 < i3 ? i2 : i3);            //求最小值
    Console.WriteLine("i1={0},i2={1},i3={2}", i1, i2, i3);            //输出3个随机数
    Console.WriteLine("最大值：{0}，最小值：{1}", Max, Min);            //输出最大值、最小值
}
```

程序运行结果如图 4-6 所示。

图 4-6 用条件运算符求最大值、最小值

4.2.7 is 和 as 运算符

is 运算符用于判断某个变量是否属于某种引用类型或可空类型，as 运算符用于将某个引用类型或可空类型的变量强制转换为另外一种引用类型或可空类型，即使转换失败也不会抛出异常。

例如：

```
if (s1 is string)  Console.WriteLine("s1为string类型");  //判断s1是否为string类型
string s2 = s1 as string;   //将s1强制转换为string类型并赋值给s2
```

4.2.8 其他运算符

除了上述运算符外，C# 还提供了其他一些特殊运算符，用于更复杂的运算对象或特殊的运算需求。

1. 连接运算符“+”

连接运算符“+”用于将两个字符串连接成一个字符串，相应的复合赋值运算符“+=”类似于算术运算符“+=”。例如：

```
string s1 = "中原工学院", s2 = "软件学院";
Console.WriteLine(s1 + s2);  //输出结果：中原工学院软件学院
```

2. sizeof 运算符

sizeof 运算符用于获取某个值类型数据占用内存的字节数，其语法格式为：

```
sizeof(类型标识符)
```

例如：

```
int n = sizeof(int);  //n=4，int整型数占4个字节
```

3. typeof 运算符

typeof 运算符用于获取某种类型的类型标识字符串（类型的规定名称）。例如：

```
Console.WriteLine("int的类型名为：{0}", typeof(int)); //结果为：int的类型名为：System.Int32
```

【实例4-5】typeof与sizeof运算符应用。

实例描述：创建一个控制台应用程序，输出 C# 常用数据类型的具体类名、所占用的字节数。

实例分析：typeof() 返回的是指定类型的类型名称全称，如 typeof(int) 的返回结果为“System.Int32”，指定义在 System 命名空间中的 Int32。但 typeof(int) 参数为何可用“int”？这是因为，为了程序员方便，C# 为各数据类型预定义了简洁而等价的别名，如“System.Int32”的别名为“int”，“System.Single”（单精度浮点数）的别名为“float”。在本例代码的 typeof()、sizeof() 中使用的都是类型的别名。

实例实现：创建一个控制台应用程序，项目名称为 Example4_5，在其 Main() 方法中输入下列代码。

```
static void Main(string[] args)
{
    Console.WriteLine("char类型名称：{0}，占用字节数：{1}", typeof(char), sizeof(char));
//显示char类型名称、字节数
    Console.WriteLine("byte类型名称：{0}，占用字节数：{1}", typeof(byte), sizeof(byte));
//显示byte类型名称、字节数
    Console.WriteLine("sbyte类型名称：{0}，占用字节数：{1}", typeof(sbyte), sizeof(sbyte));
 //显示sbyte类型名称、字节数
    Console.WriteLine("int类型名称：{0}，占用字节数：{1}", typeof(int), sizeof(int));
//显示int类型名称、字节数
    Console.WriteLine("float类型名称：{0}，占用字节数：{1}", typeof(float), sizeof(float));
//显示float类型名称、字节数
    Console.WriteLine("double类型名称:{0}，占用字节数:{1}", typeof(double), sizeof(double));
//显示double类型名称、字节数
    Console.WriteLine("decimal类型名称:{0}，占用字节数:{1}", typeof(decimal), sizeof(decimal));
//显示decimal类型名称、字节数
}
```

程序运行结果如图 4-7 所示。

```
C:\Windows\system32\cmd.exe
char类型名称：System.Char，占用字节数：2
byte类型名称：System.Byte，占用字节数：1
sbyte类型名称：System.SByte，占用字节数：1
int类型名称：System.Int32，占用字节数：4
float类型名称：System.Single，占用字节数：4
double类型名称：System.Double，占用字节数：8
decimal类型名称：System.Decimal，占用字节数：16
请按任意键继续. . .
```

图 4-7　常用数据类型名称、占用字节

4．new 运算符

new 运算符用于类的实例化，为某个类在堆上创建一个对象，并调用类的构造函数为对象进行实例化操作。其语法格式如下：

```
类名  类实例名 = new 类的构造函数();
```

例如：

```
Class_Test obj = New Class_Test();
```

new 运算符的详细介绍见第 8 章。

5．溢出检查运算符 checked 与 unchecked

在进行整数的运算和显式类型转换时，当结果超出目标类型值范围时就会产生数据溢出，导致编译错误。C# 允许程序员自行决定如何处理溢出，溢出检查默认是关闭的，因为这样能保证代码的运行效率，但是程序员必须保证不会发生溢出，或者其代码能预见并处理可能的溢出。

checked 用来显式启用溢出检查，unchecked 用来显式取消溢出检查。checked 和 unchecked 可用于某个表达式，亦可用于一段代码（语句块）。

例如，下列代码对表达式启用溢出检查：

```
byte b = 100;
b = checked((Byte)(b + 300)); //溢出错误，如果不检查，返回值将截掉溢出的高位
Console.WriteLine(b);
```

下列代码对代码段显式取消溢出检查，不会发生溢出异常，i 结果值将截掉溢出的高位：

```
unchecked
 {
     int i = int.MaxValue + 20;
     Console.WriteLine(i);
 }
```

4.2.9　运算符的优先级与表达式中的自动类型转换

C# 对各种运算符都规定了相应的优先级，当一个表达式中包含多个运算符时，其运算顺序取决于运算符的优先级，优先级高的运算先做，优先级低的运算后做。具有相同优先级的运算符，其运算顺序取决于运算符的结合性，一般是自左至右顺序。小括号内 ( ) 的最优先。

C# 运算符的优先级及其结合性如表 4-6 所示，其中第一行运算符优先级最高，最后一行优先级最低。

表 4-6　运算符优先级及其结合性

运算符类别	运　算　符	结　合　性
基本	()、[]、.（结构或类的成员运算符）、++（后缀）、--（后缀）、new、typeof、sizeof、checked、unchecked、->	从左到右
一元	+（正）、-（负）、!、~、++、--、(type)（强制类型转换）	从右到左
乘除	*、/、%	从左到右

续表

运算符类别	运 算 符	结 合 性
加减	+、-	从左到右
移位	<<、>>	从左到右
关系	<、<=、>、>=	从左到右
相等	==、!=	从左到右
位与 AND	&	从左到右
位异或 XOR	^	从左到右
位或 OR	|	从左到右
逻辑与 AND	&&	从左到右
逻辑或 OR	||	从左到右
条件运算	?:	从右到左
赋值	=、+=、-=、*=、/=、%=、>>=、<<=、&=、^=、|=	从右到左

上述运算符中，一元运算符、条件运算符和赋值运算符是自右向左结合，其余的都是自左向右结合。例如下列表达式：

```
a = b = 9;  //等同于: a = (b = 9)
```

对于复杂的表达式，一个良好的编程习惯是使用小括号 ( ) 来明确运算顺序，无须对优先级死记硬背。

当表达式中混合了多种数据类型时，在运算时编译器会根据类型提升规则自动将某些类型转换成其他类型，如一个 byte 类型操作数与一个 int 操作数运算时，byte 操作数自动提升为 int 类型；一个操作数是 decimal 类型时，另一个操作数自动提升为 decimal 类型。类型自动提升规则（隐式转换）如下：

byte → short（char）→ int → long → float → double

整个表达式的最终结果类型被提升到表达式中类型最高的类型，但 float、double 类型的数据不会自动转换为 decimal，当在表达式中混合有 decimal 和 float 或 double 时，需要对 float 和 double 强制转换为 decimal。

【实例4-6】表达式中的数据类型自动提升转换。

实例描述：分析下列表达式的计算过程，创建一个控制台应用程序，计算该表达式的值（输出结果保留 3 位小数）：

'A'+123 + 1.2F + 2*3.14-9.0/2L

实例分析：按照运算符的优先级，以及表达式中数据类型自动提升规则，上述表达式的计算过程与结果如图 4-8 所示。

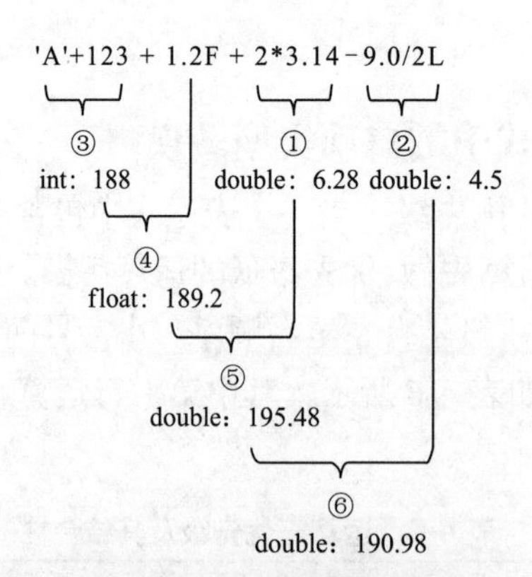

图 4-8 表达式的计算过程

实例实现：创建一个控制台应用程序，项目名称为 Example4_6，在其 Main() 方法中输入下列代码。

```
static void Main(string[] args)
{
```

```
        Console.WriteLine("表达式结果={0:f3}", 'A' + 123 + 1.2F + 2 * 3.14 - 9.0 / 2L);
    }
```

程序运行结果如图 4-9 所示。

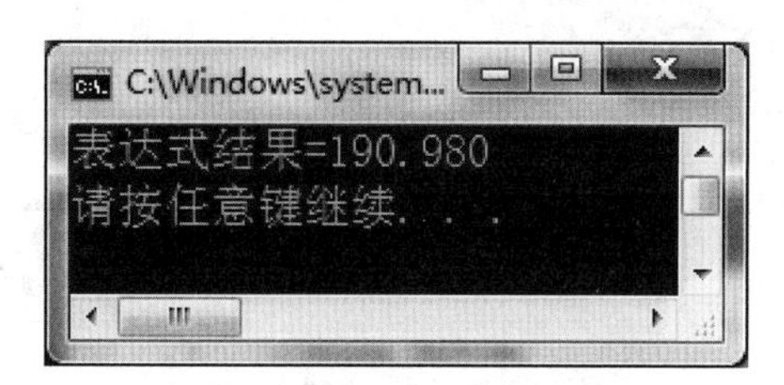

图 4-9 表达式的计算结果

习题与拓展训练

一、选择题

1. 在 C# 语言中，下面的运算符中，优先级最高的是（　　）。

A. %　　B. ++　　C. /=　　D. >>

2. 设已有声明语句“int x=8;”，则下列表达式中，值为 2 的是（　　）。

A. x += x -= x;　　B. x %= x-2;

C. x > 8 ? x=0: x++;　　D. x/=x+x;

3. 能正确表示逻辑关系“a ≥ 10 或 a ≤ 0”的表达式是（　　）。

A. a<=10 or a>=0　　B. a >=10|a<=0

C. a>=10&&a<=0　　D. a>=10||a<=0

4. 在位移运算中，将数据左移一位相当于将原值（　　）。

A. *2　　B. *4　　C. /2　　D. /4

5. C# 中，获取某种数据类型所占用字节数的运算符是（　　）。

A. new　　B. typeof　　C. as　　D. sizeof

6. 当表达式中混合了几种不同的数据类型时，C# 会基于运算的顺序将它们自动转换成同一类型。但下面（　　）类型和 decimal 类型混合在一个表达式中，不能自动提升为 decimal。

A. float　　B. int　　C. uint　　D. byte

二、简答题

1. 简述什么是一元运算符、二元运算符和三元运算符。C# 中三元运算符有哪些？
2. 简述什么是表达式。
3. 简述逻辑运算中的“短路”的含义。
4. 简述条件运算符（?:）的运算过程。

三、拓展训练

1. 创建一个控制台应用程序，对十进制数 12 和 3 分别执行按位与(&)、按位或(|)和按位异或运算(^)，并输出结果。

2. 创建一个控制台应用程序，生成两个随机 int 整数，求出其最大值、最小值和平均值(保留 2 位小数)。

3. 创建一个控制台应用程序，计算并输出下列表达式的值，保留两位小数：

1 + 3 * 5.0 / 6 – 7 * 8+123f

第 5 章 流程控制语句

算法是程序的灵魂。——编程经典语录

算法 + 数据结构 = 程序——图灵奖获得者 Niklaus Wirth

C# 程序的执行都是一行接一行、自上而下地顺序进行，不跳过任何代码。为了让程序能按照开发者所设计的流程进行执行，必然需要进行选择执行、循环和跳转等过程，这就需要实现流程控制。C# 中的流程控制包含条件语句、循环语句、跳转语句和异常处理四方面。

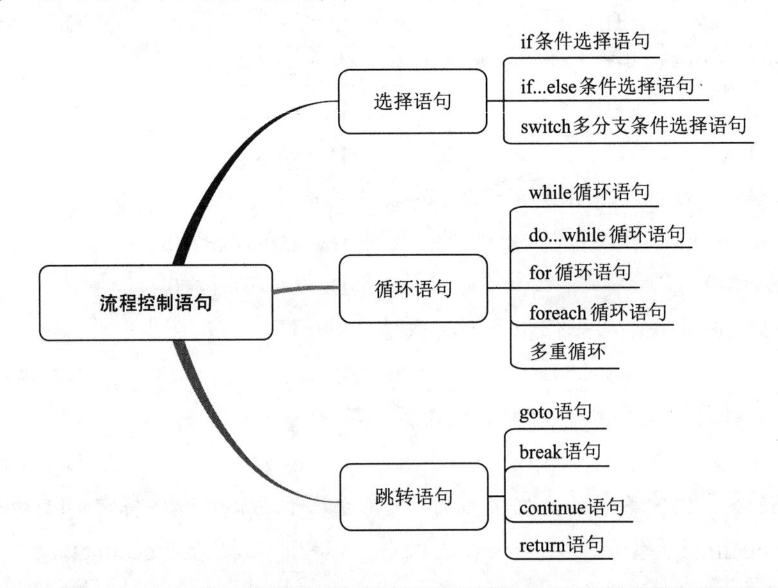

学习目标

（1）理解什么是控制语句，C# 中有哪些控制语句及其作用。

（2）掌握 if、if…else、switch 选择语句的使用方法。

（3）掌握 while、do while 和 for 循环语句的使用方法。

（4）掌握 break、continue 跳转语句的使用方法。

（5）能够根据实际问题需要综合应用各种控制语句解决较复杂的问题。

5.1 选择语句

在程序设计中，常常要根据不同的给定条件而采用不同的处理方法（流程），需要用选择控制语句（分支语句）来实现，采用选择控制语句的程序结构称为选择结构（分支结构）。C# 中的选择控制语句包括 if、if...else 和 switch 语句，选择语句用于根据某个表达式的值从若干条给定语句中选择一个来执行。

5.1.1 if 条件选择语句

if 语句用于在程序中有条件地执行某一语句序列，通常称为单分支语句，其基本语法格式为：

```
if (<条件表达式>)
{
    <语句块>
}
```

“条件表达式”是一个关系表达式或逻辑表达式，其结果为布尔类型；如果条件表达式（判断条件）成立（结果为 true），则执行其后的语句序列，否则该语句结束，什么也不执行。注意：如果 <语句块> 中只有一条语句，可以不用 { } 语句块标识符。

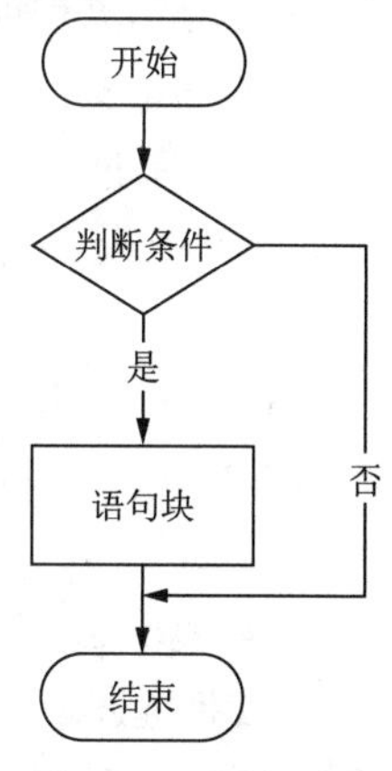

图 5-1　if 语句流程

if 语句流程如图 5-1 所示。

【实例5-1】判断键盘输入的内容。

实例描述：判断键盘输入是否为空格，以变量 readkey 存储键盘输入内容，通过 readkey.Key.ToString() 方法显示到控制台，利用 if 条件语句判断输入内容，如果是空格，就在控制台上输出“空格”。

实例分析：利用 Console.ReadKey() 方法从键盘读入输入内容，其返回类型为 ConsoleKeyInfo，通过该类型的 .Key 属性获取实际的键值，空格键（Spacebar）的预定义值转换为字符串后为“Spacebar”。

实例实现：创建一个项目名称为 Example5_1 的控制台应用，在其 Main() 方法中输入下列代码，完整相关源代码参考项目 Example5_1。

微视频 if语句

```
static void Main(string[] args)
{
    //得到键盘输入内容
    ConsoleKeyInfo readkey = Console.ReadKey();    //输入一个键
    Console.WriteLine(readkey.Key.ToString());     //输出刚刚输入的键
    if (readkey.Key.ToString() == "Spacebar")
        Console.WriteLine("空格");                  //将输入的键转换成字符串并判断是否为空格键
    Console.ReadLine();
}
```

程序运行结果如图 5-2 所示。

图 5-2　输入内容判断

5.1.2　if...else 条件选择语句

if...else 条件选择语句可以根据不同的条件执行两个不同的语句序列（程序流程），if...else 语句通常称为双分支语句，其基本语法格式为：

微视频 if...else条件选择语句

```
if (<条件表达式>)
{
    <语句块1>
}
else
{
    <语句块2>
}
```

“条件表达式”是一个关系表达式或逻辑表达式，其结果为布尔类型；如果条件表达式（判断条件）成立（结果为 true），则执行其后的语句块 1，否则执行语句块 2。如果 <语句块> 中只有一条语句，可以不用 { } 语句块标识符。if...else 语句流程如图 5-3 所示。

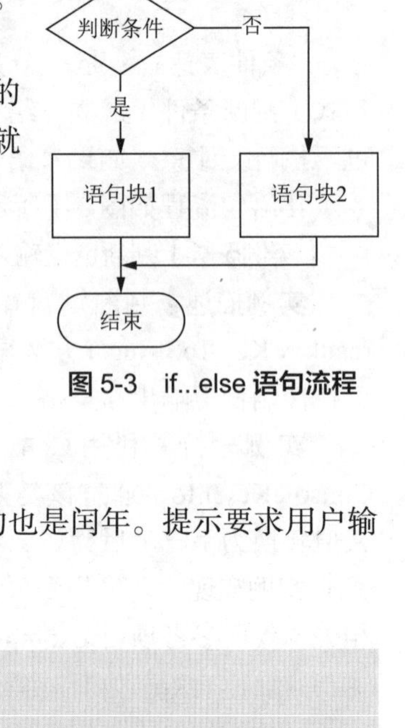

图 5-3　if...else 语句流程

if...else 语句和 if 语句的判定条件相同，都是根据条件的结果来决定执行的代码。只不过 if...else 比 if 多了一个选择的机会。就相当于比赛发奖一样，if 就是输了什么奖品都没了，加了个 else 还可以有个参与奖。

当使用 if...else if...else 语句时，需要注意以下几点：

（1）一个 if 后可跟零个或一个 else。

（2）一个 if 后可跟零个或多个 else if。

（3）一旦某个 else if 匹配成功，其他的 else if 或 else 将不会被执行。

【实例5-2】判断年份是否为闰年。

实例描述：判断用户输入的年份是否为闰年。

实例分析：年份能被 4 整除但不能被 100 整除的为闰年，能被 400 整除的也是闰年。提示要求用户输入年份，通过算法计算该年份是否为闰年，是则输出 yes，否则输出 no。

实例实现：实现代码如下，相关源代码参考项目 Example5_2。

```
static void Main(string[] args)
{
    Console.WriteLine("请输入年份:");
    //把键盘输入的字符串转换为int类型
    int year = int.Parse(Console.ReadLine());
    //判断条件是否成立，如果成立则执行
    if (year % 4 == 0)
    {
        if (year % 100 == 0)
        {
            if (year % 400 == 0)
            {
                Console.WriteLine("yes");
            }
            else
                Console.WriteLine("no");
        }
        //与if语句相呼应，如果条件不成立则执行
        else
            Console.WriteLine("yes");
    }
    else
        Console.WriteLine("no");
    Console.ReadLine();
}
```

程序运行结果如图 5-4 所示。

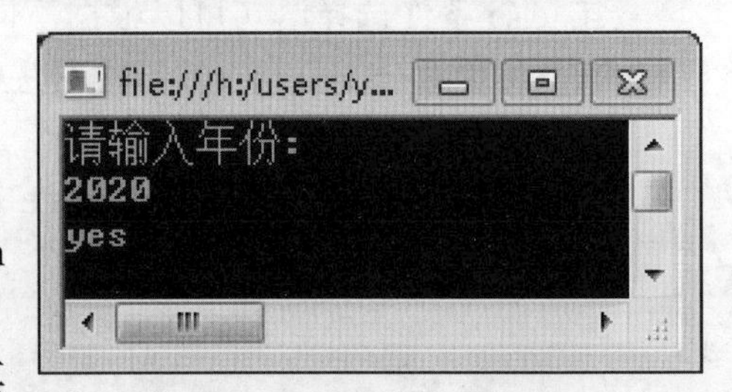

图 5-4　if...else 语句判断闰年

5.1.3　switch 多分支条件选择语句

微视频
switch语句

switch 语句又称开关语句，它与多重 if 语句类似，前者用于等值判断，后者用于区间值的判断。switch 语句的作用是根据表达式的值，跳转到不同的语句。switch 语句用于基于不同的条件来执行不同的动作，其基本语法格式为：

```
switch(表达式)
{
    case常量表达式1;
        语句1;
        break;
    case常量表达式2;
        语句2;
        break;
    …
    default:
        语句m;
        break;
}
```

switch 语句执行时，表达式的值会与结构中的每个 case 的常量表达式做比较。如果相等，则与该 case 关联的代码块会被执行。使用 break 来阻止代码自动地向下一个 case 语句块运行。default 关键词来规定匹配都不成功时做的事情，执行 default 下的语句块。switch 语句流程如图 5-5 所示。

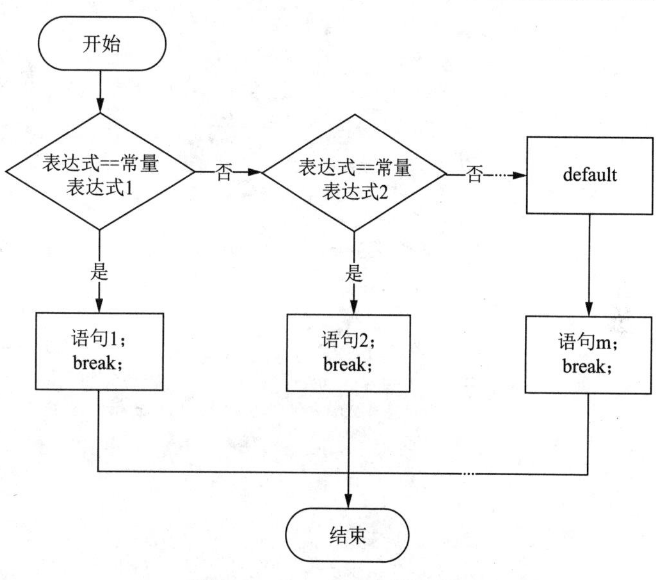

图 5-5 switch 语句流程图

一个 switch 语句允许测试一个变量等于多个值时的情况。每个值称为一个 case，且被测试的变量会对每个 switch case 进行检查，switch 语句必须遵循下面的规则：

（1）switch 语句中的“表达式”必须是一个整型或枚举类型，或者是一个 class 类型，其中 class 有一个单一的转换函数将其转换为整型或枚举类型。

（2）在一个 switch 中可以有任意数量的 case 语句，每个 case 后跟一个要比较的值和一个冒号。

（3）case 的“常量表达式”必须与 switch 中的变量具有相同的数据类型，且必须是一个常量。

（4）当被测试的“表达式”的值等于 case 中的常量时，该 case 后的语句将被执行，直到遇到 break 语句为止。

（5）当遇到 break 语句时，switch 终止，控制流将跳转到 switch 语句后的下一行。不是每一个 case 都需要包含 break 语句。如果 case 语句为空，则可以不包含 break 语句，控制流将会继续执行后续的 case，直到遇到 break 为止。

（6）C# 不允许从一个开关部分继续执行到下一个开关部分。如果 case 语句中有处理语句，则必须包含 break 或其他跳转语句。

（7）一个 switch 语句可以有一个可选的 default case，出现在 switch 的结尾。default case 可用于在上面所有 case 都不为真时执行一个任务。default case 中的 break 语句不是必需的。

（8）C# 不支持从一个 case 标签显式贯穿到另一个 case 标签。如果要支持从一个 case 标签显式贯穿到另一个 case 标签，可以使用 goto 一个 switch-case 或 goto default。

【实例5-3】判断月份属于什么季节。

实例描述：根据用户输入的月份判断并输出月份所属的季节。12、1、2 月为冬季，3~5 月为春季，6~8 月为夏季，9~11 月为秋季。

实例分析：该实例涉及多个月份和季节，因此适合用多分支的 switch 语句。先提示用户输入一个月份，用整型变量存储，并通过 switch 语句判断该月份的所属季节，满足哪一个判断条件，就输出相应季节。

实例实现：实现代码如下，相关源代码参考项目 Example5_3。

```
static void Main(string[] args)
{
    Console.WriteLine("请您输入一个月份："); //输出提示信息
    //声明一个int类型的变量用于获取用户输入的数据
    int MyMouth = int.Parse(Console.ReadLine());
    string MySeason;                        //声明一个字符串变量
    //使用switch语句实现多分支选择结构
    switch (MyMouth)
    {
        //case为swith语句的一个分支项。如case后的常量等于swith内的变量值，
        //则执行该分支下面的语句，直到遇到break语句停止
        case 12:
        case 1:
        case 2:                             //如果输入的是1、2、12则执行此分支的内容
            MySeason = "您输入的月份属于冬季！";
            break;                          //执行完毕，跳出语句
        case 3:
        case 4:
        case 5:
            MySeason = "您输入的月份属于春季！";
            break;
        case 6:
        case 7:
        case 8:
            MySeason = "您输入的月份属于夏季！";
            break;
        case 9:
        case 10:
        case 11:
            MySeason = "您输入的月份属于秋季！";
            break;
        //如果输入的数据不满足以上4个分支的内容则执行default语句
        default:
            MySeason = "月份输入错误！";
            break;
    }
    Console.WriteLine(MySeason);            //输出MySeason的值
    Console.ReadKey();
}
```

程序运行结果如图 5-6 所示。

图 5-6　switch 多分支条件选择语句

5.2　循环语句

循环就是重复执行语句，循环结构可以实现一个程序模块的重复执行，被重复执行的部分称为循环体，循环体执行与否及循环次数视循环类型与条件而定。循环结构对简化程序、更好地组织算法有着重要的意义。

C# 中的循环控制语句有 while、do...while 和 for 语句，3 种语句都可以实现类似的循环功能。各种类型的循环有一个共同点，即循环次数必须有限（非死循环）。

5.2.1　while 循环语句

while 循环是先判断表达式的值，然后再执行循环体，直到条件表达式的值为 false。如果循环刚开始表达式的值就为 false，那么循环体就不会被执行。其语法格式为：

```
while(条件表达式)
{
    语句或语句块;
}
```

如果循环体中只有一条语句，则 { } 可省略。

while 循环语句流程如图 5-7 所示。

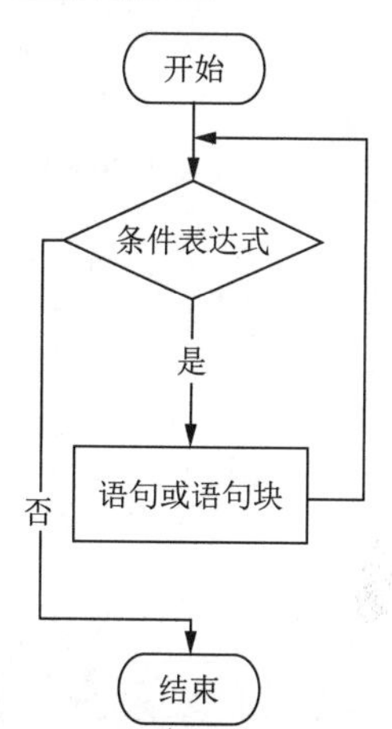

图 5-7　while 循环语句流程

【实例5-4】用while循环计算1+2+3+4+…+100。

实例描述：计算 1+2+3+4+…+100 的值并输出。

实例分析：这是一个简单的累加循环，设计一循环控制变量 num，从 1 循环到 100，同时作为当前项的值加到 sum 上。

实例实现：实现代码如下，相关源代码参考项目 Example5_4。

```
static void Main(string[] args)
{
    int num = 1;
    int sum = 0;
    //当条件表达式成立时，循环执行循环体内的语句，直到条件表达式不成立
    while (num <= 100)
    {
        sum += num++;
    }
    Console.WriteLine("1到100的累加和是：" + sum);
}
```

程序运行结果如图 5-8 所示。

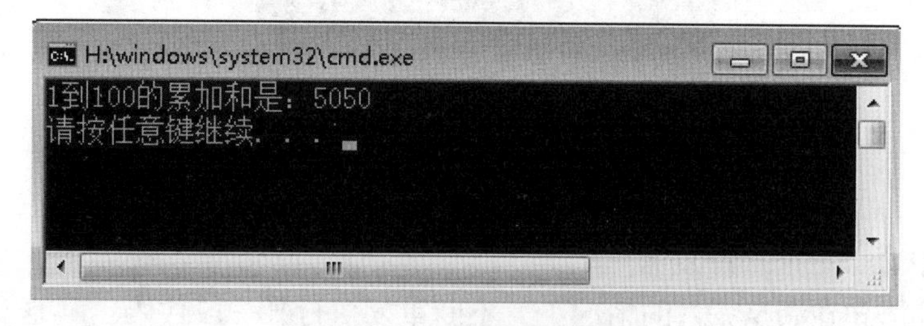

图 5-8　while 循环语句输出

5.2.2　do...while 循环语句

do...while 循环先执行循环体内语句，再判断条件表达式的值，如果表达式的值为 true，则继续执行循环，直到表达式的值为 false。因此，do...while 循环的循环体至少会被执行一次。

do...while 语句基本语法格式为：

```
do
{
    语句或语句块;
}while (条件表达式);
```

注意：do…while语句后面必须使用分号(;)，如果循环体中只有一条语句，则{ }可省略。

do...while 循环语句流程如图 5-9 所示。

图 5-9　do...while 循环语句流程

【实例5-5】用do ... while循环输出考试状态。

实例描述：利用 do ... while 循环实现小明的练习题。如果小明不会做，就输入 N，累计 10 次之后才可以放学；如果输入 Y，即小明会做了，就提前放学。

实例实现：实现代码如下，相关源代码参考项目 Example5_5。

```
static void Main(string[] args)
{
    string ans = "y";
    int num = 0;
    do  //先执行一次循环体内的语句
    {
        Console.WriteLine("这道题会做了吗?(Y/N)");
        ans = Console.ReadLine().ToLower();
        num++;
        if (num == 10 || ans == "y")
            break;
    }
    //执行完循环体语句后对条件表达式进行判断。
    //若条件表达式成立，继续循环；否则，退出循环
    while (ans == "n");
    Console.WriteLine("放学");
    Console.ReadKey();
}
```

程序运行结果如图 5-10 所示。

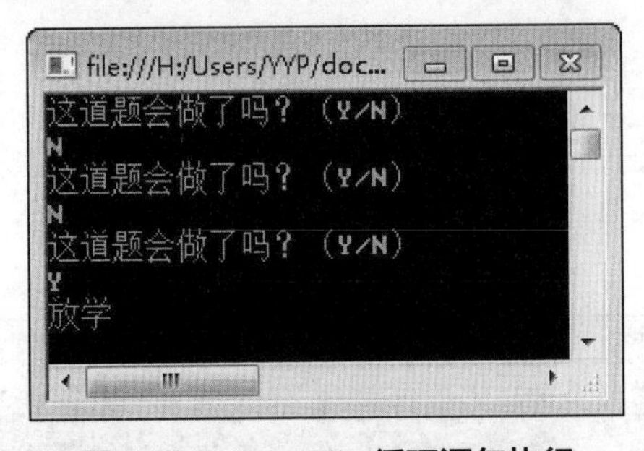

图 5-10　do...while 循环语句执行

5.2.3　for 循环语句

微视频
for语句

for 循环语句在满足条件的情况下，不断重复执行某一段代码。其基本语法格式如下：

```
for(<初始化表达式>;<条件表达式>;<迭代表达式>)
{
    语句或语句块;
}
```

注意：初始化表达式可以有多条语句；初始化表达式、条件表达式和迭代表达式都可以根据情况省略，但其后面的分号“;”不能省略；如果循环体中只有一条语句，则{ }可省略。

（1）初始化表达式。仅在进入循环之前执行一次，通常用于循环控制变量的初始化，可以在该位置定义一个循环控制变量并为其赋一个起始值，也可以使用 for 循环前面定义的变量。注意：在该位置定义一个变量并为其赋一个起始值，这种方法定义的变量的作用域仅在 for 循环语句中，也就是说 for 循环语句后面的代码不能使用该变量；但是用 for 循环前面定义的变量，for 循环语句后面的代码也能使用该变量。

（2）条件表达式。为循环控制表达式，当该表达式的值为 true 时，执行循环体，为 false 时跳出循环。

（3）迭代表达式。迭代表达式通常用于修改循环控制变量的值，执行完循环体后就执行迭代表达式，然后再执行条件表达式判断循环是否继续。

for 循环语句流程如图 5-11 所示。

开始 → 初始化表达式 → 条件表达式 →（是）语句或语句块 → 迭代表达式 → 条件表达式；条件表达式 →（否）结束

图 5-11　for 循环语句流程

【实例5-6】用for循环计算学员平均成绩和总成绩。

实例描述：输入班级人数，然后依次输入学员成绩，计算班级学员的平均成绩和总成绩。提示用户输入班级总人数，以总人数控制 for 循环。用户输入学生成绩，通过循环计算成绩总和，并计算出这几位学生的平均分。

实例分析：通过 for 循环依次读入学员成绩，并计算总成绩，算出平均分之后输出到控制台。

实例实现：其实现代码如下，相关源代码参考项目 Example5_6。

```
static void Main(string[] args)
{
    int i = 1; int sum = 0; int avg = 0;
    Console.WriteLine("请输入班级总人数：");
    //把输入的字符串转换成int类型
    int man = Convert.ToInt32(Console.ReadLine());
    Console.WriteLine("请各输入学生的成绩：");
    //for语句的初始化表达式为空
    //for语句的条件表达式为i<=man
    //for语句的迭代表达式为i++
    for (; i <= man; i++)
    {
        int score = Convert.ToInt32(Console.ReadLine());
        sum = sum + score;
    }
    //计算平均值
    avg = sum / man;
    Console.WriteLine($"平均成绩为{avg},总成绩为{sum}.");
    Console.ReadLine();
}
```

程序运行结果如图 5-12 所示。

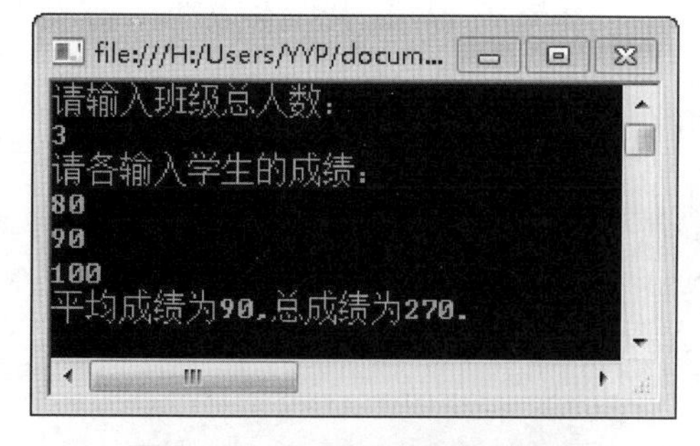

图 5-12　for 循环语句运行结果

5.2.4　foreach 循环语句

foreach 语句用于遍历一个集合的元素，并对该集合中的每一个元素执行一次嵌入语句，foreach 循环的基本语法结构如下：

```
foreach(<类型> <迭代变量名> in <集合>)
{
    语句或语句块;
}
```

注意：迭代变量的类型必须与集合的类型相同。集合内元素的个数决定循环内程序段重复执行的次数，每次进入循环，会依次将集合元素值赋给迭代变量，当所有元素都读完后，就会结束foreach循环。foreach循环对集合内元素进行只读访问，不能改变任何元素的值。foreach语句在循环的过程中不能对集合进行添加元素或者删除元素的操作。

foreach 循环语句流程如图 5-13 所示。

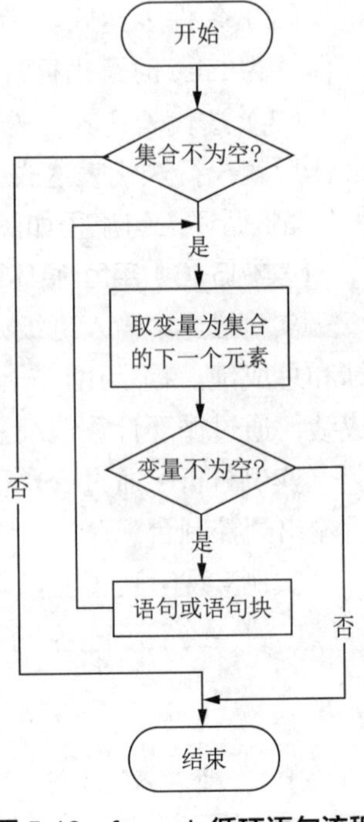

图 5-13 foreach 循环语句流程

【实例5-7】用foreach循环输出数组中各元素值。

实例描述：用字符串一维数组存储一些元素，利用 foreach 循环将数组元素依次输出到控制台上。

实例分析：可用 foreach 语句遍历数组，依次输出数组元素。

实例实现：其实现代码如下，相关源代码参考项目 Example5_7。

```
static void Main(string[] args)
{
    //初始化字符串数组
    string[] s = new string[] { "Welcome", "to", "C#", "world!" };
    //对数组内的每个元素进行遍历
    foreach (string item in s)
    {
        Console.Write(item + " ");
    }
    Console.WriteLine();
    Console.ReadKey();
}
```

程序运行结果如图 5-14 所示。

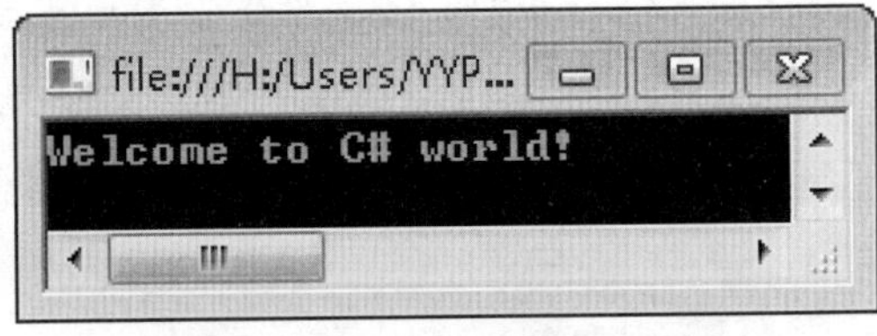

图 5-14 foreach 循环执行结果

5.2.5 多重循环

C# 允许在一个循环内嵌套另一个循环，如可通过 for、while、do...while 自身进行嵌套循环，也可以通过 for、while、do...while 之间进行嵌套循环。

【实例5-8】用双重循环查找素数。

实例描述：查找 2~50 内的素数。

实例分析：可通过双重循环实现，外层用 while 循环实现对 2~50 进行遍历，内层通过 for 循环实现判断某个数字是否为素数。

实例实现：实现代码如下，相关源代码参考项目 Example5_8。

```
static void Main(string[] args)
{
    /* 局部变量定义 */
    int i = 2, j;
    //外部循环语句
    while (i < 50)
    {
        //内部循环语句
        for (j = 2; j <= (i / j); j++)
            // 如果找到，则不是素数
            //注意由于没有大括号，for语句的循环体只有语句下面一个语句
            if ((i % j) == 0) break;
        if (j > (i / j))
            Console.WriteLine("{0} 是素数", i);
        i++;
    }
    Console.ReadLine();
}
```

程序运行结果如图 5-15 所示。

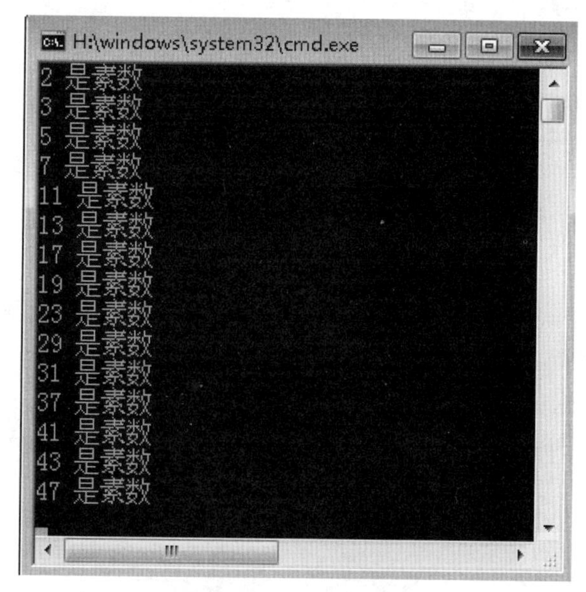

图 5-15　双重循环

5.3　跳转语句

除了顺序执行、选择和循环控制外，当程序在执行时有时需要跳转到其他地方继续执行，这时就需要跳转语句。C# 中跳转语句包括 break、continue 和 goto 语句。

微视频
跳转语句

5.3.1　goto 语句

goto 语句用于无条件转移程序的执行控制，将程序控制直接传递给标记语句，它的一个通常用法是将控制传递给特定的 switch...case 标签或 switch 语句中的默认标签，除此之外 goto 语句还用于跳出循环。

goto 语句一般格式为：

```
goto  标号;
    <语句块>
标号:语句;
```

执行时将直接转移到“标号”所标记的语句，“标号”是一个用户自定义的标识符，定义标号时，由一个标识符后面跟一冒号组成，它可以处于 goto 语句的前面，也可以处于其后面，但是标号必须与 goto 语句处于同一个函数中。

【实例5-9】goto语句使用。

实例描述：用 goto 语句实现实例 5-4 同样的效果。

实例分析：当循环变量不再满足小于 100 这个循环条件时，通过 goto 语句结束循环。

实例实现：具体实现代码如下，相关源代码参考项目 Example5_9。

```
static void Main(string[] args)
{
    int num = 1;
    int sum = 0;
    while (true)
    {
        sum += num++;
        //判断num是否已经大于100, 如果成立则结束循环
```

```
        if (num > 100)
            //跳转到End标号处继续执行
            goto End;
    }
End:
    Console.WriteLine("1到100的累加和是: " + sum);
}
```

5.3.2 break 语句

break 语句终止当前的循环或者它所在的条件语句。然后，控制被传递到循环或条件语句的嵌入语句后面的代码行。break 语句的语法极为简单，只要将 break 语句放到希望跳出循环或条件语句的地方即可。

【实例5-10】break语句使用。

实例描述：从一维整型数组中查询某个数，如果找到则输出。

实例分析：在进行循环查询时，为了节省查询次数，如果找到可以提交结束循环。

实例实现：其实现代码如下，相关源代码参考项目 Example5_10。

```
static void Main(string[] args)
{
    int[] array = { 3, 5, 7, 23, 56, 1, 32, 88 };
    Console.Write("请输入要查询的数: ");
    //输入字符串转换为int类型
    int toFind = int.Parse(Console.ReadLine());
    int loops = 0;
    for (int i = 0; i < array.Length; i++)
    {
        loops++;
        if (array[i] == toFind)
            break;//跳出循环体
    }
    Console.WriteLine($"找到{toFind},共查询了{loops}次。");
}
```

程序运行结果如图 5-16 所示。

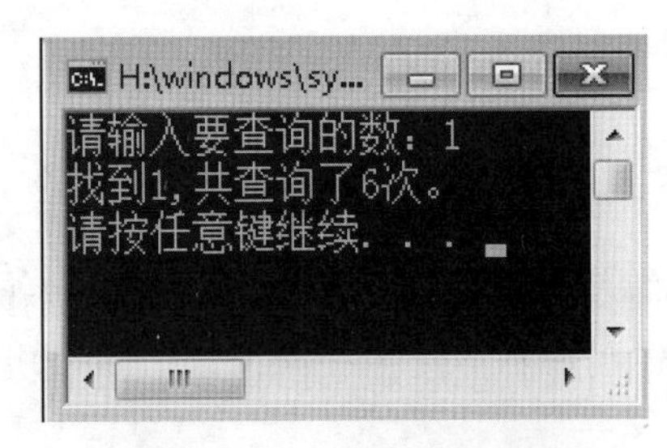

图 5-16　break 语句运行结果

5.3.3 continue 语句

continue 语句和 break 语句相似，所不同的是，它不是退出当前整个循环，而是结束所处的当次循环并开始循环的一次新迭代。continue 语句只能用在 while 语句、do while 语句、for 语句或者 foreach 语句的循环体内，在其他地方使用都会引起错误。

【实例5-11】continue语句使用。

实例描述：一组同学围成一个圆圈，某同学从任何一个小于 10 的数开始报数。他右侧的同学在他报的数字基础上进行加 1 报数，若要报的数是 7 的倍数或者末位为 7，则报下一个数字。这样依次进行下去，直到有同学报错数字，则游戏结束。若从 8 开始报数，若报到 50 游戏还没有结束，输出从 8 到 50 之间所报的数字。

实例分析：用 for 循环实现，若要输出的数字末位是 7 或者是 7 的倍数则跳过输出。

实例实现：其实现代码如下，相关源代码参考项目 Example5_11。

```
static void Main(string[] args)
{
    for (int i = 7; i <= 50; i++)
    {
        if (i % 10 == 7 || i % 7 == 0)
            continue;   //循环体内后的语句不再执行，进行一次迭代
        Console.Write(i + "\t");
    }
}
```

程序运行结果如图 5-17 所示。

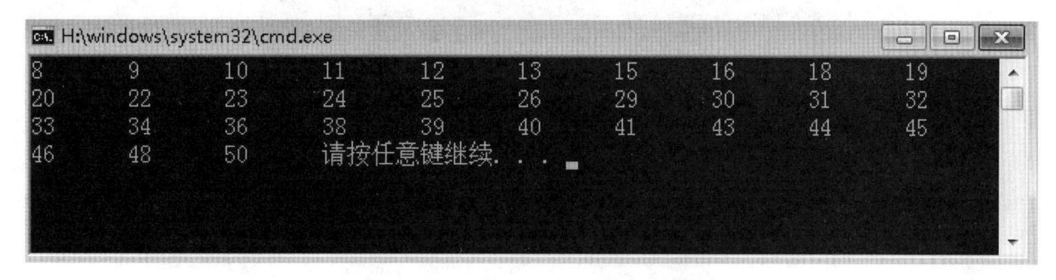

图 5-17　continue 语句运行结果

5.3.4　return 语句

return 语句只能出现在方法体内，return 语句终止它所在的方法的执行，并将控制返回给调用方法。return 还可以返回一个可选值，一般用于方法中返回指定类型的值。如果方法声明为 void 类型，则方法内可以省略 return 语句。

【实例5-12】用return语句返回值。

实例描述：利用方法计算 3 个数的平均数，定义一个求平均数的方法 average()，提示用户键盘上依次输入 3 个数，将这 3 个数传递给 average() 方法，并将返回值打印到控制台上。3 次计算后程序自动终止。

实例分析：按照实例要求，需要定义求 3 个数平均值的方法。考虑平均值一般有小数，故将 average() 方法声明为 double 类型，有 3 个输入参数，用 return 语句返回计算出的 3 个数的平均值。然后在 Main() 方法中调用 average() 方法即可。

实例实现：其实现代码如下，相关源代码参考项目 Example5_12。

```
static void Main(string[] args)
{
    int i = 0;
    while (i < 3)
    {
        i++;
        Console.WriteLine("请输入三个整数按回车键确认每个数的输入：");
        //把输入的字符串转换成int类型
        int a = int.Parse(Console.ReadLine());
        int b = int.Parse(Console.ReadLine());
        int c = int.Parse(Console.ReadLine());
        Console.WriteLine("平均数为{0}",
            average(a, b, c));
    }
    Console.ReadLine();
}
//计算3个数的平均值
static double average(int a, int b, int c)
```

```
{
    //返回结果给函数的调用者
    return (a + b + c) / 3;
}
```

程序运行结果如图 5-18 所示。

图 5-18　return 语句运行结果

习题与拓展训练

一、选择题

1. 以下叙述正确的是（　　）。

   A. do…while 语句构成的循环不能用其他语句的循环来代替

   B. do…while 语句构成的循环只能用 break 语句退出

   C. 用 do…while 语句构成的循环，在 while 后的表达式为 true 结束循环

   D. 用 do…while 语句构成的循环，在 while 后的表达式应为关系式或逻辑表达式

2. 以下关于 for 循环的说法不正确的是（　　）。

   A. for 循环只能用于循环次数已经确定的情况

   B. for 循环是先判定表达式，后执行循环体语句

   C. for 循环中，可以用 break 语句跳出循环体

   D. for 循环体语句中，可以包含多条语句，但要用花括号括起来

3. if 语句后面的表达式应该是（　　）。

   A. 逻辑表达式　　　　B. 条件表达式

   C. 算术表达式　　　　D. 任意表达式

4. 有如下程序：

```
Using System;
{  public static void Main()
   {  int x=1,a=0,b=0;
      switch(x)
      {  case 0:b++;break;
         case 1:a++;break;
         case2:a++;break;
      }
```

```
        Console.WriteLine("a={0},b={1}", a,b);
    }
}
```

该程序的运行结果是（　　）。

A. a=2,b=1　　B. a=1,b=1　　C. a=1,b=0　　D. a=2,b=2

二、简答题

1. C# 中的选择语句主要包括哪两种？
2. C# 中的循环语句主要包括哪几种？
3. 跳转语句主要包括哪几种？简述各自的作用。
4. do…while 循环语句的循环体最少执行多少次？
5. do…while 语句与 while 语句的区别是什么？

三、拓展训练

1. 用 while 循环求 1~50 之间的奇数和。
2. 输入两个正整数，求它们的最大公约数。

提示：求最大公约数的算法有很多，其中较快的一种是辗转相除法，其算法思想是:

（1）设 m 和 n 为两个被求最大公约数的正整数。

（2）若 m < n，则交换 m、n 的值，即保证大的数为 m。

（3）用 r 表示 m 与 n 相除的余数，即 r = m % n。

（4）将 n 的值赋给 m，r 的值赋给 n。

（5）重复步骤（3）、（4）直至 r = 0 为止。最后 m 的值即为所求的最大公约数。

3. 编写程序，输出所有既能被 3 整除又能被 7 整除的两位数，并统计其个数。
4. 编写程序，求 1！+2！+3！+ … +10！的值。
5. 已知 n!=1*2*3*…*n，其中 n 为大于或等于 0 的整数。编写程序，输入 n 的值，计算 n! 并输出。
6. 已知 n!=1*2*3*…*n，使用 for 语句求阶乘值不大于 10 000 的 n 的最大值。
7. 编写程序，用循环语句输出图 5-19 所示星图案。

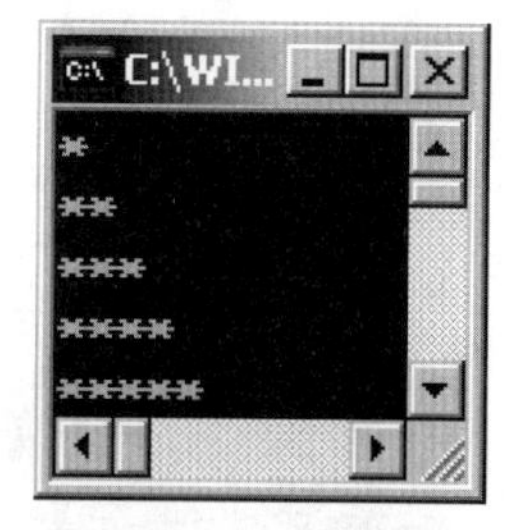

图 5-19　星图案

8. 利用公式 $\frac{\pi}{4}=1-\frac{1}{3}+\frac{1}{5}-\frac{1}{7}+\cdots$（最后一项的绝对值小于 10^{-6} 为止）可以求得 π 的近似值，编写程序，输出 π 的值。

9. 求水仙花数。一个 3 位数如果等于它每一位数字的立方和，则称为“水仙花数”。例如，$153=1^3+5^3+3^3=1+125+27$，则 153 为水仙花数。编写程序，求出所有的水仙花数。

10. 百钱买百鸡问题。我国古代数学家在《算经》中出了一道题:“鸡翁一，值钱五；鸡母一，值钱三；鸡雏三，值钱一。百钱买百鸡，问鸡翁、母、雏各几何？” 意为：公鸡每只 5 元，母鸡每只 3 元，小鸡 3 只 1 元。用 100 元买 100 只鸡，问公鸡、母鸡、小鸡各多少？编写程序，求出用 100 元买 100 只鸡的所有方案。

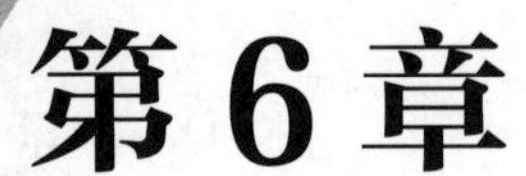

第 6 章 字符与字符串

发奋识遍天下字，立志读尽人间书。

——苏轼

黄河远上白云间，一片孤城万仞山。羌笛何须怨杨柳，春风不度玉门关。

——王之涣《凉州词》

字符是程序设计语言中一个基本的数据单位，而字符串是由一串字符组成的一个整体，字符串为符号或数值的一个连续序列，在程序设计中它是表示文本的数据类型。C# 中的 char 类型和 string 类型分别提供了对字符和字符串处理的支持，还可以使用正则表达式实现对字符串的验证。

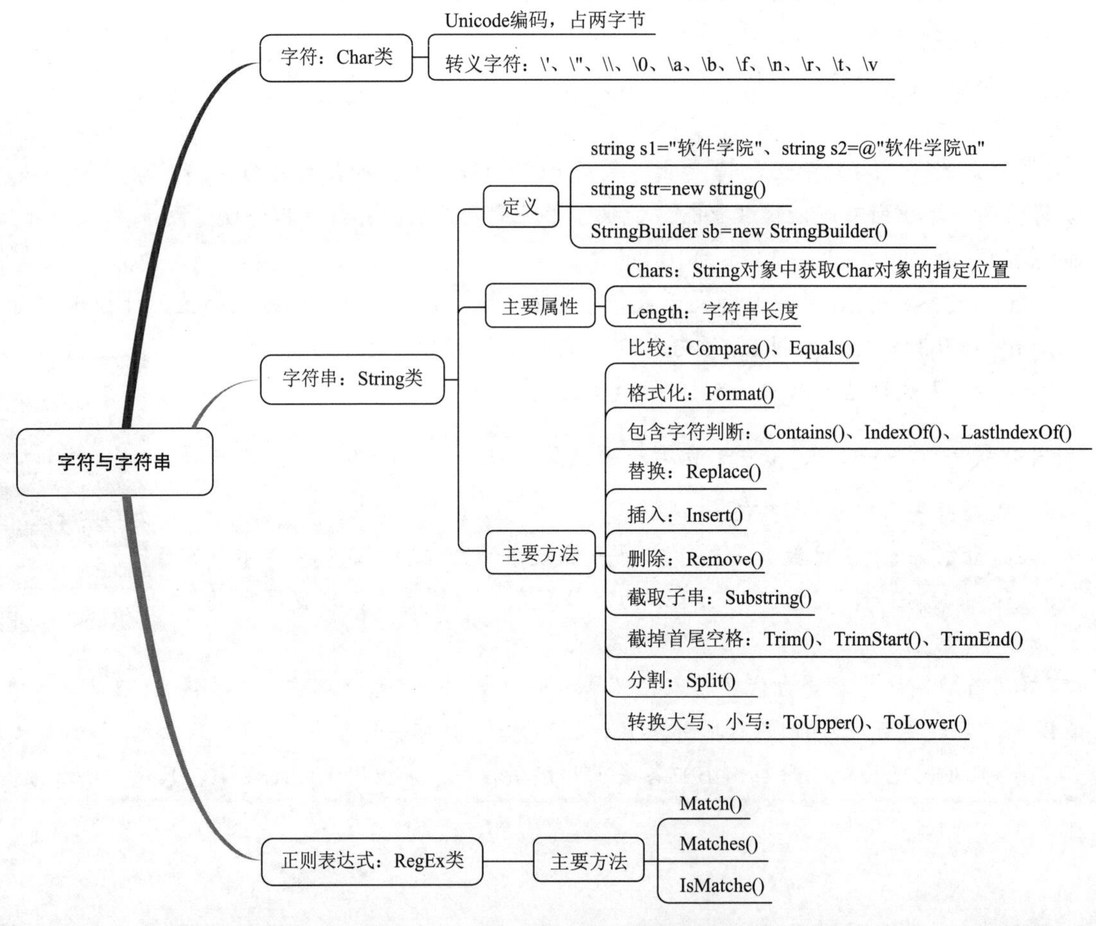

学习目标

（1）理解什么是字符，掌握字符的处理方法。

（2）理解什么是字符串，掌握字符串的常用处理方法。

（3）理解什么是正则表达式，掌握正则表达式的基本使用方法。

6.1 字　　符

字符是电子计算机或通信中字母、数字、符号的统称，其是数据结构中最小的数据存取单位。字符是计算机中经常用到的二进制编码形式，也是计算机中最常用到的信息形式。

字符类型在 C# 中是 Char 类及其对象，字符类型采用国际标准 Unicode 字符集，占用两字节，只能存放一个西文字符或一个汉字。Char 类的常用方法与说明，如表 6-1 所示。

表 6-1　Char 类的常用方法与说明

方　法	说　明
IsControl()	指示指定的 Unicode 字符是否属于控制字符类别
IsDigit()	指示某个 Unicode 字符是否属于十进制数字类别
IsLetter()	指示某个 Unicode 字符是否属于字母类别
IsLetterOrDigit()	指示某个 Unicode 字符是属于字母类别，还是属于十进制数字类别
IsLower()	指示某个 Unicode 字符是否属于小写字母类别
IsNumber()	指示某个 Unicode 字符是否属于数字类别
IsPunctuation()	指示某个 Unicode 字符是否属于标点符号类别
IsSeparator()	指示某个 Unicode 字符是否属于分隔符类别
IsSymbol()	指示某个 Unicode 字符是否属于符号字符类别
IsUpper()	指示某个 Unicode 字符是否属于大写字母类别
IsWhiteSpace()	指示某个 Unicode 字符是否属于空白类别
Parse()	将指定字符串的值转换为其等效 Unicode 字符
ToLower()	将 Unicode 字符的值转换为其小写等效项
ToString()	将此实例的值转换为其等效的字符串表示
ToUpper()	将 Unicode 字符的值转换为其大写等效项
TryParse()	将指定字符串的值转换为其等效 Unicode 字符

6.1.1 字符的使用

字符类型是每种语言都支持的重要的数据类型，字符包括字母、数字、运算符号、标点符号和其他符号，以及一些功能性符号。

字符变量的定义使用 char 关键字，Char 类型的字符需要使用单引号括起来，例如 'a'、' 中 ' 等，还可以使用十六进制的转义符前缀“\\x”或 Unicode 表示法前缀“\\u”表示字符常量。

```
char um='6';
char letter1 ='A';
char letter2 ='中';
```

【实例6-1】对输入字符进行分类。

实例描述：创建一个控制台程序，输入一个字符，判断该字符是字母、数字还是其他字符，如果是字母，且为大写字母，则将其转换为小写字母并打印。

实例分析：可以使用 Console.Read() 方法，从控制台读取用户输入的一个字符，使用 Char 类的 isLetter() 方法判断字符是否是字母，使用 isDigit() 方法判断是否是数字，使用 isUpper() 方法判断是否为大写字母，使用 toLower() 方法将大写字母转换为小写字母。

实例实现：创建一个项目名称为 Example6_1 的控制台应用程序，在其 Main 方法中输入如下代码。

```
static void Main(string[] args)
 {
     //提示用户输入一个大写字母
     Console.Write("请输入一个大写字母:");
```

```
        //读取用户输入的字符，Console.Read()函数读取进来的是该字符的unicode码，所以为整型数
        int theCharCode=Console.Read();
        //将unicode码转换为字符类型
        char theChar = (char)theCharCode;
        //判断字符是否为字母
        if (Char.IsLetter(theChar))
        {
            //判断用户输入的字符是否是大写字母
            if (Char.IsUpper(theChar))
            {
                //将该大写字母转换为小写字母
                char theLowerChar = Char.ToLower(theChar) ;
                //打印该小写字母
                Console.WriteLine("该字符为字母，且是大写字母，其对应的小写字母为：" + theLowerChar);
            }
            else
            {
                Console.WriteLine("该字符为字母，且是小写字母");
            }
        }
        else if(Char.IsDigit(theChar))     //判断字符是否为数字
        {
            Console.WriteLine("该字符是数字！");
        }
        else
        {
            Console.WriteLine("该字符不是字母，也不是数字，是其他字符!");
        }
    }
```

程序运行结果如图 6-1 所示。

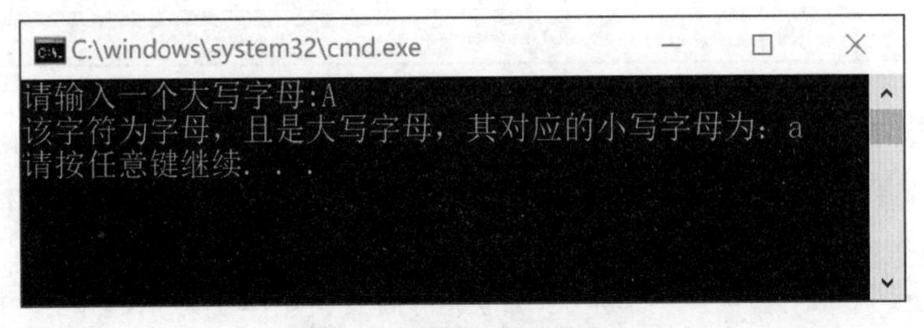

图 6-1　实例 6-1 运行结果

上述代码中，判断一个字符是否为大写字母也可以通过判断其的 unicode 码值是否在 65~90 之间来判断，因为大写字母 A 的 unicode 码为 65，Z 的 unicode 码为 90。将大写字母转换为小写字母也可以通过给大写字母的 unicode 码值加 32 来实现，因为每个大写字母和其对应的小写字母之间的 unicode 值差别均为 32。读者可自行尝试用本方案改造上述代码。

6.1.2　转义字符及其使用

字符类型变量或常量的值只能有一个字符，且不能是单引号或者反斜杠（\），为了表示单引号、反斜杠、不可打印字符等特殊的字符，C# 提供了转义字符，用字母前加 '\' 构成转义字符，如 '\\'、'\n' 等，使用转义字符可以表示反斜杠等特殊字符。C# 中常用的转义字符如表 6-2 所示。

转义字符是很多程序语言、数据格式和通信协议的形式文法的一部分。对于一个给定的字母表，一个转义字符的目的是开始一个字符序列，使得转义字符开头的该字符序列具有不同于该字符序列单独出现时的语义。因此转义字符开头的字符序列称为转义序列。

表 6-2 常用的转义字符

转义字符	等价字符	十六进制表示	转义字符	等价字符	十六进制表示
\'	单引号	0x0027	\f	换页	0x000C
\"	双引号	0x0022	\n	换行	0x000A
\\	反斜杠	0x005C	\r	回车	0x000D
\0	空（null）	0x0000	\t	水平制表符	0x0009
\a	警告（产生蜂鸣音）	0x0007	\v	垂直制表符	0x000B
\b	退格	0x0008			

【实例6-2】转义字符的使用。

实例描述：创建一个控制台应用程序，要求仅使用一个 Console.WriteLine() 语句，分行打印《咏柳》古诗。程序运行结果如图 6-2 所示。

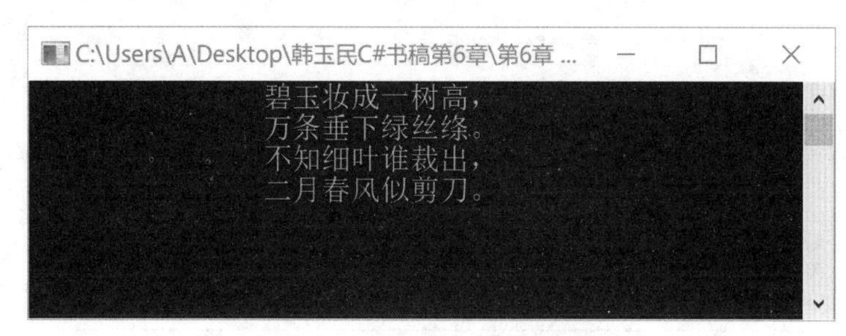

图 6-2 实例 6-2 运行结果

实例分析：从图 6-2 可见，首先，4 句诗句每句占一行，是分行打印；其次，每行并不是在控制台上顶头打印，而是缩进了一定的位置空间，并对齐打印。若在一条 Console.WriteLine() 语句中，打印多行信息，需借助回车、换行字符也就是“\r\n”，多行文本缩进对齐可使用制表符“\t”。

实例实现：创建一个项目名称为 Example6_2 的控制台应用程序，在其 Main() 方法中输入下列代码。

```
    static void Main(string[] args)
    {
        //两个\t制表符，用来实现缩进，\r\n用来实现换行
        Console.WriteLine("\t\t碧玉妆成一树高，\r\n\t\t万条垂下绿丝绦。\r\n\t\t不知细叶谁裁出，\r\
n\t\t二月春风似剪刀。");
        Console.ReadLine();
    }
```

6.2 字 符 串

由数字、字母、下画线组成的一串字符称为字符串，在 C# 中为 string 类型。string 类型是 System.String 类的别名，因此 string 和 String 类型是等同的。

string 类型的值可以通过两种形式进行分配，双引号和 @ 引号：

```
string str = "Hello world!";
string str2 = "中原工学院软件学院!";
```

字符串的前面可以加 @（称为“逐字字符串”）将转义字符（\）当作普通字符对待。例如：

```
string str = @"C:\Windows\Fonts";
```

等价于：

```
string str = "C:\\Windows\\Fonts";
```

字符串的应用非常广泛，如文本查找、文本分析等，基本的操作包括字符串比较、连接、查找子串等。.NET Framework 封装了对 string 类型的各种内部操作方法，实现对字符串的各种处理，用户可以直接

应用。string 类的常用方法及说明如表 6-3 所示。

表 6-3　string 类的常用方法及说明

方　法	说　明
bool Equals(string value)	比较一个字符串与另一个字符串 value 的值是否相等。若两者相等，则返回 true；若不相等，则返回 false
int Compare(string strA,string strB)	比较两个字符串的大小关系，返回一个整数。若 strA 小于 strB，则返回值小于 0；若 strA 等于 strB，则返回值为 0；若 strA 大于 strB，则返回值大于 0
int CompareTo(string strB)	实例方法，当前字符串与字符串 strB 比较，如果等于 strB 则返回 0；如果大于 strB 则返回 1；如果小于 strB 则返回 -1
int IndexOf(string value)	获取指定的 value 字符串在当前字符串中第一个匹配项的位置。如果找到了 value，就返回它的位置；如果没有找到，就返回 -1
int LastIndexOf(string value)	获取指定的字符串 value 在当前字符串中最后一个匹配项的位置。如果找到了 value，就返回它的位置；如果没有找到，就返回 -1
string Join (string separator,string [ ] value)	把字符串数组 value 中的每个字符串用指定的分隔符 separator 连接，返回连接后的字符串
string[] Split(char separator)	用指定的分隔符 separator 分隔字符串，返回分隔后的字符串数组
string Substring(int startIndex,int length)	从指定的位置 startIndex 开始检索长度为 length 的子字符串
string ToLower()	获取字符串的小写形式
string ToUpper()	获取字符串的大写形式
string Trim()	去掉字符串前后两端多余的空格

6.2.1　字符串比较

微视频
字符串比较

比较字符串是按照词典排序规则判断两个字符串的相对大小，两个字符串相等的充要条件是：长度相等，并且各个对应位置上的字符都相等。C# 中字符串比较有 3 种实现方法。

1. Compare() 方法

Compare() 方法用来比较两个字符串是否相等，它有多个重载方法，其中最常用的语法格式如下：

```
int Compare(string strA, string strB)
int Compare(string strA, string strB, bool ignoreCase)
```

其中，strA 和 strB 代表要比较的两个字符串：ignoreCase 是一个布尔型的参数，如果这个参数的值是 true，那么在比较字符串时就忽略大小写的差别。Compare() 是一个静态方法，所以在使用时，可以直接调用。

Compare() 方法返回一个整数，当 strA<strB 时，返回 -1；当 strA=strB 时，返回 0；当 strA>strB 时，返回 1。

2. CompareTo() 方法

compareTo() 方法与 Compare() 方法相似，都可以直接比较两个字符串是否相等，不同的是 CompareTo() 方法是实例对象本身与指定字符串作比较，语法格式如下：

```
public int CompareTo(string strB)
strA.CompareTo(string strB)
```

当前字符串 strA 与字符串 strB 比较，如果 strA=strB，则返回 0；如果 strA>strB，则返回 1；如果 strA<strB，则返回 -1。

3. Equals() 方法

Equals() 方法主要比较两个字符串是否相等，如果相等则返回 true，不相等则返回 false。常用语法格式如下：

```
public bool Equals(string Value)
public static bool Equals(string a,string b)
```

【实例6-3】比较用户输入的两个字符串。

实例描述：设计一个控制台应用程序，分别用上述 3 种字符串比较方法对用户输入的两个字符串进行比较，并查看结果。

实例分析：用户从键盘上输入两个字符串 str1 和 str2，使用上述 3 种方法比较输入的两个字符串。如果 str1=str2，Compare() 方法和 CompareTo() 方法返回 0，Equals() 方法返回 true；如果 str1>str2，Compare() 方法和 CompareTo() 方法返回 1，Equals() 方法返回 false；如果 str1<str2，Compare() 方法和 CompareTo() 方法返回 -1，Equals() 方法返回 false。

实例实现：创建一个项目名称为 Example6_3 的控制台应用程序，在其 Main() 方法中输入下列代码。

```
static void Main(string[] args)
{
    string str1 = Console.ReadLine();
    string str2 = Console.ReadLine();
    Console.WriteLine(String.Compare(str1, str2));
    Console.WriteLine(str1.CompareTo(str2));
    Console.WriteLine(str1.Equals(str2));
    Console.ReadLine();
}
```

程序运行结果如图 6-3 和图 6-4 所示。

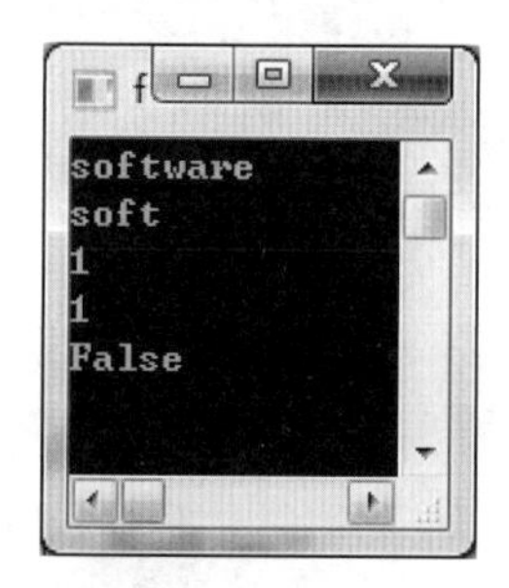

图 6-3　字符串比较——两串不等

图 6-4　字符串比较——两串相等

6.2.2　格式化字符串

字符串在输出时，为了保证输出的字符串能够按照某种特殊形式在计算机上显示出来，需要对字符串进行输出前的格式化控制，常用格式化字符含义如表 6-4 所示。

表 6-4　格式化字符含义

字　符	说　　明	示　　例	输　　出
C	货币	string.Format("{0:C3}", 2)	$ 2.000
D	十进制	string.Format("{0:D3}", 2)	002
E	科学记数法	string.Format("{0:e}",1.2)	1.20E+001
G	常规	string.Format("{0:G}", 2)	2
N	用分号隔开的数字	string.Format("{0:N}", 250000)	250,000.00
X	十六进制	string.Format("{0:X000}", 12)	C

【实例6-4】字符串格式化。

实例描述：字符串格式化演示，对于格式化字符串这个问题，有很多格式化规则和方法，在此列出部分格式化方法规则，并通过代码演示相关格式化规则。

实例分析：采用格式化字符串中的 Format() 及 WriteLine() 方法对字符串进行格式化的输出，使用多种形式来展示格式化字符串的输出。

实例实现：创建一个项目名称为 Example6_4 的控制台应用程序，在其 Main() 方法中输入下列代码。

```
static void Main(string[] args)
{
```

```
    int x = 16;
    decimal y = 3.57m;
    string h = String.Format("item {0} sells at {1:C}", x, y);//将y格式化
    Console.WriteLine(h);
    Console.WriteLine();
    Console.WriteLine("Hello {0} {1} {2} {3} {4} {5} {6} {7} {8}", 123, 45.67,
    true, 'Q', 4, 5, 6, 7, '8');                    //直接输出参数内容
    string u = String.Format("Hello {0} {1} {2} {3} {4} {5} {6} {7} {8}", 123,
    45.67, true, 'Q', 4, 5, 6, 7, '8');             //格式化为一个字符串后再输出
    Console.WriteLine(u);
    Console.WriteLine();
    Console.WriteLine(123);
    Console.WriteLine("{0}", 123);
    Console.WriteLine("{0:D3}", 123);
    Console.WriteLine();
    Console.WriteLine("{0,5} {1,5}", 123, 456);  //右对齐，不足字符数用空格代替
    Console.WriteLine("{0,-5} {1,-5}", 123, 456);//左对齐
    Console.WriteLine();
    Console.WriteLine("{0,-10:D6} {1,-10:D6}", 123, 456);
    Console.WriteLine();
    Console.WriteLine("/n{0,-10}{1,-3}", "Name", "Salary");
    Console.WriteLine("----------------");
    Console.WriteLine("{0,-10}{1,6}", "Bill", 123456);
    Console.WriteLine("{0,-10}{1,6}", "Polly", 7890);
    Console.ReadLine();
}
```

程序运行结果如图 6-5 所示。

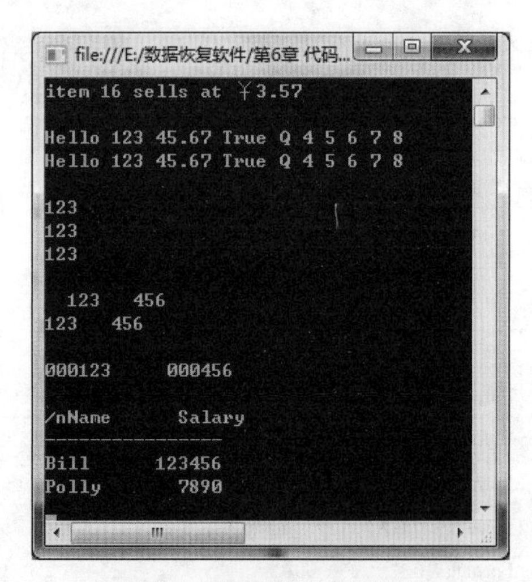

图 6-5　字符串格式化输出

6.2.3　字符串截取与分割

获取字符串的前 i 个字符，或者获取字符串当中的某些字符，或者将字符串按照要求分割成符合需求的分字符串，这些方法都是在具体开发过程当中经常需要用到的实际字符串处理需求，使用 Split() 方法可以以指定字符来分割字符串。

【实例6-5】从绝对路径中提取文件名。

实例描述：创建一个控制台程序，从键盘上输入一个 Windows 系统的文件绝对路径，要求从其中提取出文件名。

实例分析：在 Windows 系统中绝对路径的格式为“逻辑盘符 :\ 路径名 \ 子路径名 \....\ 文件名”，可通过 Split() 方法，以“\”为分隔符进行字符串截取，分段截取后的最后一段就是文件名。

实例实现：创建一个项目名称为 Example6_5 的控制台应用程序，在其 Main() 方法中输入下列代码。

```
static void Main(string[] args)
{
    string strFileName = Console.ReadLine();
    string[] s = strFileName.Split('\\');
    Console.WriteLine(s[s.Length - 1]);
    Console.ReadKey();
}
```

程序运行结果如图 6-6 所示。

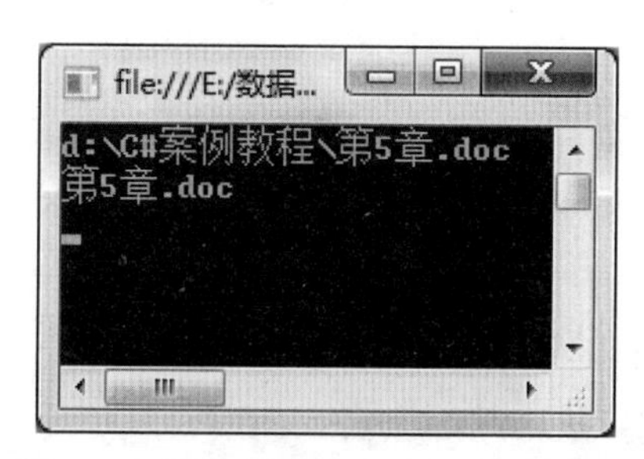

图 6-6 获取字符串当中某个子字符串

6.2.4 字符串插入和填充

在一个字符串中可以在指定位置插入另一个字符串，在 C# 中通过使用 Insert() 方法实现，语法格式如下：

微视频
字符串
插入和填充

```
字符串.Insert(插入位置,插入子串);
```

上述函数的返回结果就是插入子字符串之后的新字符串。

此外，还可以使用 PadRight() 和 PadLeft() 方法向字符串首部或尾部填入重复的字符，满足指定的字符串总长度，默认填充空格，当然如果字符串本身的长度已经大于或等于这个期望的总长度，则什么也不做。以 PadRight() 方法为例，语法格式如下：

```
字符串.PadRight(总长度);                //向右填充空格，以达到指定的总长度，返回结果为新字符串
字符串.PadRight(总长度,要填充的字符);    //向右填充指定的字符，以达到指定的总长度
```

【实例6-6】马虎小明的文章：插入和填充字符串。

实例描述：小明某天有感而发，提笔写下简短文章，但是粗心的他文章首行忘了缩进，更夸张的是结尾也忘记了署名。请帮他修改文章，为其加上首行缩进和结尾署名。

实例分析：首行缩进可以通过 padLeft() 方法来实现，结尾署名的添加需使用 Insert() 方法实现。

实例实现：创建一个项目名称为 Example6_6 的控制台应用程序，在其 Main() 方法中输入下列代码。

```
static void Main(string[] args)
{
    //小明的原文
    string str = "老天给了每个人一条命，一颗心，把命照看好，" +
              "把心安顿好，人生即是圆满。把命照看好，就是要保护生命的单纯，"+
                "珍惜平凡生活。把心安顿好，就是要积累灵魂的财富，注重内在生活。";
    Console.WriteLine(str);
    Console.WriteLine();
    //首行缩进：在前面追加4个空格（空格为半角，两个空格占一个汉字位置）
    str = str.PadLeft(str.Length + 4);
    //尾部追加署名
    str = str.Insert(str.Length, "(小明)");
    Console.WriteLine(str);
    Console.ReadLine();
}
```

程序运行结果如图 6-7 所示。

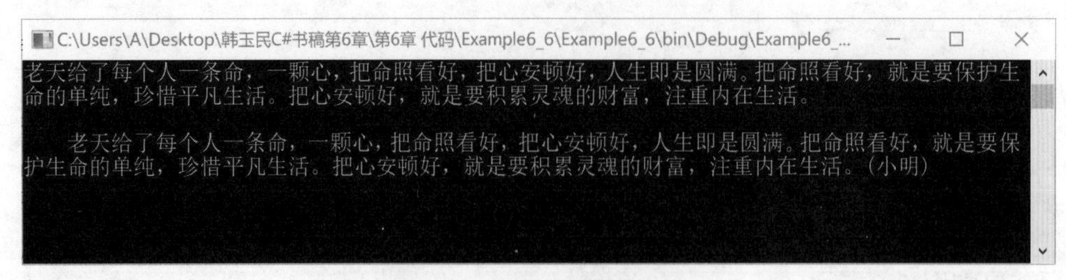

图 6-7　插入和填充字符串

6.2.5　字符串复制

微视频 字符串复制

字符串的复制是通过 Copy() 方法和 CopyTo() 方法来实现的。Copy() 方法为静态方法，其语法格式如下：

```
string.Copy(要复制的字符串);
```

CopyTo() 方法为实例方法，其语法格式如下：

```
CopyTo(要复制字符的起始位置(从第几个字符开始往后复制(不包括第几个字符)),目标字符数组,目标数组中的开始存放位置,要复制的字符个数);
```

注意：CopyTo()函数中的目标字符数组只可以是char类型的字符数组，不能是字符串。

【实例6-7】字符串复制。

实例描述：演示字符串复制函数的使用。定义一个字符串，存放一句诗句，调用多种方法实现该诗句的复制。

实例分析：可使用 Copy() 函数和 CopyTo() 函数完成字符串的复制。

实例实现：创建一个项目名称为 Example6_7 的控制台应用程序，在其 Main() 方法中输入下列代码。

```
static void Main(string[] args)
{
    string str = "疑是银河落九天";
    string copyStr = string.Copy(str);
    Console.WriteLine(copyStr);
    char[] array = new char[20];
    str.CopyTo(0, array, 0, str.Length);   //此方法无返回值
    Console.WriteLine(array);
    Console.ReadLine();
}
```

程序运行结果如图 6-8 所示。

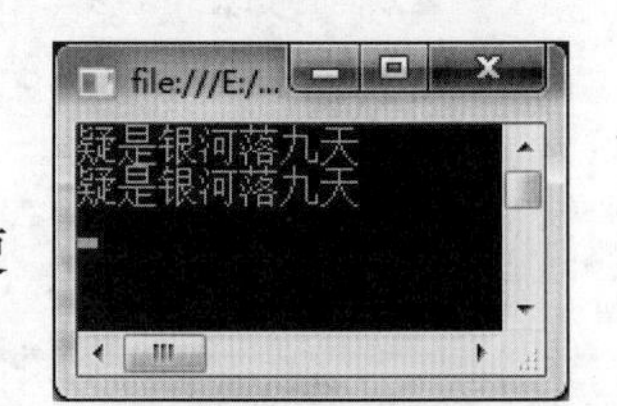

图 6-8　字符串复制

6.2.6　字符串替换

微视频 字符串替换

字符串的替换在具体开发过程当中使用也是相当广泛，通常可以使用如下方法来实现字符串的替换。

（1）Replace(char oldChar,char newChar)：将此实例中的指定 Unicode 字符的所有匹配项替换为其他指定的 Unicode 字符。

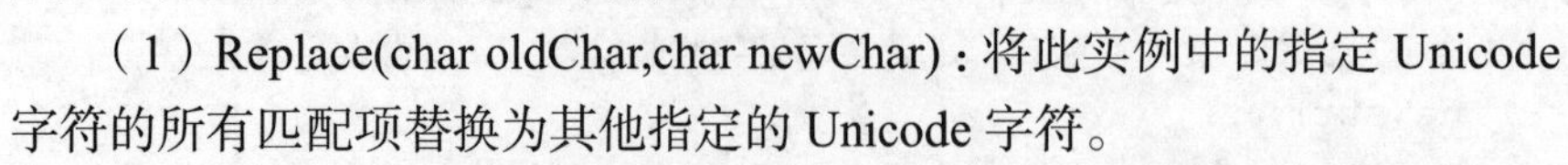

（2）Replace(string oldValue,string newValue)：将此实例中的指定 String 的所有匹配项替换为其他指定的 String。

【实例6-8】字符串替换：出错的成绩单。

实例描述：小明的老师要求小明整理同学成绩，可是粗心的小明将同学的名字搞错了，第 3 个学生“韩美”是个错误的名字，将该生的名字改正为“韩梅梅”。

实例分析：可用字符串数组存储 3 个学生的成绩，用字符串替换函数用 Replace() 名字字符串替换改正。

实例实现：创建一个项目名称为 Example6_8 的控制台应用程序，在其 Main() 方法中输入下列代码。

```
static void Main(string[] args)
{
    string[] str = { "小明 英语：95 数学：100", "李磊 英语：99 数学：96" ,"韩美 英语：100 数学：95"};
    str[2] = str[2].Replace("韩美", "韩梅梅");
    Console.WriteLine(str[0] + "\n" + str[1] + "\n"  + str[2]);
    Console.ReadLine();
}
```

程序运行结果如图 6-9 所示。

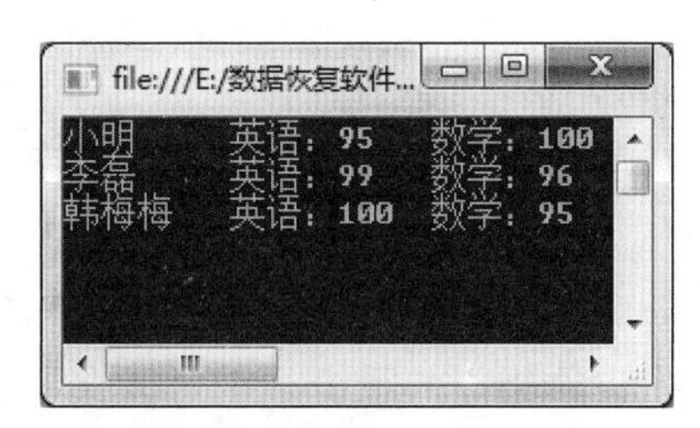

图 6-9 字符串替换

6.2.7 字符串删除

字符串删除，即将字符串的部分或者全部内容清除掉，以下 4 种方法可以从不同的应用场景实现字符串内容的删除。

1. Replace() 方法

Replace() 方法可将指定的子字符串替换成空。例如：

```
Replace("拟删除子字符串", "");
```

2. Remove() 方法

Remove() 方法删除字符串中指定起点、指定长度的内容，格式如下：

```
Remove(int startIndex,int count);
```

从 startIndex 位置开始，删除此位置后指定个数的字符（包括当前位置所指定的字符）。

3. Substring() 方法

Substring() 方法用来截取子字符串，格式如下：

```
Substring(int startIndex, int length);
```

从 startIndex 位置开始，提取此位置后指定长度的子字符串（包括当前位置所指定的字符）。

4. Trim() 方法

Trim() 方法用来清空字符串前后空格：

```
Trim (); //将字符串两边的空格去掉后返回
```

【实例6-9】字符串删除。

实例描述：有《静思夜》诗句，如图 6-10 上半部分所示，“疑是地上霜”一句出现了两遍，试删除第二句“疑是地上霜。”并重新打印。

实例分析：本例可以调用多种字符串方法实现，包括 Replace() 方法、Remove() 方法，甚至 Substring() 方法都可以迂回达到目的，但最恰当也是最简单的方法是应用 Remove() 方法。

实例实现：创建一个项目名称为 Example6_9 的控制台应用程序，在其 Main() 方法中输入下列代码。

```
static void Main(string[] args)
{
    //诗句原文
    string str =  "床前明月光，\r\n疑是地上霜。\r\n疑是地上霜。\r\n举头望明月，\r\n低头思故乡。";
```

```
        Console.WriteLine(str);
        Console.WriteLine();
        Console.WriteLine();
        //LastIndexOf方法可从右向左查找指定的子字符串，并返回第一个字符的索引，
        //8为包括\r\n的要删除诗句的总长度
        str = str.Remove(str.LastIndexOf("疑是地上霜"), 8);
        Console.WriteLine(str);
        Console.ReadLine();
    }
```

程序运行结果如图 6-10 所示。

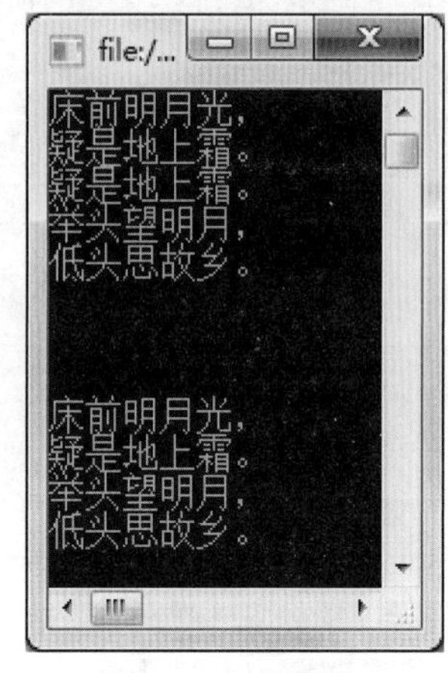

图 6-10　字符串删除

6.2.8　用 StringBuilder 创建字符串

String 声明之后在内存中大小是不可修改的，也就意味着字符串一旦创建就不可修改大小，每次使用 System.String 类中的方法之一时，都要在内存中创建一个新的字符串对象，这就需要为该新对象分配新的空间。在需要对字符串执行重复修改的情况下，与创建新的 String 对象相关的系统开销可能会非常大。如果要修改字符串而不创建新的对象，则可以使用 System.Text.StringBuilder 类。例如，当在一个循环中将许多字符串连接在一起时，使用 StringBuilder 类可以提升性能。如果对字符串添加或删除操作不频繁，只是固定的 string 累加，可以使用 String，毕竟 StringBuilder 的初始化也是需要时间的。但如果需要对字符串添加或删除操作比较频繁，就应该采用 StringBuilder。可以调用 StringBuilder 对象的 ToString() 方法将其转换成 String。

StringBuilder 不是基元类型，是引用类型，所以需要使用 new 来创建对象实例。

【实例6-10】使用StringBuilder创建并修改字符串。

实例描述：创建一个控制台应用程序，使用 StringBuilder 创建字符串对象，并对其进行追加、替换等操作。

实例分析：追加操作可使用 StringBuilder 的 Append() 方法或 AppendFormat() 方法，替换操作可使用 StringBuilder 的 Replace() 方法。

实例实现：创建一个项目名称为 Example6_10 的控制台应用程序，在其 Main() 方法中输入下列代码。

```
static void Main(string[] args)
{
    StringBuilder sb = new StringBuilder(15, 20);
    sb.Append(" Hello World");
    sb.Replace('o', 'a');
    Console.WriteLine(sb.ToString());
    //输出完上面的处理结果之后，可以继续对原有的StringBuilder对象进行操作
    sb.AppendFormat("{0}", 1);
    Console.WriteLine(sb.ToString());
    //所有操作，操作的都是同一个对象，可能是扩展后的StringBuilder对象实例，或是新的对象实例
    Console.ReadLine();
}
```

程序运行结果如图 6-11 所示。

图 6-11　动态字符串操作

6.3　正则表达式

正则表达式又称规则表达式，通常用来检索、替换那些符合某个模式（规则）的文本。它是对字符串操作的一种逻辑公式,就是用事先定义好的一些特定字符及这些特定字符的组合,组成一个“规则字符串”,这个“规则字符串”用来表达对字符串的一种过滤逻辑，通常用来对字符串的合法性进行验证，如验证用户输入的电话号码、身份证号是否合法。

6.3.1　正则表达式简介

1. 正则表达式的特点

（1）灵活性、逻辑性和功能性非常强。

（2）可以迅速地用极简单的方式达到字符串的复杂控制。

（3）对于刚接触的人来说，比较晦涩难懂。

由于正则表达式主要应用对象是文本，因此，它在各种文本编辑器场合都有应用，小到 EditPlus，大到 Microsoft Word、Visual Studio 等大型编辑器，都可以使用正则表达式来处理文本内容。

2. 正则表达式的功能

在具体的字符串操作过程当中，可以给定一个正则表达式和另一个字符串进行相关操作，以最终达到如下目的：

（1）给定的字符串是否符合正则表达式的过滤逻辑（称为“匹配”）。

（2）可以通过正则表达式，从字符串中获取想要的特定部分。

3. 正则表达式书写

正则表达式由一些普通字符和一些元字符组成。普通字符包括大小写的字母和数字，而元字符则具有特殊的含义。在最简单的情况下,一个正则表达式看上去就是一个普通的查找串。例如,正则表达式“testing”中没有包含任何元字符，它可以匹配“testing”和“testing123”等字符串，但是不能匹配“Testing”。要想真正用好正则表达式，正确理解元字符是最重要的。表 6-5 列出了所有的元字符及其描述。

表 6-5　正则表达式字符列表

字　符	描　　述
\	转义字符，将一个具有特殊功能的字符转义为一个普通字符，或反过来
^	匹配输入字符串的开始位置
$	匹配输入字符串的结束位置
*	匹配前面的零次或多次子表达式
+	匹配前面的一次或多次子表达式
?	匹配前面的零次或一次子表达式
{n}	n 是一个非负整数，匹配前面的 n 次子表达式
{n,}	n 是一个非负整数，至少匹配前面的 n 次子表达式
{n,m}	m 和 n 均为非负整数，其中 n ≤ m，最少匹配 n 次且最多匹配 m 次
?	当该字符紧跟在其他限制符（*,+,?,{n},{n,},{n,m}）后面时，匹配模式尽可能少的匹配所搜索的字符串
.	匹配除“\n”之外的任何单个字符
(pattern)	匹配 pattern 并获取这一匹配
(?:pattern)	匹配 pattern 但不获取这一匹配
(?=pattern)	正向预查，在任何匹配 pattern 的字符串开始处匹配查找字符串
(?<=pattern)	正向预查，在任何匹配 pattern 的字符串结尾处匹配查找字符串
(?!pattern)	负向预查，在任何不匹配 pattern 的字符串开始处匹配查找字符串
x|y	匹配 x 或 y。例如，“z|food”能匹配“z”或“food”。“(z|f)ood”则匹配“zood”或“food”
[xyz]	字符集合。匹配所包含的任意一个字符。例如，“[abc]”可以匹配“plain”中的“a”
[^xyz]	负值字符集合。匹配未包含的任意一个字符。例如，“[^abc]”可以匹配“plain”中的“p”

续表

字　符	描　　述
[a-z]	匹配指定范围内的任意字符。例如，'[a-z]' 可以匹配 'a' 到 'z' 范围内的任意小写字母字符
[^a-z]	匹配不在指定范围内的任意字符。例如，'[a-z]' 可以匹配不在 'a' 到 'z' 范围内的任意字符
\b	匹配一个单词边界，指单词和空格键的位置
\B	匹配非单词边界
\d	匹配一个数字字符，等价于 [0-9]
\D	匹配一个非数字字符，等价于 [^0-9]
\f	匹配一个换页符
\n	匹配一个换行符
\r	匹配一个回车符
\s	匹配任何空白字符，包括空格、制表符、换页符等
\S	匹配任何非空白字符
\t	匹配一个制表符
\v	匹配一个垂直制表符。等价于 |x0b 和 \cK
\w	匹配包括下画线的任何单词字符。等价于 '[A-Za-z0-9_]'
\W	匹配任何非单词字符。等价于 '[^A-Za-z0-9_]'

由于在正则表达式中 “\” “?” “*” “^” “$” “+” “(” “)” “|” “{” “[” 等字符已经具有一定特殊意义，如果需要用它们的原始意义，则应该对其进行转义。例如，希望在字符串中至少有一个 “\”，那么正则表达式应该写成 “\\+”。

6.3.2 RegEx 类常用的方法

微视频 RegEx类常用Match()方法

C# 中提供了正则表达式操作类 RegEx，通常使用该类的几个方法来实现字符串的规则操作。主要有以下 3 种。

1. 静态 Match() 方法

静态 Match() 方法来实现并完成字符串的规则匹配。使用静态 Match() 方法，可以得到源中第一个匹配模式的连续子串。该方法有两个重载，分别是：

```
Regex.Match(string input, string pattern);
Regex.Match(string input, string pattern, RegexOptions options);
```

第一种重载的参数表示：输入、模式。

第二种重载的参数表示：输入、模式、RegexOptions 枚举的 “按位或” 组合。

RegexOptions 枚举的有效值如表 6-6 所示。

表 6-6　RegexOptions 枚举的有效值

成 员 名	描　　述
Compiled	表示编译此模式
CultureInvariant	表示不考虑文化背景
ECMAScript	表示符合 ECMAScript，这个值只能和 IgnoreCase、Multiline、Complied 连用
ExplicitCapture	表示只保存显式命名的组，指捕获显示命名或数字的分组，匿名的不会捕获
IgnoreCase	忽略大小写
IgnorePatternWhitespace	表示去掉模式中的非转义空白，并启用由 # 标记的注释
Multiline	表示多行模式，改变元字符 ^ 和 $ 的含义，它们可以匹配行的开头和结尾
None	表示无设置，此枚举项没有意义
RightToLeft	表示从右向左扫描、匹配，这时，静态的 Match() 方法返回从右向左的第一个匹配
Singleline	表示单行模式，改变元字符 “.” 的意义，它可以匹配换行符

注意：Multiline在没有ECMAScript的情况下，可以和Singleline连用。Singleline和Multiline不互斥，但是和ECMAScript互斥。

2. 静态 Matches() 方法

静态 Matches() 方法的重载形式同静态 Match() 方法，返回一个 MatchCollection，表示输入中匹配模式的匹配的集合。

3. 静态 IsMatch() 方法

静态 IsMatch() 方法返回一个 bool，重载形式同静态 Matches()，若输入中匹配模式，则返回 true，否则返回 false。

【实例6-11】验证手机号码的合法性。

实例描述：创建一个控制台程序，用户输入一串号码，通过正则表达式验证该串号码是否是合法的手机号码。

实例分析：当前合法手机号码的构成规则为：

（1）手机号码共 11 位数字。

（2）首位均为 1。

（3）第 2 位可以是 3、4、5、6、7、8、9 任何一个数字。

（4）后 9 位可以是任何数字。

因此，验证合法手机号的正则表达式为："1[3-9]\d{9}$"。

实例实现：

（1）创建一个项目名称为 Example6_11 的控制台应用程序。

（2）为编程规范化，将合法手机号验证设计为一个独立的方法 IsHandset(handset)，并在 Main() 方法中调用。

代码如下：

```
static void Main(string[] args)
{
    string handset = null;
    Console.WriteLine("请输入待测试的号码：");
    handset = Console.ReadLine();
    //验证输入的号码是否为手机号码
    bool s = IsHandset(handset);
    Console.WriteLine(s);
    Console.ReadLine();
}
static bool IsHandset(string str_handset)
{
    return System.Text.RegularExpressions.Regex.IsMatch(str_handset, @"1[3-9]\d{9}$");
}
```

程序运行结果如图 6-12 所示。

图 6-12　手机号码的合法性验证

【实例6-12】网页标题信息抽取。

实例描述：有如下网页源码，试从其中提取所有的新闻标题。

```
<table>
  <tr>
    <td>新闻标题一</td><td>2020.2.25></td>
  </tr>
  <tr>
    <td>新闻标题二</td><td>2020.2.24></td>
  </tr>
  <tr>
    <td>新闻标题三</td><td>2020.2.23></td>
</tr>
```

实例分析：该问题典型的正则匹配问题，匹配的返回是一组信息，应考虑使用 Regex.Matches() 方法。观察上述页面源码，新闻标题的最大特点，就是以“<tr><td>”开始、以“</td><td>”结束，因此以此作为提取分隔符。

实例实现：创建一个项目名称为 Example6_12 的控制台应用程序，在其 Main() 方法中输入下列代码。

```
static void Main(string[] args)
{
    string content = "<table>" +
                          "<tr>" +
                             "<td>新闻标题一</td><td>2020.2.25></td>" +
                          "</tr>" +
                          "<tr>" +
                             "<td>新闻标题二</td><td>2020.2.24></td>" +
                          "</tr>" +
                          "<tr>" +
                             "<td>新闻标题三</td><td>2020.2.23></td>" +
                          "</tr>" +
                      "</table>";
     //构造正则匹配模板
     string Pattern = "(?<=(<tr><td>))[.\\s\\S]*?(?=(</td><td>))";
    //使用Matches()方法执行匹配
     System.Text.RegularExpressions.MatchCollection Matches = System.Text.RegularExpressions.
Regex.Matches(
              content,
              Pattern,
              System.Text.RegularExpressions.RegexOptions.ExplicitCapture    //提高检索效率
         );
    //遍历Matches()方法打印提取出来的信息
    foreach (System.Text.RegularExpressions.Match math in Matches)
    {
       Console.WriteLine(math.Value);
    }
    Console.ReadLine();
}
```

程序运行结果如图 6-13 所示。

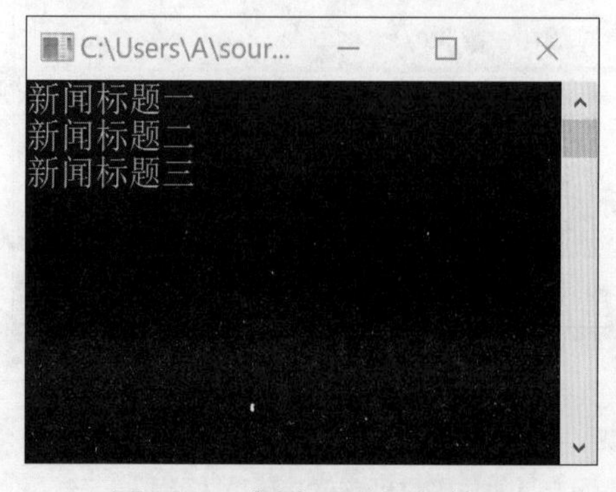

图 6-13　实例 6-12 运行结果

习题与拓展训练

一、选择题

1. 在 C# 中，表示一个字符串变量应使用（　　）。

   A. CString str　　B. String str　　C. Dim str as string　　D. char * str

2. 下列语句在控制台上的输出是（　　）。

```
string msg = @"Hello\nWorld!"
System.Console.Writeline(msg);
```

   A. Hello\nWorld!　　B. @"Hello\nWorld"

   C. Hello world　　D. HelloWorld!

3. 为了将字符串 str="123456" 转换为整数 123456，应该使用以下（　　）语句。

   A. intNum=int.Parse(str)

   B. intNum=str.Parse(int)

   C. intNum=(int)str

   D. intNum=int.Parse(str,Globalization.NumberStyles.AllowThousands);

二、简答题

1. 什么是字符类型？什么是字符串？
2. C# 的转义字符是什么？
3. C# 中用于分割字符串的方法有哪几种？
4. 字符插入方法主要包括哪几种？
5. Insert() 方法传递参数不同，对结果有什么影响？
6. C# 中的 String 字符串与 string 字符串有什么区别？

三、拓展训练

1. 设计一个控制台应用程序，定义一个变量记录硬盘的大小，如 1 GB，计算并输出该硬盘有多少 MB、多少 KB、多少 Byte。(1024 规则）

2. 设计一个控制台应用程序，对输入的字符串进行操作，将其中的大写字母改为对应的小写字母，小写字母改为相应的大写字母，数字等其他字符不操作。

3. 设计一个控制台应用程序，接收用户输入的字符串，将其中的字符按升序进行排序，并以逆序的顺序输出，如："cabed" → "abcde" → "edcba"。

4. 设计一个控制台应用程序，接收用户输入的两个字符串，比较两个字符串长度，输出较长的字符串；若长度相同，则输出第一个字符串。

5. 设计一个控制台应用程序，接收用户输入的字符串，分类统计一个字符串中元音字母和其他字符的个数（不区分大小写）。

6. 设计一个简单的控制台登录程序，假定合法用户名为你的英文名字，密码为你的出生年份，判断用户输入的用户名和密码是否正确，如正确则显示"登录成功，欢迎！"，否则显示"用户名或密码错误！"并退出程序。

第7章

数组与集合

苍穹之下，万物有序。——梁江淹《杂体诗·效嵇康〈言志〉》

横看成岭侧成峰，远近高低各不同。——苏轼《题西林壁》

数组是一种有序的、具有相同数据类型的值的集合，数组中的值称为数组的元素，通过元素在数组中的位置“下标”（“索引”）可快速访问数组中指定的元素。集合也是由相同类型的数据元素组成的，但是集合中的元素可以动态地增加和减少，即集合的容量可以扩展。使用数组和集合可以有效简化程序设计，提高编程效率。

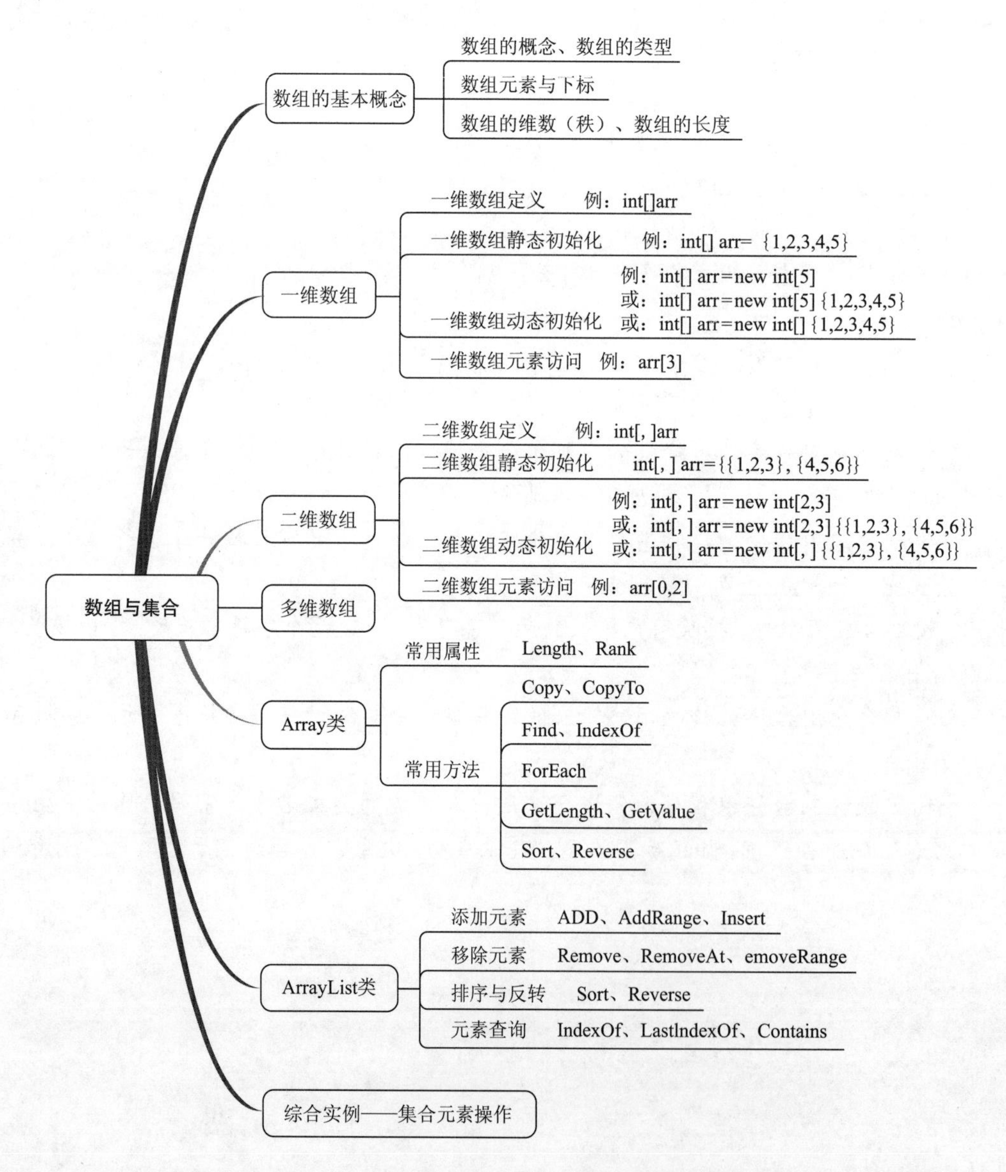

学习目标

（1）理解什么是数组、什么是集合。

（2）掌握一维数组的声明和使用方法。

（3）掌握二维数组的声明和使用方法。

（4）掌握 Array 和 ArrayList 类的常用属性和方法。

7.1 数组的基本概念

1. 数组的概念

将一组有序的、个数有限的、数据类型相同的数据组合起来作为一个整体，用一个统一的名字（数组名）来表示，这些有序数据的全体称为一个数组。数组是具有相同数据类型的元素的有序集合。

2. 数组元素与下标

在同一个数组中，构成该数组的数据称为数组元素。

C# 中用一个统一的名字（数组名）来表示数组。如果要访问数组中的数组元素，就需要将数组名与下标（索引）结合起来。“下标”就是指数组元素在该数组中的索引值，用以标明数组元素在数组中的位置。在 C# 中，数组元素的索引值是从 0 开始的，即 0、1、2、3、4、5……

3. 数组的类型

数组的类型是指构成数组的元素的数据类型（同一数组的所有数组元素的数据类型必须一致），它可以是任何的基本数据类型，如整型、字符串型、布尔型等；也可以是用户自定义类型，如结构、枚举、类类型，甚至是控件类型等。

4. 数组的维数（秩）

数组下标（索引）的个数称为数组的维数，也称数组的秩（rank）。例如，一维数组秩为 1，二维数组秩为 2。

5. 数组的长度

数组的所有维度中的元素的总和称为数组的长度。

注意：数组一旦创建并且初始化，大小就固定了，C#不支持动态数组。数组的索引从0开始，n个元素的数组索引范围是0~n-1。

7.2 一 维 数 组

当数组中每个元素都只带有一个下标时，数组为一维数组。一维数组是计算机程序中最基本的数组。二维及多维数组可以看作一维数组的多次叠加产生的。

1. 定义一维数组

一维数组定义语法格式：

```
数据类型[] 数组名;
```

其中，“数据类型”为 C# 中合法的数据类型，“数组名”为 C# 中合法的标识符。

例如，以下代码定义了 3 个不同类型的一维数组。

```
int[] x;
float[] y;
string[] z;
```

定义数组之后，还要对其进行初始化才能使用。数组的初始化有静态初始化和动态初始化两种方法。

2. 一维数组的静态初始化

静态初始化数组时，必须与数组定义结合在一起，否则会出错。数组静态初始化语法格式如下：

```
数据类型 [] 数组变量名={元素值0, 元素值1, ... , 元素值n-1 };
```

用这种方法对数组进行初始化时，无须说明数组元素的个数，只需按顺序列出数组中的全部元素即可，系统会自动计算并分配数组所需的内存空间。

3. 一维数组的动态初始化

动态初始化需要借助 new 运算符，为数组元素分配内存空间，并为数组元素赋初值，数值类型初始化为 0（实数为 0.0），布尔类型初始化为 false，字符串类型初始化为 null。

动态初始化数组的格式如下：

```
数组类型[ ]  数组名=new 数据类型[n]{元素值0,元素值1, ... ,元素值n-1};
```

其中，n 为“数组长度”，可以是整型常量或变量，花括号里为初始值。

如果不给出初始值部分，各元素取默认值。例如，以下代码初始化了两个整型数组：

```
int[] a = new int[5];                    //以常量作为数组长度
int  m=6;                                //声明整型变量
int[] b = new int[m];                    //以变量作为数组长度
```

注意：在不给出初始值的情况下，数组的元素个数可以用变量。

如果给出初始值部分，各元素取相应的初值，而且给出的初值个数与“数组长度”相等，则可以省略“数组长度”，因为后面的花括号中已列出了数组中的全部元素。例如：

```
int[] a = new int[10]{1,2,3,4,5,6,7,8,9,10};
string[] strs = new string[7] { "AB", "B2", "C3", "Ddef", "E12", "12F", "软件" };
```

或：

```
int[] a = new int[]{1,2,3,4,5,6,7,8,9,10};
string[] strs = new string[] { "AB", "B2", "C3", "Ddef", "E12", "12F", "软件" };
```

注意：在给出初始值的情况下，不允许“数组长度”为变量。

4. 访问一维数组元素

访问一维数组中的某个元素，语法格式为：

```
数组名称[下标或索引]
```

所有元素下标从 0 开始，到数组长度减 1 为止。

【实例7-1】遍历学生姓名一维数组，输出所有元素。

实例描述：编写程序，遍历一维数组。

实例分析：使用 foreach 语句遍历数组。首先定义并初始化一个一维数组，用来存储学生姓名，然后遍历该数组，依次输出所有元素。

实例实现：创建一个控制台应用程序，命名为 Example7_1，在其 Main() 方法中输入下列代码。

```
static void Main(string[] args)
{
    string[] stuNames = new string[5]{ "Smith", "White", "Douglas", "Jackson", "Thompson"};
    foreach(string s in stuNames)
    {
        Console.WriteLine(s);
    }
    Console.ReadKey();
}
```

程序运行结果如图 7-1 所示。

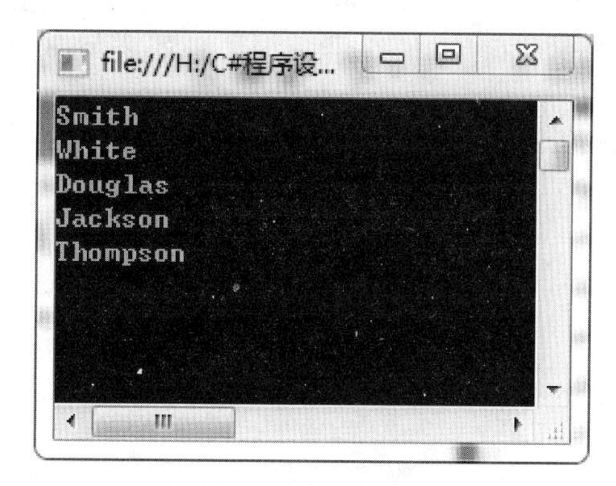

图 7-1 遍历一维数组

遍历数组也可使用 for 语句，但要注意，n 个元素的数组，合法下标的范围是 0 ~ n-1，如使用超出该范围的下标，将引发异常。

【实例7-2】遍历学生姓名一维数组，逆序输出所有元素。

实例描述：编写程序，逆序遍历一维数组。

实例分析：使用 for 语句，控制数组下标从最后一个元素下标（n-1）按降序递减到第一个元素下标（0），逆序遍历数组。

微视频
一维数组

实例实现：创建一个控制台应用程序，命名为 Example7_2。在其 Main() 方法中输入下列代码。首先定义并初始化一个学生姓名的一维数组，然后逆序遍历该数组，逆序依次输出所有元素。

```
static void Main(string[] args)
{
    string[] stuNames = new string[5] { "Smith", "White", "Douglas", "Jackson", "Thompson" };
    for (int i = stuNames.Length; i >= 0;i-- )
    {
        Console.WriteLine(stuNames[i]);
    }
    Console.ReadKey();
}
```

程序运行结果如图 7-2 所示。

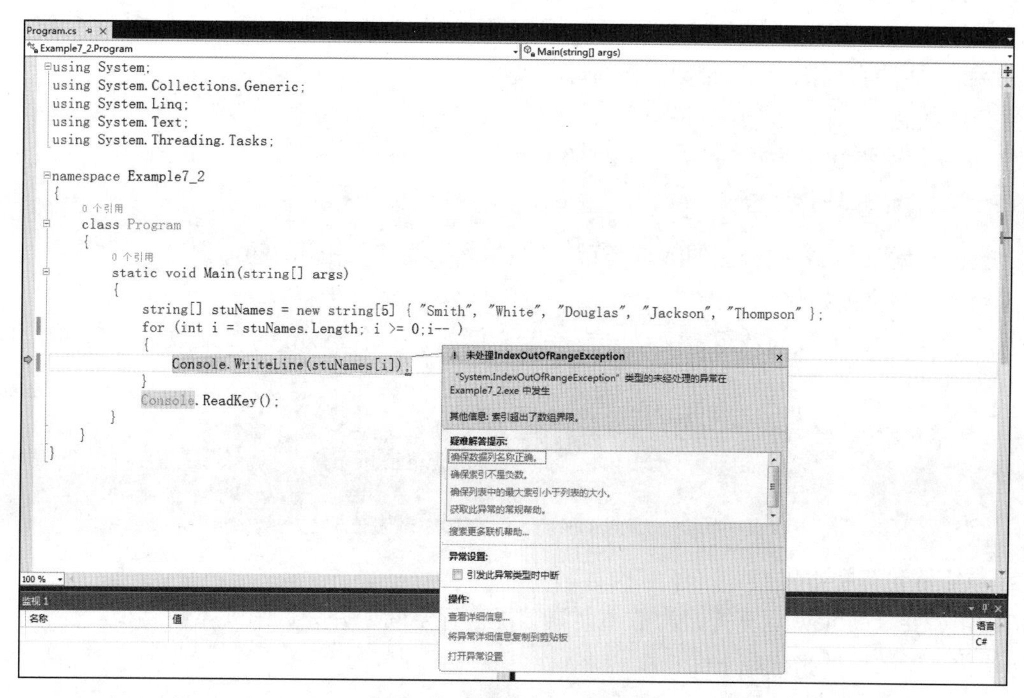

图 7-2 逆序遍历一维数组

程序运行引发“IndexOutOfRangeException”，即数组下标越界异常。引发异常的原因，就在 for 循环的循环变量初始值设置上。考查如下代码：

```
for (int i = stuNames.Length; i>=0; i-- )
```

其中循环变量 i 代表数组下标，然而具有 n 个元素的数组，最大下标为 n-1，上述代码没有将下标范围设置对，造成数组下标越界。

修改代码如下：

```
for (int i = stuNames.Length-1; i>=0;i-- )
```

再次运行程序，结果如图 7-3 所示。

图 7-3　逆序输出数组元素

说明：对比实例7-2和实例7-1可以发现，foreach语句虽然也可以遍历数组，但是它只能实现正向、逐个遍历数组元素；而for语句则可以通过控制数组下标实现对数组元素更灵活的访问，如逆序访问、只访问奇数下标的元素或只访问符合某些规律的下标的元素等。

7.3　二维数组

二维数组可以看作数组的数组，它的每一个元素又是一个一维数组。二维数组需要两个下标才能确定元素的位置，因此也可以将二维数组理解为矩阵，两个下标分别代表元素的行和列。本书后续章节也会使用“行下标”和“列下标”来指代二维数组的两个下标。

1. 定义二维数组

二维数组定义语法格式：

```
数据类型[ , ] 数组名;
```

其中，“数据类型”为 C# 中合法的数据类型，“数组名”为 C# 中合法的标识符。

2. 二维数组的静态初始化

静态初始化数组时，必须与数组定义结合在一起。例如，一个 m×n 的二维数组静态初始化的语法格式如下：

```
数据类型[,] 数组名 = {{元素值0,0 ,元素值0,1 ,..., 元素值0,n-1 },
                     {元素值1,0 ,元素值1,1 ,..., 元素值1,n-1 },
                      ...
                     {元素值m-1,0 ,元素值m-1,1 ,..., 元素值m-1,n-1 }};
```

3. 二维数组的动态初始化

动态初始化需要借助 new 运算符，为数组元素分配内存空间，并为数组元素赋初值。

动态初始化二维数组的格式如下：

```
数组类型[ , ]  数组名=new 数据类型[m][n] {{元素值0,0 ,元素值0,1 ,..., 元素值0,n-1 },
```

```
            {元素值1,0 ,元素值1,1 ,..., 元素值1,n-1 },
            ...
            {元素值m-1,0 ,元素值m-1,1 ,..., 元素值m-1,n-1 }};
```

其中，m、n 分别为行数和列数，即第 1 维和第 2 维的长度，可以是整型常量或变量；两层花括号里的初始值是以行为单位给出的。

如果不给出初始值部分，那么各元素取默认值。

注意：在不给出初始值的情况下，数组的元素个数可以用变量。

如果给出初始值部分，各元素取相应的初值，而且给出的初值个数与数组行数和列数均相等，此时可以省略“数组长度”。

注意：在给出初始值的情况下，不允许数组行数和列数为变量。

4. 访问二维数组元素

访问二维数组中的某个元素，需指定数组名称和数组中该元素的行下标和列下标，语法格式为：

```
数组名称[行下标, 列下标]
```

行下标和列下标均从 0 开始，到行数（列数）减 1 为止。

【实例7-3】计算学生平均成绩。

实例描述：假设每个学生有姓名、3 门课程（数学、语文、英语）的成绩，使用一个一维数组来存储学生姓名。用一个二维数组来存储各学生的 3 门课程成绩，每一行代表一个学生，每一列代表某门课程的分数。编写程序，求出每个学生的平均成绩，并输出。

微视频
二维数组

实例分析：存储姓名的一维数组可使用 string 类型，存储成绩的二维数组为数值并需要运算平均成绩，故采用 double 类型。为了实用化，学生个数、姓名和分数均由用户输入，先根据输入的学生个数定义姓名一维数组和成绩二维数组，然后依次输入姓名和分数。输入结束后计算并输出每个学生的平均分。

本例关键是姓名一维数组和成绩二维数组的元素关联对应问题，即第 i 个姓名一维数组的元素对应第 i 个成绩二维数组的元素（3 门课程成绩）。

实例实现：创建一个控制台应用程序，命名为 Example7_3，在其 Main() 方法中输入下列代码。

```
static void Main(string[] args)
{
    Console.WriteLine("*************学生平均分计算程序***********");
    int stuNum;                  //学生个数
    Console.WriteLine("请输入学生个数：");        //即二维数组的行数
    stuNum = int.Parse(Console.ReadLine());
    String[] names = new String[stuNum];       //学生姓名一维数组
    Double[,] score = new Double[stuNum, 3];  //学生成绩二维数组
    Console.WriteLine("***************接收数据****************");
    for (int i = 0; i < stuNum; i++)
    {
        Console.WriteLine("请输入学生 " + (i + 1) + " 的姓名：");
        names[i] = Console.ReadLine();
        Console.WriteLine("请输入 " + names[i] + " 的数学成绩：");
        score[i, 0] = double.Parse(Console.ReadLine());
        Console.WriteLine("请输入 " + names[i] + " 的语文成绩：");
        score[i, 1] = double.Parse(Console.ReadLine());
        Console.WriteLine("请输入 " + names[i] + " 的英语成绩：");
        score[i, 2] = double.Parse(Console.ReadLine());
        Console.WriteLine("*****************************************");
    }
    Console.WriteLine("***************计算并显示结果************");
```

```
        for (int i = 0; i < stuNum; i++)
        {
            Double avg=(score[i, 0]+score[i,1]+score[i,2])/3;
            Console.WriteLine(names[i]+"的平均分为：" +avg);
        }
        Console.ReadKey();
    }
```

程序运行结果如图 7-4 所示。

图 7-4　使用二维数组计算学生平均分

该实例给出一种包含不同数据类型的两组对应数据关联处理的问题的解决方式，就是使用下标对应的两个数组，一个用来存储文字信息，另一个用来存储计算用的数据。这是多组数据（多个数组）关联处理的一种常用方式。

7.4　多维数组

多维数组通常可以理解为数组的嵌套，即数组的元素又是一个数组，以此迭代下去即为多维数组。二维以上的数组都可以称为多维数组。

多维数组定义语法格式：

```
数据类型[,,,...] 数组名 = new 数据类型[该维度数组的长度,该维度数组的长度,...];
```

多维数组的初始化语法格式可由二维数组的初始化语法推出。维数超过三的多维数组在实际应用过程当中很少用到。

7.5　Array 类

System.Array 是所有数组类型的抽象基类型。Array 类提供了数组的通用方法，包括创建、元素操作、搜索和排序等，因而在公共语言运行库中用作所有数组的基类。

在 C# 中，数组实际上是 System.Array 类的对象。如本章前几节实例中定义的各个数组，均为 Array

类的对象。

由于 Array 类是抽象类，不能创建对象，所以该类提供了一些静态方法以供调用。

Array 类常用属性如表 7-1 所示，常用方法如表 7-2 所示。

表 7-1 Array 类常用属性

属 性	说 明	使用方法
Length	获得一个 32 位整数，该整数表示 Array 的所有维数中元素的总数。只读	< 数组名 >.Length
LongLength	获得一个 64 位整数，该整数表示 Array 的所有维数中元素的总数。只读	< 数组名 >. LongLength
Rank	获取 Array 的秩（维数）只读	< 数组名 >.Rank

表 7-2 Array 类常用方法及其说明

方 法	说 明
Copy	静态方法。将一个 Array 的一部分元素复制到另一个 Array 中，并根据需要执行类型强制转换和装箱
CopyTo	非静态方法。将当前一维 Array 的所有元素复制到指定的一维 Array 中
Find	静态方法。搜索与指定谓词定义的条件匹配的元素，然后返回整个 Array 中的第一个匹配项
ForEach	静态方法。对指定数组的每个元素执行指定操作
GetLength	非静态方法。获取一个 32 位整数，该整数表示 Array 的指定维中的元素数
GetLongLength	非静态方法。获取一个 64 位整数，该整数表示 Array 的指定维中的元素数
GetLowerBound	非静态方法。获取 Array 中指定维度的下限
GetUpperBound	非静态方法。获取 Array 的指定维度的上限
GetValue	非静态方法。获取当前 Array 中指定元素的值
IndexOf	静态方法。返回一维 Array 或部分 Array 中某个值第一个匹配项的索引
Resize	静态方法。将数组的大小更改为指定的新大小
Reverse	静态方法。反转一维 Array 或部分 Array 中元素的顺序
SetValue	非静态方法。将当前 Array 中的指定元素设置为指定值
Sort	静态方法。对一维 Array 对象中的元素进行排序

说明：表7-2中的静态方法使用类名“Array”调用，而非静态方法则可使用已定义的数组来调用。

上述方法的使用语法格式不再一一给出，读者可在 VS.NET 中创建应用程序后自行查看 IDE（集成开发环境）环境自带的智能帮助。本节只用 Sort() 方法举例说明。

Sort() 方法有下列 3 种语法格式，都是按升序排序：

（1）Array.Sort(Array1)：对整个一维数组 Array1 中的元素进行排序。

（2）Array.Sort(Array1, Array2)：对两个一维数组进行关联排序，Array1 包含要排序的关键字，Array2 包含对应的项；对 Array1 中的关键字排序后，Array2 中对应位置的元素按照 Array1 中的排序结果自动排序。

（3）Array.Sort(Array1, m, n)：对一维数组 Array1 中起始位置为 m 的 n 个元素进行排序。

【实例7-4】计算学生平均成绩，并按从高到低降序排名。

实例描述：在实例 7-3 计算平均成绩的基础上，编写程序，对求出的平均分降序输出（从高到低排名），并输出对应的学生姓名。

实例分析：实例 7-3 已完成计算平均成绩，本实例不再给出重复代码，假设每个学生的平均成绩已计算出来，并存入一个一维数组 AVGScore 中，则直接使用 Array 类的 Sort() 方法即可实现排序。由于 Sort() 方法结果是升序，需调用 Reverse() 方法对排序结果进行翻转实现降序排序。

这里使用 Array.Sort(Array1, Array2) 方法实现姓名一维数组和平均成绩一维数组的关联排序（以平均成绩作为排序关键字），然后分别使用 Reverse() 方法进行翻转，实现降序排序，再依次输出元素值。另一种方法是对两个数组按升序关联排序后，不用 Reverse() 方法进行翻转，而是从最后一个元素开始逆向依次输出直到第一个元素，亦可实现按降序排名结果。

实例实现：创建一个控制台应用程序，命名为 Example7_4，在其 Main() 方法中输入下列代码。

```
static void Main(string[] args)
{
    //为简化程序，直接给出初始值
    string[] names = { "Smith", "Thompson", "Black" };   //定义姓名数组
    int[] AVGScore = { 85, 91, 78 };                     //定义平均成绩数组
    //以AVGScore为关键字排序，同时调整names数组中对应元素的位置
    Array.Sort(AVGScore, names);
    //对两个数组的元素都进行翻转
    Array.Reverse(AVGScore);
    Array.Reverse(names);
    for (int i = 0; i <= AVGScore.GetUpperBound(0); i++)
    {
        Console.WriteLine("姓名：" + names[i] + "\t成绩：" + AVGScore[i]);
    }
    Console.ReadKey();
}
```

程序运行结果如图 7-5 所示。

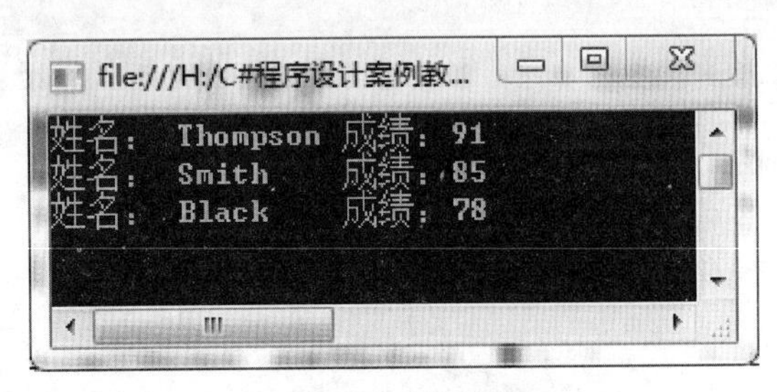

图 7-5　按平均分排名

7.6　ArrayList 类

ArrayList 类位于命名空间 System.Collections 中，用于建立不定长度的数组，由于该类数组的数据类型为 Object，且长度不固定，可以将其对象看作一个集合。

集合不同于数组，是一组可变数量的元素的组合，这些元素可能共享某些特征。一般来说，这些元素的类型是相同的，但也可以是具有继承关系的不同类的对象，如控件的集合或某个类的多个子集的对象集合等。

7.6.1　ArrayList 简介

ArrayList 实际上是 Array 类的优化版本，它提供了很多 Array 类没有的属于集合的功能，下面给出 ArrayList 类的特点。

（1）Array 是数组，其元素个数在数组初始化之后是不能改变的；而 ArrayList 的容量则可以根据需要动态扩展，通过设置 ArrayList.Capacity 属性值可以执行重新分配内存和复制元素等操作。

（2）ArrayList 是具体类，Array 是抽象类。

（3）获取数组的元素数时使用 Length 属性，而获取 ArrayList 集合的元素数时使用 Count 属性。

（4）数组可以有多维，而 ArrayList 只能是一维。

（5）可以通过 ArrayList 提供的方法在集合中追加、插入或者移除一组元素，而在 Array 中一次只能对一个元素进行操作。

定义 ArrayList 类的对象的语法格式如下：

```
ArrayList 变量名=new ArrayList([初始容量]);
```

ArrayList 类常用属性如表 7-3 所示。

表 7-3 ArrayList 类常用属性

属 性	说 明
Capacity	获取或设置 ArrayList 可包含的元素数
Count	获取 ArrayList 中实际包含的元素数
Item	获取或设置指定索引处的元素

ArrayList 类的常用方法如表 7-4 所示。

表 7-4 ArrayList 类的方法

方 法	说 明
Add	将对象添加到 ArrayList 的结尾处
AddRange	将一个 ICollection 对象的元素添加到 ArrayList 的末尾
BinarySearch	使用二分检索算法在已排序的 ArrayList 或它的一部分中查找特定元素
Clear	从 ArrayList 中移除所有元素
Clone	创建 ArrayList 的浅表副本
Contains	确定某元素是否在 ArrayList 中
CopyTo	将 ArrayList 或它的一部分复制到一维数组中
GetRange	返回 ArrayList，它表示源 ArrayList 中元素的子集
IndexOf	返回 ArrayList 或它的一部分中某个值的第一个匹配项的从零开始的索引
Insert	将元素插入 ArrayList 的指定索引处
InsertRange	将集合中的某个元素插入 ArrayList 的指定索引处
LastIndexOf	返回 ArrayList 或它的一部分中某个值的最后一个匹配项的从零开始的索引
Remove	从 ArrayList 中移除特定对象的第一个匹配项
RemoveAt	移除 ArrayList 的指定索引处的元素
RemoveRange	从 ArrayList 中移除一定范围的元素
Reverse	将 ArrayList 或它的一部分中元素的顺序反转
SetRange	将集合中的元素复制到 ArrayList 中一定范围的元素上
Sort	对 ArrayList 或它的一部分中的元素进行排序（升序、正序）
ToArray	将 ArrayList 的元素复制到新数组中
ToString	返回表示当前 Object 的 String
TrimToSize	将容量设置为 ArrayList 中元素的实际数目

7.6.2 ArrayList 集合添加元素

为 ArrayList 集合添加元素有下列 3 种方法：

（1）Add() 方法：追加单个元素到 ArrayList 结尾处。语法格式如下：

```
ArrayList对象.Add(任何类型的变量或常量);
```

（2）AddRange() 方法：追加一个数组到 ArrayList 结尾处。语法格式如下：

```
ArrayList对象.AddRange(任何类型的数组变量);
```

（3）Insert() 方法：插入一个元素到指定索引位置。语法格式如下：

```
ArrayList对象.Insert(待插入元素的索引位置,任何类型的常量或变量);
```

【实例7-5】向ArrayList集合中添加元素。

微视频 向ArrayList集合中添加元素

实例描述：用不同方法向 ArrayList 集合添加若干数据，并遍历集合输出所有元素。

实例分析：ArrayList 集合类位于 System.Collections 命名空间，故应先引用 System.Collections 命名空间。然后定义并初始化一个 ArrayList 集合，并分别调用上述 3 种方法添加元素，最后输出结果集合。

实例实现：

（1）创建一个控制台应用程序，项目名称为 Example7_5。

（2）在代码中添加 Collections 命名空间引用，代码如下：

```
using System.Collections;
```

（3）自定义一个 printArrayList(ArrayList arrayList) 方法用于遍历输出 ArrayList 元素，并在 Main() 方法中调用。printArrayList(ArrayList arrayList) 方法代码和 Main() 方法代码如下：

```
static void Main(string[] args)
{
    //定义并初始化一个字符串数组，作为集合的初始值
    string[] s = { "Smith", "Jackson", "Black" };
    //用数组初始化ArrayList
    ArrayList a = new ArrayList(s);
    Console.WriteLine("初始化后的元素为：");
    printArrayList(a);  //输出ArrayList
    //单个追加元素到数组结尾处
    a.Add("White");
    Console.WriteLine("追加单个元素后的元素为：");
    printArrayList(a);  //输出ArrayList
    //定义并初始化一个整型数组
    int[] x = { 1, 2, 3 };
    //追加数组到ArrayList
    a.AddRange(x);
    Console.WriteLine("追加整型数组后的元素为：");
    printArrayList(a);  //输出ArrayList
    //在索引位置为1的位置连续插入两个元素
    a.Insert(1, 4);          //插入整型元素
    a.Insert(1, "Blues");  //插入字符串元素
    Console.WriteLine("插入两个元素后的元素为：");
    printArrayList(a);  //输出ArrayList
    Console.ReadKey();
}
/// <summary>
/// 定义静态方法，输出参数ArrayList中的所有元素
/// </summary>
/// <param name="arrayList">待输出集合</param>
static void printArrayList(ArrayList arrayList)
{
    for (int i = 0; i < arrayList.Count; i++)
    {
        Console.Write(arrayList[i] + "\t");
    }
    Console.WriteLine();
}
```

程序运行结果如图 7-6 所示。

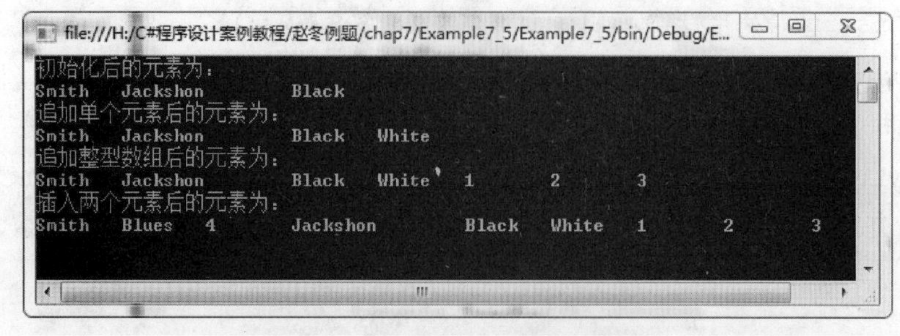

图 7-6　向 ArrayList 集合添加元素

说明：（1）ArrayList与Array的最大区别就是其元素可以是任意类型，即object类型，因此，语法上来说可以存储不同类型的元素。但是，读者设计程序的时候除了考虑语法正确性，更重要的是语义，也就是说，实际问题是否需要在一个集合中存储多种类型的元素。

（2）由于需要多次输出集合元素，单独定义了方法printArrayList()，该方法必须定义为静态方法，即在方法头中增加static关键字，因为主方法是静态方法，如果该方法不是静态成员，则主方法不能调用它。

7.6.3 ArrayList 集合移除元素

在 ArrayList 集合中，移除指定元素可以使用下列 3 种方法。

（1）Remove() 方法：从 ArrayList 中移除特定对象的第一个匹配项：语法格式为：

```
ArrayList对象.Remove(object x);
```

其中 x 为任意类型的变量或常量。

（2）RemoveAt() 方法：从 ArrayList 集合中移除指定索引位置的元素。语法格式为：

```
ArrayList对象.RemoveAt(index);
```

其中参数 index 表示待移除元素所在的索引位置（从 0 开始编号）。

（3）RemoveRange() 方法：从 ArrayList 集合中移除一定范围的元素。语法格式为：

```
ArrayList对象.RemoveRange(index,count);
```

参数 index 表示移除元素所在的待移除元素起始位置索引索引位置，count 表示待移除的元素个数。

【实例7-6】从ArrayList集合中移除元素。

实例描述：定义并初始化一个 ArrayList 集合，然后分别调用上述 3 种方法移除元素，并输出结果集合。

实例分析：可调用上述 3 种方法移除集合元素，因需要多次输出集合元素，故单独自定义一个输出集合元素的方法 printArrayList(ArrayList arrayList)，每次移除元素后调用即可。

微视频 从ArrayList集合中移除元素

实例实现：

（1）创建一个控制台应用程序，命名为 Example7_6。

（2）在代码中添加 Collections 命名空间引用，代码如下：

```
using System.Collections;
```

（3）自定义输出集合元素方法 PrintArrayList，代码如下：

```
/// <summary>
/// 定义静态方法，输出参数ArrayList中的所有元素
/// </summary>
/// <param name="arrayList">待输出集合</param>
static void printArrayList(ArrayList arrayList)
{
    for (int i = 0; i < arrayList.Count; i++)
    {
        Console.Write(arrayList[i] + "\t");
    }
    Console.WriteLine();
}
```

（4）在 Main() 方法中输入代码如下：

```
static void Main(string[] args)
{
    //定义一个字符串数组
    string[] s = { "Smith", "Jackson", "Black","White","Black","Thompson" };
    //使用数组初始化集合变量
    ArrayList a = new ArrayList(s);
```

```
    Console.WriteLine("初始化后的元素为：");
    printArrayList(a);
    a.Remove("Black");
    Console.WriteLine("移除匹配的第一个元素后的集合为：");
    printArrayList(a);
    a.RemoveAt(3);
    Console.WriteLine("移除索引为3的元素后的集合为：");
    printArrayList(a);
    a.RemoveRange(1, 2);
    Console.WriteLine("移除从索引为1的元素开始的2个元素后的集合为：");
    printArrayList(a);
    Console.ReadKey();
}
```

程序运行结果如图 7-7 所示。

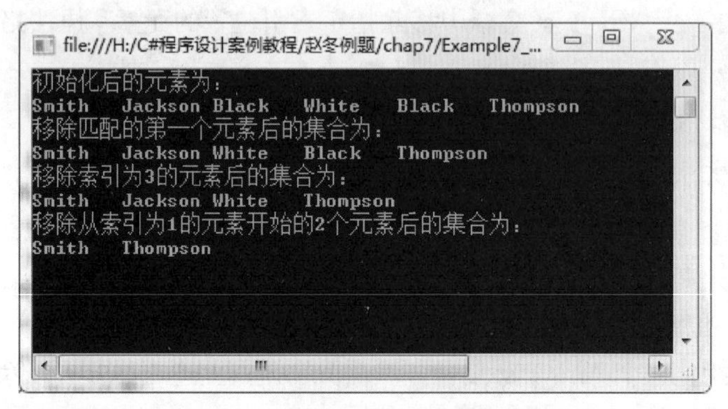

图 7-7　从 ArrayList 集合移除元素

7.6.4　ArrayList 集合的排序及反转

微视频 对ArrayList集合中元素排序

使用 Sort() 方法可以对 ArrayList 集合中的元素进行排序。Sort() 方法的排序结果都是正序（升序），如果需要逆序（降序）排序，则可在 Sort() 后使用 Reverse() 方法。

【实例7-7】对ArrayList集合元素进行排序输出。

实例描述：对一个 ArrayList 集合的元素进行排序，并输出正序和逆序两种结果。

实例分析：首先使用一个字符串数组初始化，然后调用 Sort() 方法实现排序，输出结果之后再调用 Reverse() 方法使集合元素倒序，再次输出结果。

实例实现：

（1）创建一个控制台应用程序，命名为 Example7_7。

（2）在代码中添加 Collections 命名空间引用，代码如下：

```
using System.Collections;
```

（3）自定义方法 PrintArrayList() 代码如下：

```
/// <summary>
/// 定义静态方法，输出参数ArrayList中的所有元素
/// </summary>
/// <param name="arrayList">待输出集合</param>
static void printArrayList(ArrayList arrayList)
{
    for (int i = 0; i < arrayList.Count; i++)
    {
        Console.Write(arrayList[i] + "\t");
    }
    Console.WriteLine();
}
```

（4）在 Main() 方法中输入代码如下：

```
static void Main(string[] args)
{
    //定义一个字符串数组
    string[] s = { "Smith", "Jackson", "Black", "White", "Black", "Thompson" };
    //使用数组初始化集合变量
    ArrayList a = new ArrayList(s);
    Console.WriteLine("初始化后的元素为：");
    printArrayList(a);
    //对集合元素进行排序
    a.Sort();
    Console.WriteLine("正序排列的元素为：");
    printArrayList(a);
    //反转集合元素顺序
    a.Reverse();
    Console.WriteLine("逆序排列的元素为：");
    printArrayList(a);
    Console.ReadKey();
}
```

程序运行结果如图 7-8 所示。

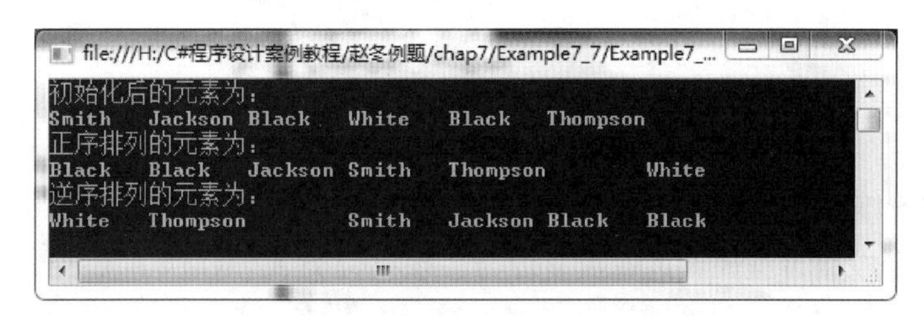

图 7-8 ArrayList 集合元素排序

7.6.5 ArrayList 的其他常用方法

ArrayList 集合对象还有下列几个常用方法。

（1）IndexOf() 方法：返回 ArrayList 或它的一部分中某个值的第一个匹配项的从零开始的索引，如果未查到符合条件的元素对象，则返回 -1。

（2）LastIndexOf() 方法：返回 ArrayList 或它的一部分中某个值的最后一个匹配项的从零开始的索引。

（3）Contains() 方法：确定某元素是否存在于 ArrayList 中，返回值为 Bool 类型。

【实例7-8】查找ArrayList集合中的元素位置。

微视频 ArrayList集合中元素定位

实例描述：在 ArrayList 集合中查找元素，如果不存在，则给出提示信息；如果存在，则给出具体位置（索引值 +1）。

实例分析：首先定义并初始化一个 ArrayList 集合，然后分别调用 Indexof() 方法和 LastIndexOf() 方法，给出待查找元素在集合中第一次出现和最后一次出现的位置。

实例实现：创建一个控制台应用程序，命名为 Example7_8。Collections 命名空间引用与自定义的集合元素输出方法 PrintArrayList 定义步骤同实例 7-7，不再给出代码。Main() 方法中的代码如下：

```
static void Main(string[] args)
{
    string[] s = { "Smith", "Jackson", "Black", "White", "Black", "Thompson" };
    //使用数组初始化集合变量
    ArrayList a = new ArrayList(s);
    Console.WriteLine("初始化后的元素为：");
    printArrayList(a);
    Console.Write("请输入你要查找的元素：");
    string s1=Console.ReadLine();
```

```
        if(a.Contains(s1))
        {
            Console.WriteLine("元素\"" + s1 + "\"在集合中第一次出现的位置为：" + (a.IndexOf(s1) + 1));
    Console.WriteLine("元素\"" + s1 + "\"在集合中最后一次出现的位置为：" + (a.LastIndexOf(s1) + 1));
        }
        else
        {
            Console.WriteLine("集合中不存在元素\"" + s1 + "\"");
        }
        Console.ReadKey();
    }
```

程序运行结果如图 7-9 所示。

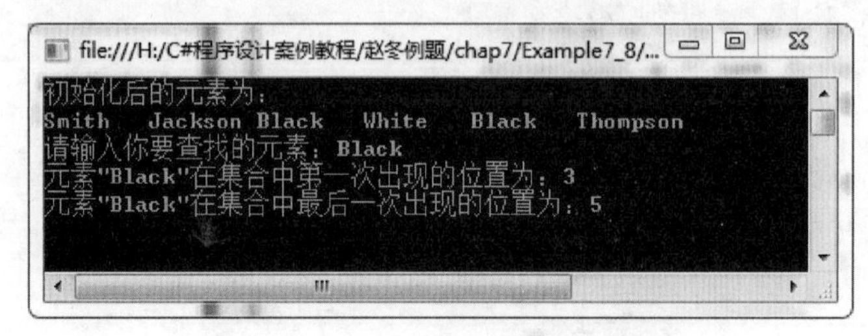

图 7-9　ArrayList 集合查找元素位置

7.7　综合实例——集合元素操作

【实例7-9】集合元素操作综合实例。

实例描述：设计一个控制台程序，可以重复综合实现集合类 ArrayList 的添加、移除及查找元素等常用操作，直到用户退出集合元素处理程序。

实例分析：首先定义一个 ArrayList 集合，依据用户输入对集合元素进行初始化。然后给出一个无限循环，可重复根据用户输入进行集合元素的添加、移除及查找操作。

实例实现：创建一个控制台应用程序，命名为 Example7_9。Collections 命名空间引用与自定义的集合元素输出方法 PrintArrayList() 定义步骤同实例 7-7，此处不再给出代码。Main() 方法中的代码如下：

```
static void Main(string[] args)
{
    string s;       //用来存放集合元素
    ArrayList a = new ArrayList();
    Console.WriteLine("请逐个输入ArrayList的初始元素，以#表示初始化结束：");
    while ((s = Console.ReadLine()) != "#")
        a.Add(s);
    Console.WriteLine("初始化完成的集合元素为：");
    printArrayList(a);
    Console.WriteLine(“************************集合元素操作************************”);
    while (true)
    {
       Console.WriteLine("请选择要进行的操作：1--添加元素\t 2--移除元素 \t 3--查找元素\t 0--退出");
       string ope = Console.ReadLine();
       if (ope == "1"||ope=="2"||ope=="3")
       {
           switch (ope)
           {
               case "1":
               {
                   Console.WriteLine("请输入要添加的元素：");
                   string s1 = Console.ReadLine();
                   Console.WriteLine("请输入要添加到的位置：");
                   int x = int.Parse(Console.ReadLine());
```

```
                    a.Insert(x-1, s1);              //索引和位置的换算
                    Console.WriteLine("添加后的集合元素为：");
                    printArrayList(a);
                    break;
                }
                case "2":
                {
                    Console.WriteLine("请输入要移除的元素位置,有效位置为( 1-" + a.Count + " ):
int x = int.Parse(Console.ReadLine());
                    a.RemoveAt(x-1);
                    Console.WriteLine("移除后的集合元素为：");
                    printArrayList(a);
                    break;
                }
                case "3":
                {
                    Console.WriteLine("请输入要查找的元素：");
                    string x = Console.ReadLine();
                    Console.WriteLine("元素" + x + "的位置为：" + (a.IndexOf(x) + 1));
                    break;
                }
            }
            Console.WriteLine("******************本次操作结束*****************\n");
        }
        else if (ope == "0")
        {
            Console.WriteLine("欢迎下次使用！");
            break;
        }
        else Console.WriteLine("无效操作符，请重新输入！");
    }
    Console.ReadKey();
}
```

程序运行结果如图 7-9 所示。

图 7-10　集合元素综合实例

注意：本例中所有的“位置”都是在集合元素的（索引+1）得来的。

习题与拓展训练

一、选择题

1. 以下数组定义语句中不正确的是（　　）。

A. int a[ ]=new int[5]{1,2,3,4,5};　　B. int[,]a=new inta[3][4];

C. int[ ][ ]a=new int[3][0];　　D. int [ ]a={1,2,3,4};

2. 以下定义并动态初始化一维数组的语句中，正确的是（　　）。

A. int[ ]arrl=new int[ ];　　B. int arr2=new int [ ];

C. int [ ]arr3=new[i]{6,5,1,2,3};　　D. int[ ]arr4=new int[ ]{6,5,1,2,3};

3. 在 C# 中，有关 Array 和 ArrayList 的维数，以下说法正确的是（　　）。

A. Array 可以有多维，而 ArrayList 只能是一维

B. Array 只能是以维，而 ArrayList 可以有多维

C. Array 和 ArrayList 都只能是一维

D. Array 和 ArrayList 都可以是多维

二、简答题

1. 简述 C# 中一维数组的定义和初始化方法。
2. 简述 C# 中二维数组的定义和初始化方法。
3. 简述 C# 中集合的定义和使用方法。

三、拓展训练

1. 自行定义一个一维整型数组，并赋初值，先依次输出各数，然后翻转输出各个元素（最后一个元素最先输出，倒数第二个元素第二个输出……）。

2. 输入 5 个数，用一维数组保存该组数据，依次输出各数，并求出该组数的最大值及总和。

3. 用数组保存用户输入的 5 个整型数，依次输出各数，然后用冒泡排序法将数组按升序排序，并依次输出排序后各数。

4. 输入 10 个数，用数组保存，并求出大于或等于平均数的数。

5. 定义一个 20 个整数的一维数组，求其最大值和最小值。

6. 定义长度为 10 的一维数组（整型），使用随机数进行数组的初始化（随机数的取值范围为 20~100），按降序（从大到小排序）输出数组数据。

7. 用二维数组定义一个 4 × 4 的矩阵。求两对角线元素之和。

8. 声明一个包含 6 个元素的一维数组，并使用该数组实例化一个 ArrayList 对象，然后使用 Add() 方法为该 ArrayList 对象添加元素，并依次输出各元素值；使用 RemoveAt() 方法移除索引为 3 的元素，再依次输出所有元素值。

第 8 章

面向对象程序设计基础

物以类聚，人以群分。

——《战国策》

万事万物皆对象（Everything is an object）。

——Bruce Eckel《Java 编程思想》

前面几章学习了面向过程的程序设计。面向过程就是分析出解决问题所需要的步骤，然后用函数把这些步骤一步一步实现，使用的时候一个一个依次调用就可以了。但是，随着软件系统规模和复杂性的增加，面向过程方法的弊端引发了 20 世纪 60 年代的“软件危机”，面向对象方法的出现为软件开发开辟了新的出路。面向对象的程序设计方法从烦琐的编写程序代码工作中解放出来，符合人的思维方式和现实世界，主要利用类和对象的概念，使用软件系统结构更清楚，程序容易维护，代码重用性强。

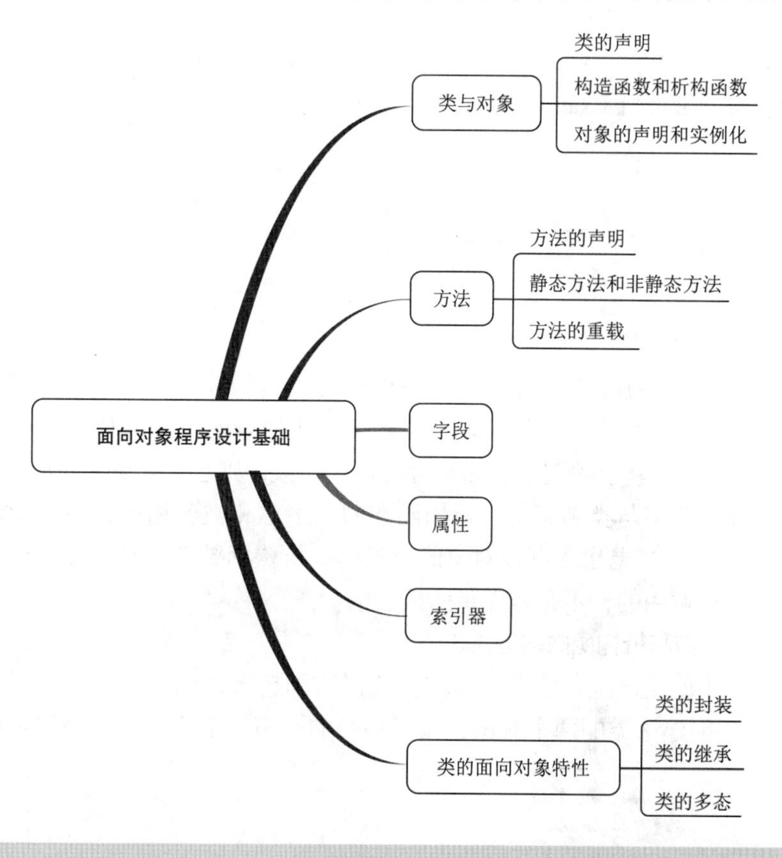

学习目标

（1）理解类和对象的概念。

（2）理解面向对象的特性。

（3）掌握类和对象的定义和使用。

（4）掌握方法、字段、属性的定义和使用。

（5）了解索引器的基本使用方法。

8.1 类 与 对 象

类（class）是最基础的 C# 类型。类是一个数据结构，将状态（字段）和操作（方法和其他函数成员）组合在一个单元中。类为动态创建的类实例（instance）提供了定义，实例也称对象（object）。

微视频 类的声明

8.1.1 类的声明

声明类以关键字 class 开始，方式如下：先指定类的属性和修饰符，然后是类的名称，接着是基类（如有）以及该类实现的接口。声明头后面跟着类体，它由一组位于一对大括号 { } 之间的成员声明组成。声明类的格式如下：

```
[访问修饰符] class 类名称
{
    [成员修饰符] 类的成员变量或者成员函数
}
```

其中，访问修饰符说明类的特性，如 public、protected、private、abstract、sealed 等；class 声明类的关键字；类名称是自定义的类的名称。

类体由类的成员变量或者成员函数组成。

【实例8-1】声明鸟类。

实例描述：声明一个鸟类，鸟有颜色和飞行速度。

实例分析：声明的鸟类类名为 Bird，颜色用 string 类型成员，飞行速度用 float 类型成员。

实例实现：创建一项目名称为 Example8_1 的控制台应用程序，在其 Main() 方法前面声明 Bird 类，代码如下，完整相关源代码参考项目 Example8_1。

```
class Bird
{
    public string color;        //颜色
    private float speed;        //飞行速度
}
```

8.1.2 构造函数和析构函数

微视频 构造函数和析构函数

构造函数和析构函数是类中比较特殊的两种成员函数，分别用来对对象进行初始化和回收对象资源。对象的生命周期从构造函数开始，从析构函数结束。如果一个类含有构造函数，在实例化该类的对象时就会被调用。如果含有析构函数，则会在销毁对象时调用。

构造函数的名字与类名相同，析构函数的名字也和类名相同，不过析构函数要在名字前加一个波浪号（ ~ ）。当退出含有该对象的成员时，析构函数会自动释放这个对象所占用的空间，所以说析构函数是 GC 自动调用的，不是程序员所控制的。

【实例8-2】带有构造函数和析构函数的鸟类。

实例描述：在实例 8-1 的基础上，给鸟类增加构造函数和析构函数。在类中声明一个无参的构造函数和一个有参的构造函数，创建该类的两个对象，输出鸟类的心声。当析构函数被调用时，输出不同的鸟类的心声。

实例实现：

（1）创建一项目名称为 Example8_2 的控制台应用程序。

（2）在实例 8-1 的基础上，为 Bird 类声明一个无参的构造函数和一个有参的构造函数，并在 Main() 方法中应用 Bird 类，代码如下：

```
class Bird
{
    public string color;        //颜色
    private float speed;                //飞行速度
```

```
    public Bird()                          //定义构造函数输出所有鸟类的心声
    {
        Console.WriteLine("我是一只小小鸟! ");
    }
    public Bird(string c, float s)     //定义构造函数输出所有鸟类的心声
    {
        color = c;
        speed = s;
        Console.WriteLine("我是一只小小鸟，颜色是" + color +
            "，飞行速度是" + speed + "公里每小时。");
    }
    ~Bird()                                //定义析构函数输出所有鸟类的心声
    {
        Console.WriteLine("我要飞走了! ");
    }
    public static void Main(String[] args)
    {
        Bird b1 = new Bird();
        Bird b2 = new Bird("红色", 10);
    }
}
```

程序运行结果如图 8-1 所示。

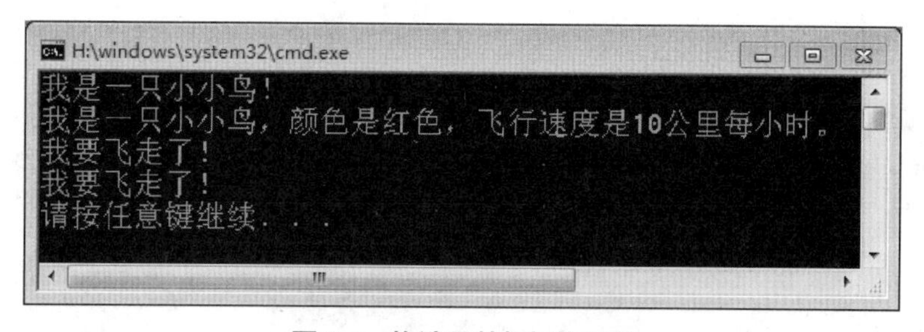

图 8-1　构造函数与析构函数

8.1.3　对象的声明和实例化

在 C# 中实例化一个对象时，需要经历下列步骤：

（1）声明引用。

（2）使用 new 关键字创建类的对象并对其初始化。

（3）将引用指向类的对象。

例如，实例 8-2 中代码：

```
Bird b1=new Bird();
```

Bird b1 声明 Bird 类型的 b1 引用；new Bird() 通过调用构造函数实例化 Bird 对象；使用 b1 引用到该对象。

【实例8-3】定义学生类，并实例化学生对象，输出学生的信息。

实例描述：创建一个控制台应用程序，定义一个 Student 类，声明构造函数和析构函数，输出学生的基本信息，运行结果如图 8-2 所示。

实例分析：Student 类可包括性名、性别、年龄信息，姓名为必填项，无性别、无年龄时相应信息表现为“未知”。因此分别定义参数只有姓名、有姓名和性别、有姓名和性别及年龄的 3 个构造函数。

实例实现：

（1）创建一项目名称为 Example8_3 的控制台应用程序。

（2）先声明 Student 类，包括其有 1~3 个不同参数的构造函数，以及析构函数。

（3）在 Main() 方法中应用 Student 类。

代码如下：

```
class Student
{
    string strname;
    public Student(string name)                                        //一个参数的构造函数
    {
        strname = name;
        Console.WriteLine("姓名：" + name + "  性别：未知   年龄：未知");    //输出学生信息
    }
    public Student(string name, string sex)                            //两个参数的构造函数
    {
        strname = name;
        Console.WriteLine("姓名：" + name + "  性别：" + sex + "    年龄：未知"); //输出学生信息
    }
    public Student(string name, string sex, int age)                   //3个参数的构造函数
    {
        strname = name;
        Console.WriteLine("姓名：" + name + "  性别：" + sex + "  年龄：" + age); //输出学生信息
    }
    ~Student()
    {
        Console.WriteLine("学生" + strname + "信息输出完毕！");   //输出操作状态提示信息
    }
    static void Main(string[] args)
    {
        Console.WriteLine("输出学生信息:");
        Student stu1 = new Student("小张");                            //实例化类的实例
        Student stu2 = new Student("小王", "男");                       //实例化类的实例
        Student stu3 = new Student("小冯", "男", 22);     //实例化类的实例
    }
}
```

程序运行结果如图 8-2 所示。

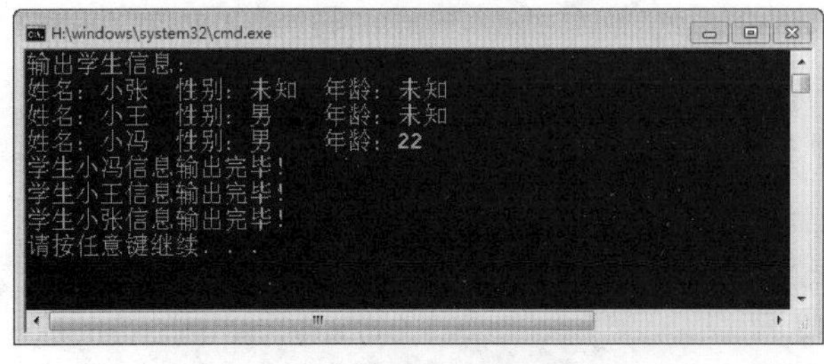

图 8-2　对象的声明与实例化

8.2　方　　法

微视频
方法定义

8.2.1　方法的声明

一个方法是把一些相关的语句组织在一起，用来执行一个任务的语句块，是类的成员。每个方法都有一个名称和一个主体。方法名应该是一个有意义的标识符，应描述出方法的用途；方法主体包含了调用方法时实际执行的语句。构造函数和析构函数是类的特殊的方法。

声明方法的格式如下：

```
[修饰符] [返回值类型] 方法名称 ([参数列表])
{
    [方法体]
}
```

【实例8-4】猫的喜好和本领。

实例描述：创建一个控制台应用程序，定义一个 Cat 类，声明两个方法分别用于输出猫的喜好和本领。

实例分析：在声明该类时，为了方便区别不同的猫，为 Cat 类设计成员 name。

实例实现：实现代码如下，相关源代码参考项目 Example8_4。

```
class Cat
{
    public Cat(string name)                    //构造函数输出猫的姓名
    {
        Console.WriteLine("我是" + name);
    }
    public void interest()                     //输出猫的喜好的方法
    {
        Console.WriteLine("我喜欢晒太阳");
    }
    public void action()                       //输出猫的本领
    {
        Console.WriteLine("我可以捉老鼠");
    }
    static void Main(string[] args)
    {
        Cat bigcat = new Cat("小花猫");        //实例化一个猫类
        bigcat.interest();                     //输出猫的喜好
        Cat smallcat = new Cat("大花猫");      //实例化一个猫类
        smallcat.action();                     //输出猫的本领
    }
}
```

程序运行结果如图 8-3 所示。

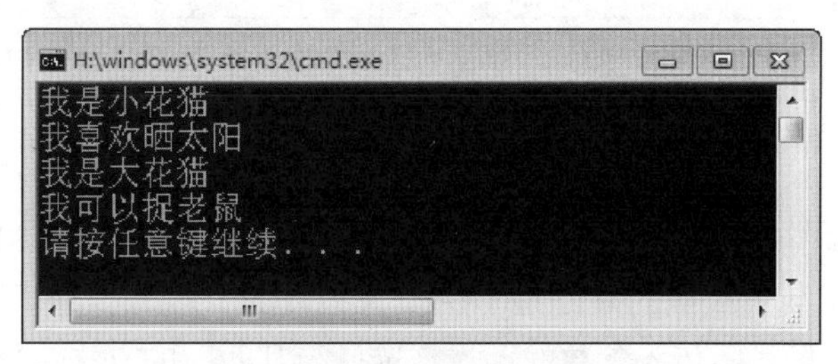

图 8-3　实例方法

8.2.2　静态方法和非静态方法

若类的方法前加了 static 修饰符，则该方法称为静态方法；如果类的方法前没有 static 这个修饰符，则为非静态方法，非静态方法也称实例方法。它们之间的区别有以下几点：

微视频
静态方法和非静态方法

（1）静态方法是类中的一个成员方法，属于整个类，即不用创建任何对象也可以直接调用，而非静态方法则只能通过类的实例才能调用。

（2）非静态方法可以访问类中的任何成员，静态方法只能访问类中的静态成员。

（3）静态方法中不能使用 this 关键字。

【实例8-5】使用静态方法和非静态方法实现加法运算。

实例描述：创建一个控制台应用程序，定义一个非静态方法（实例方法）和一个静态方法分别实现两个整型数相加的运算。

实例分析：将整型数相加的非静态方法和静态方法直接作为 class Program 的方法来声明，即定义在 Program 类中。

实例实现：实现代码如下，Add1(int x, int y) 为实现整型数相加的静态方法，Add2(int x, int y) 为实现整型数相加的非静态方法。应用非静态方法需要先创建类的实例，即 Main() 方法中的 Program n = new Program();，详细源代码参考项目 Example8_5。

```
class Program
{
    public static int Add1(int x, int y)          //定义一个静态方法实现整型数相加
    {
        return x + y;
    }
    public int Add2(int x, int y)                 //定义一个非静态方法实现整型数相加
    {
        return x + y;
    }
    static void Main(string[] args)
    {
        //通过静态方法输出两个数相加的结果
        Console.WriteLine("静态方法: {0}+{1}={2}", 23, 34, Add1(23, 34));
        Program n = new Program();                //实例化类的对象
        //通过实例方法输出两个数相加的结果
        Console.WriteLine("实例方法: {0}+{1}={2}", 23, 34, n.Add2(23, 34));
    }
}
```

程序运行结果如图 8-4 所示。

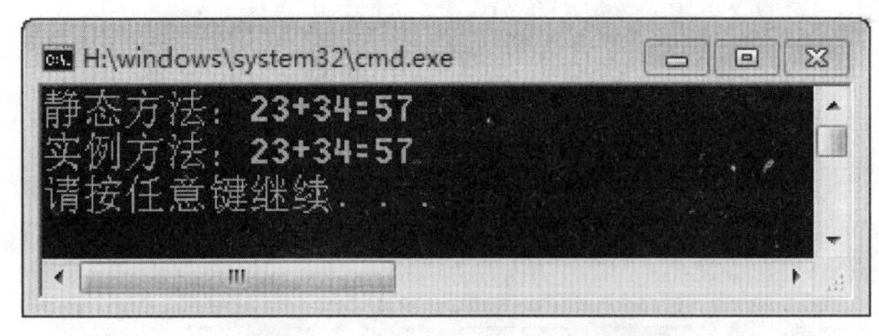

图 8-4　静态方法与实例方法

8.2.3　方法的重载

微视频
方法重载

在同一个类中定义多个方法名相同、参数列表（参数类型，参数个数）不同的方法，这样的形式称为方法重载。重载的好处是不用因为参数的个数和类型不同而去定义不同的函数名。调用时编译器会根据实际传入参数的形式，选择与其匹配的方法执行。

【实例8-6】重载实现整型数相加和字符串连接。

实例描述：创建一个控制台应用程序，定义重载方法分别实现两个整型数相加和两个字符串连接的效果。

实例分析：对于相同功能的操作，只是由于参数不同导致方法在处理时不同，这个时候使用重载是最合适的。在该实例中，数字相加和字符串“相加”的操作是不一样的，需要不同的处理方式。

实例实现：实现代码如下，相关源代码参考项目 Example8_6。

```
class Program
{
    public int Add(int x, int y)                  //定义一个非静态方法实现整型数相加
    {
        return x + y;
    }
    public string Add(string a, string b)         //定义一个非静态方法实现字符串连接
    {
        return a + b;
    }
    static void Main(string[] args)
```

```
    {
        //实例化类的对象
        Program n = new Program();
        Program str = new Program();
        //输出两个数相加的结果
        Console.WriteLine("{0}+{1}={2}", 23, 34, n.Add(23, 34));
        //输出两个字符串的连接结果
        Console.WriteLine("{0}+{1}={2}", "wel", "come", str.Add("wel", "come"));
    }
}
```

程序运行结果如图 8-5 所示。

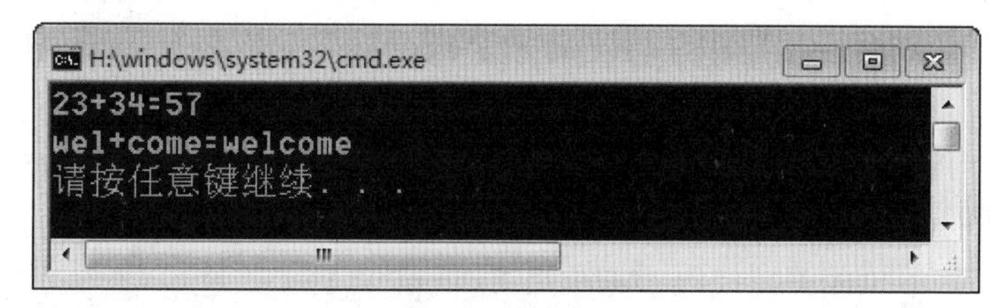

图 8-5　重载方法

8.3 字　段

类中定义的变量和常量称为字段。按照不同的划分方式可分为静态字段、实例字段、常量字段和只读字段。

微视频
字段

【实例8-7】字段的使用。

实例描述：创建一个控制台应用程序，定义一个字段，在构造函数中为其赋值并将其输出。

实例分析：为 Program 类定义一个 string 字段，承载国籍信息。

实例实现：实现代码如下，相关源代码参考项目 Example8_7。

```
class Program
{
    string sentence;                                //定义字段
    public Program(string strsentence)              //定义构造函数
    {
        sentence = strsentence;                     //为字段赋初值
        Console.WriteLine(sentence);                //输出字段
    }
    static void Main(string[] args)
    {
        //实例化类的实例
        Program english = new Program("英国人说：“我是英国人！”\");
        Program chinese = new Program("中国人说：“我是中国人！”");
    }
}
```

程序运行结果如图 8-6 所示。

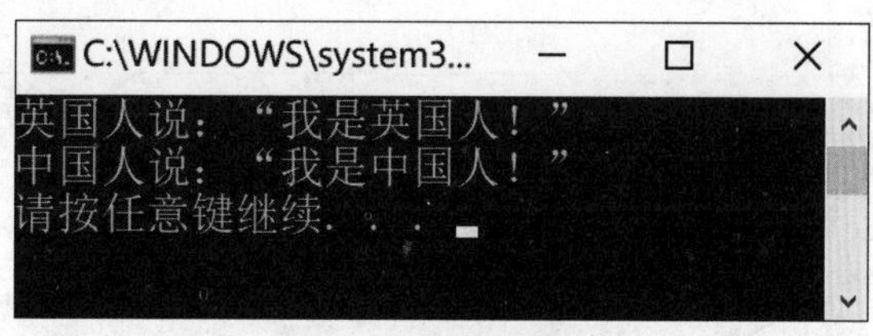

图 8-6　字段的使用

8.4 属　　性

微视频
属性

属性定义了获取和修改指定字段的方法，通过 get() 和 set() 方法来操作对应的字段。属性分为常规属性和自动属性两类。value 关键字用于定义由 set() 取值函数分配的值。属性与字段的区别有以下几点：

（1）属性是逻辑字段，是字段的扩展，并不占用实际的内存；而字段占用内存空间。

（2）属性可以被其他类访问；而非 public 的字段不能被直接访问。

（3）属性可以对接受的数据在范围上做限定；而字段不能。

【实例8-8】属性的使用。

实例描述：创建一个控制台应用程序，自定义一个 People 类，该类有 name 和 age 字段，为字段提供相关属性。

实例分析：定义一个 People 类，在类中定义 Name 属性为自动属性。定义 Age 为常规属性，设置访问级别为 public，在该属性的 set 访问器中对属性的值进行判断。

实例实现：实现代码如下，相关源代码参考项目 Example8_8。

```
class People
{
    private string name;                        //定义name字段
    public string Name { get; set; }            //定义Name自动属性
    private int age;                            //定义age字段
    public int Age                              //定义Age属性
    {
        get                                     //设置get访问器
        {
            return age;
        }
        set                                     //设置get访问器
        {
            if (value > 0 && value < 130)   //如果数据合理将值赋给字段
            {
                age = value;
            }
            else
            {
                Console.WriteLine("输入数据不合理！");        //否则输出数据不合理
            }
        }
    }
    static void Main(string[] args)
    {
        People p = new People();
        Console.WriteLine("请输入姓名：");
        p.Name = Console.ReadLine();
        Console.WriteLine("请输入年龄：");
        p.Age = Convert.ToInt16(Console.ReadLine());
    }
}
```

程序运行结果如图 8-7 所示。

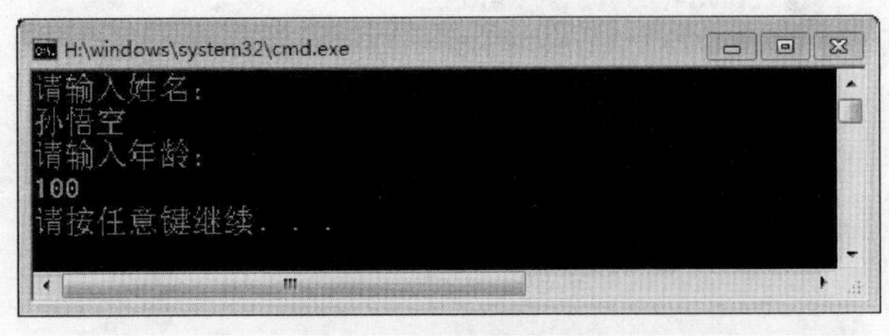

图 8-7　属性的使用

8.5 索 引 器

索引器（Indexer）是C#引入的一个新型的类成员，它使得类中的对象可以像数组一样方便、直观地被引用。索引器非常类似于属性，也使用get()和set()方法，但索引器可以有参数列表，且只能作用在实例对象上，而不能在类上直接作用。定义了索引器的类可以像访问数组一样使用[ ]运算符访问类的成员。

【实例8-9】索引器的使用。

实例描述：创建一个控制台应用程序，自定义一个People类。该类有name和password字段，为字段提供索引器。

实例实现：实现代码如下，相关源代码参考项目Example8_9。

```
class People
{
    private string name;                          //定义name字段
    private string password;                      //定义password字段
    //定义索引器，name 字段的索引值为 0 ，password 字段的索引值为 1
    public string this[int index]
    {
        get
        {
            if (index == 0) return name;
            else if (index == 1) return password;
            else return null;
        }
        set
        {
            if (index == 0) name = value;
            else if (index == 1) password = value;
        }
    }
    static void Main(string[] args)
    {
        People p = new People();
        Console.WriteLine("请输入姓名：");
        p[0] = Console.ReadLine();
        Console.WriteLine("请输入密码：");
        p[1] = Console.ReadLine();
    }
}
```

程序运行结果如图8-8所示。

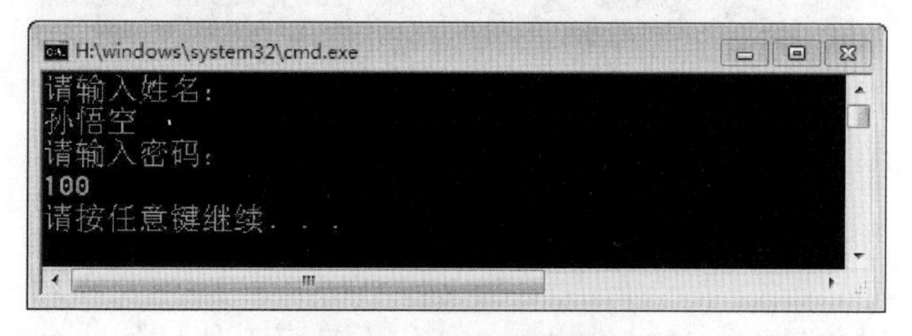

图8-8 索引器的使用

8.6 类的面向对象特性

8.6.1 类的封装

封装就是把客观事物封装成抽象的类，并且可以把数据和方法只让可信的类或者对象操作，对不可信

的进行信息隐藏。简单地说，一个类就是一个封装了数据及操作这些数据的代码的逻辑实体。在一个对象内部，某些方法或某些数据可以是私有的，不能被外界访问。通过这种方式，对象对内部数据提供不同级别的保护，以防止程序中无关的部分意外地改变或错误地使用对象的私有部分。

【实例8-10】封装Computer类。

实例描述：创建一个控制台应用程序，定义一个 Computer 类，在该类中定义一个 Open() 方法用于控制计算机的启动，在 Program 主程序类中实例化该类的实例。然后调用 Open() 方法控制计算机的启动。

实例实现：实现代码如下，相关源代码参考项目 Example8_10。

```
class Computer
{
    private  bool  isRunnnig;                          //标记运行状态
    public  bool  IsRunning { get; set; }
    public void Open()
    {
        isRunnnig = true;
    }
    public void Close()
    {
        isRunnnig = false;
    }
}
class Program
{
    static void Main(string[] args)
    {
        Computer computer = new Computer();        //实例化类Computer的实例
        computer.Open();                           //对计算机的启动进行控制
        if (computer.IsRunning)
        {
            Console.WriteLine("电脑已启动！");
        }
    }
}
```

运行结果如图 8-9 所示。

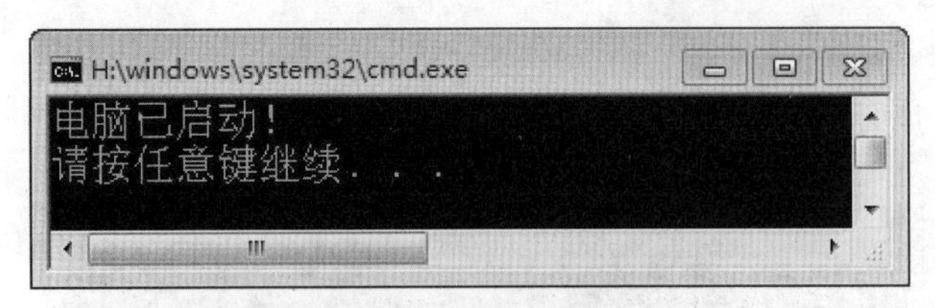

图 8-9　封装的使用

8.6.2　类的继承

继承是面向对象最重要的特性之一。任何类都可以从另外一个类继承，这个类拥有它继承类的所有成员。在面向对象编程中，被继承的类称为父类或基类，继承的类称为子类或派生类。

C# 中提供了类的继承机制，但只支持单继承，而不支持多继承，即一个派生类只能有一个基类。继承的语法格式是：

```
[修饰符] class 类名:父类名
{
     [类体]
}
```

在子类中通过 base 关键字访问父类中的成员。

【实例8-11】定义Student类继承Person类。

实例描述：创建一个控制台应用程序，其中自定义了一个 Person 类；然后自定义 Student 类，继承自 Person 类，分别在这些类中定义属性和方法，用于输出 Person 和 Student 的信息。

实例分析：Student 类将继承 Person 类的方法和属性等成员，另外为 Student 类声明一个 SayHello() 信息显示方法。

实例实现：实现代码如下，相关源代码参考项目 Example8_11。

```
public class Person
{
    string name;
    int age;
    public  string  Name
    {
        get
        {
            return  name;
        }
        set
        {
            name = value;
        }
    }
    public int Age
    {
        get
        {
            return  age;
        }
        set
        {
            age = value;
        }
    }
    public void Show()
    {
        Console.WriteLine("我是"+name+",别害怕");
    }
}
//派生类
public class Student : Person
{
    public void SayHello()
    {
        Console.WriteLine("我是学生" + base.Name + ",别害怕");
    }
}
class Program
{
    public static void Main(String[] args)
    {
        Person p = new Person();
        p.Name = "张三";
        p.Age = 38;
        p.Show();
        Student s = new Student();
```

```
        s.Name = "李四";
        s.Age = 16;
        s.Show();          //调用继承的方法
        s.SayHello();
    }
}
```

程序运行结果如图 8-10 所示。

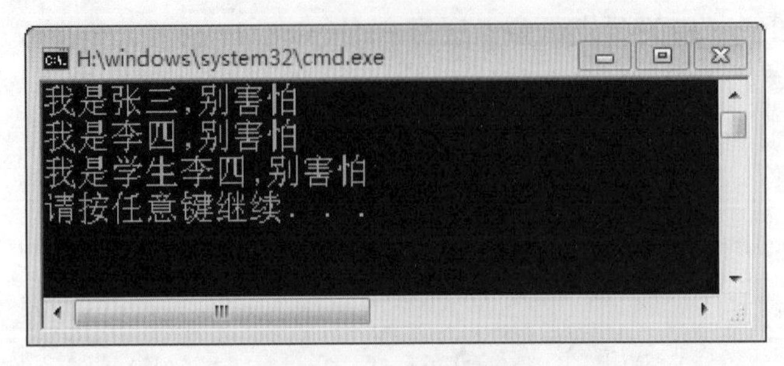

图 8-10 继承的使用

8.6.3 类的多态

多态是同一个行为具有多个不同表现形式或形态的能力。多态性可以是静态的或动态的。在静态多态性中，函数的响应是在编译时发生的。在动态多态性中，函数的响应是在运行时发生的。C# 提供了两种技术来实现静态多态性，分别为函数重载和运算符重载。

动态多态性是通过虚方法、抽象类、接口来实现的。在父类中使用 virtual 关键字修饰的方法就是虚方法，在子类中可以使用 override 关键字对该虚方法进行重写。

【实例8-12】具有多态性的交通工具类。

实例描述：创建一个控制台应用程序，其中定义了一个 Vehicle 类；然后定义 Train 类和 Car 类，这些类都继承自 Vehicle 类，输出个交通工具的不同形态。

实例分析：在 Vehicle 类中定义虚方法，在其子类 Train 类和 Car 类中重写该方法，以实现多态。

实例实现：实现代码如下，相关源代码参考项目 Example8_12。

```
class Vehicle
{
    string name;                               //定义字段
    public string Name                         //定义属性为字段赋值
    {
        get { return name; }
        set { name = value; }
    }
    public virtual void Move()                 //定义方法输出交通工具的形态
    {
        Console.WriteLine("{0}都可以移动", this.Name);
    }
}
class Train : Vehicle
{
    public override void Move()                //重写方法输出交通工具形态
    {
        Console.WriteLine("{0}在铁轨上行驶", this.Name);
    }
}
class Car : Vehicle
{
    public override void Move()                //重写方法输出交通工具形态
```

```
        {
            Console.WriteLine("{0}在公路上行驶", this.Name);
        }
    }
    class Program
    {
        static void Main(string[] args)
        {
            Vehicle vehicle = new Vehicle();          //实例化Vehicle类的实例
            Train train = new Train();                //实例化Train类的实例
            Car car = new Car();                      //实例化Car类的实例
            vehicle.Name = "交通工具";                 //设置交通工具的名字
            train.Name = "火车";                       //设置交通工具的名字
            car.Name = "汽车";                         //设置交通工具的名字
            vehicle.Move();                           //输出交通工具的形态
            train.Move();                             //输出交通工具的形态
            car.Move();                               //输出交通工具的形态
        }
    }
```

程序运行结果如图 8-11 所示。

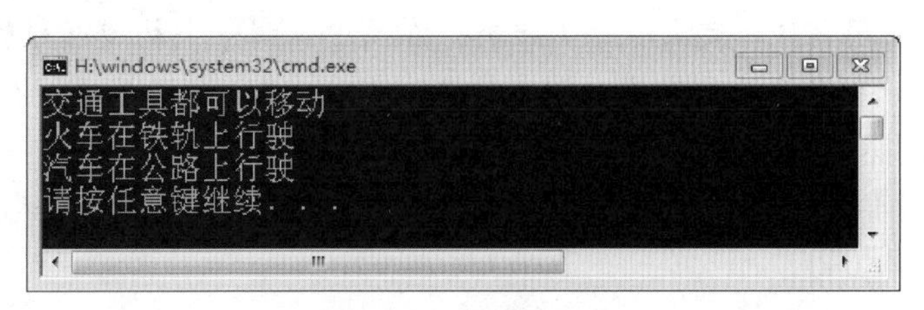

图 8-11　多态的使用

习题与拓展训练

一、选择题

1. C# 语言的核心是面向对象编程（OOP），所有 OOP 语言都应至少具有（　　）3 个特性。
   A. 封装、继承和多态　　B. 类、对象和方法
   C. 封装、继承和派生　　D. 封装、继承和接口
2. 构造函数是在（　　）时被执行的。
   A. 程序编译　　B. 创建对象
   C. 创建类　　D. 程序装入内存
3. C# 实现了完全意义上的面向对象，所以它没有（　　），任何数据域和方法都必须封装在类体中。
   A. 全局变量　　B. 全局常数
   C. 全局方法　　D. 全局变量、全局常数和全局方法
4. 方法中的值参数是（　　）的参数。
   A. 按值传递　　B. 按引用传递
   C. 按地址传递　　D. 不传递任何值
5. 下面对方法中的 ref 和 out 参数说明错误的是（　　）。
   A. ref 和 out 参数传递方法相同，都是把实在参数的内存地址传递给方法，实参与形参指向同一个内存存储区域，但 ref 要求实参必须在调用之前明确赋过值
   B. ref 是将实参传入形参，out 只能用于从方法中传出值，而不能从方法调用处接受实参数据

C. ref 和 out 参数因为传递的是实参的地址，所以要求实参和形参的数据类型必须一致

D. ref 和 out 参数要求实参和形参的数据类型或者一致，或者实参能被隐式地转化为形参的类型

6. 假设 class Mclass 类的一个方法的签名为：public void Max(out int max, params int[]a)，ml 是 Mclass 类的一个对象，maxval 是一个 int 型的值类型变量，arrayA 是一个 int 型的数组对象，则下列调用该方法的语句中有错的是（　　）。

A. ml.Max(out maxval)；　　B. ml.Max(out maxval,4,5,3)；

C. ml.Max(out maxval, ref arrayA)；　　D. ml.Max(out maxval,3, 3.5)；

二、简答题

1. 举一个现实世界中继承的例子，并用类的层次图表示出来。
2. 简述面向对象的三大特性。
3. 简述构造函数和析构函数的功能。
4. 通常方法分为哪两种类型？分别简述其特点。
5. 普通属性与索引器的区别是什么？
6. 怎样理解面向对象的多态性？

三、拓展训练

1. 创建一个控制台应用程序，定义一个 Car 类，在类中声明一个构造函数输出品牌汽车的信息，在析构函数中输出字符串提示信息已处理完毕。创建该类的两个对象，输出汽车的信息。

2. 定义一个类 CollClass，在该类在中声明一个用于操作字符串数组的索引器；然后在 Main() 方法中创建 CollClass 类的对象，并通过索引器为数组中的元素赋值；最后使 for 语句并通过索引器取出数组中所有元素的值。

3. 创建一个控制台应用程序，其中自定义了一个 Fruit（水果）类；然后自定义 Apple 类、Grape 类、Strawberry 类和 Pear 类，这些类都继承自 Fruit 类，分别在这些类中定义属性和方法，用于输出水果的信息。

第 9 章 面向对象高级技术

看山是山，看水是水；看山不是山，看水不是水；看山仍然山，看水仍然是水。　　——青原惟信

在第 8 章中介绍了面向对象有 3 个主要特性：封装、继承和多态。除此之外，C# 语言还支持其他面向对象技术，包括抽象类、接口、密封类、迭代器、分部类和泛型等。

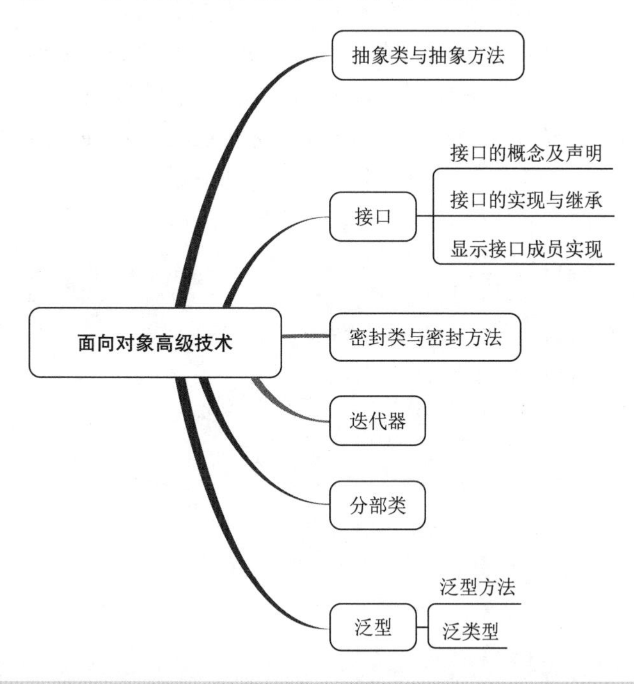

学习目标

（1）理解抽象类和接口的概念，掌握抽象类和接口技术的使用。

（2）掌握密封类的使用。

（3）掌握迭代器的使用方法。

（4）掌握分部类的使用方法。

（5）掌握泛型的使用方法。

9.1　抽象类与抽象方法

虚方法还是有方法体的，当父类中的这个方法完全无法确定方法体的时候，就可以使用另外一种形式来表现，这种形式称为抽象方法。抽象方法的返回值类型前用关键字 abstract 修饰，且无方法体，抽象方法必须存在于抽象类中。

微视频
抽象类与抽象方法

抽象类主要用来提供多个派生类可以共享的基类的公共定义，它与非抽象类的主要区别：抽象类不能直接实例化；抽象类不能是密封类；抽象类中可以包含抽象成员，但是非抽象类中

不可以。

声明抽象类的格式如下：

```
[访问修饰符] abstract class 类名称 : [基类或者接口]
{
    [成员修饰符] 类的成员变量或者成员函数
}
```

抽象方法就是在声明方法的时候加上 abstract 关键字，声明抽象方法的时候需要注意：抽象方法必须声明在抽象类中。声明抽象方法时，不能使用 virtual、static 和 private 修饰符。当从抽象类派生一个非抽象类的时候，需要在非抽象类中重写抽象方法，以提供具体的实现。重写抽象方法时需要使用 override 关键字。

【实例9-1】抽象类Employee和具体类MREmployee。

实例描述：某公司有不同类型的员工，员工都有姓名和编号。每种类型的员工都需要工作，但是工作内容不同。设计程序实现员工根据类型不同完成不同的工作。

实例分析：创建一个控制台应用程序，其中声明一个抽象类 Employee，该抽象类中声明了两个属性和一个方法，方法为抽象方法。然后声明一个派生类 HREmployee 和 TecEmployee，该类继承自 Employee，在 HREmployee 和 TecEmployee 派生类中重写 Employee 抽象类中的抽象方法，并提供具体的实现。最后在主程序类 Program 的 Main() 方法中实例化 HREmployee 和 TecEmployee 派生类的对象，使用该对象实例化抽象类，并使用抽象类对象访问抽象类中的派生类中重写的方法。

实例实现：具体实现的代码如下，相关源代码参考项目 Example9_1。

```
public abstract class Employee
{
    private string strCode = "";
    private string strName = "";
    public string Code              //编号属性及实现
    {
        get
        {
            return strCode;
        }
        set
        {
            strCode = value;
        }
    }
    public string Name              //姓名属性及实现
    {
        get
        {
            return strName;
        }
        set
        {
            strName = value;
        }
    }
    public abstract void Work();    //抽象方法，用来输出信息
}
public class HREmployee : Employee  //继承抽象类
{
    public override void Work()     //重写抽象类中输出信息的方法
    {
```

```
        Console.WriteLine("工号: " + Code + ", 姓名: " + Name+", 工作内容是招聘员工。");
    }
}
public class TecEmployee : Employee          //继承抽象类
{
    public override void Work()              //重写抽象类中输出信息的方法
    {
        Console.WriteLine("工号: " + Code + ", 姓名: " + Name + ", 工作内容是研发产品。");
    }
}
class Program
{
    static void Main(string[] args)
    {
        Employee emp = null;                 //声明抽象类的引用
        emp = new HREmployee();              //实例化派生类HREmployee
        emp.Code = "HR1000";                 //使用抽象类对象访问抽象类中的编号属性
        emp.Name = "张三";                   //使用抽象类对象访问抽象类中的姓名属性
        emp.Work();                          //使用抽象类对象调用派生类中的方法
        emp = new TecEmployee();             //实例化派生类TecEmployee
        emp.Code = "Tec1000";                //使用抽象类对象访问抽象类中的编号属性
        emp.Name = "李四";                   //使用抽象类对象访问抽象类中的姓名属性
        emp.Work();                          //使用抽象类对象调用派生类中的方法
    }
}
```

程序运行结果如图 9-1 所示。

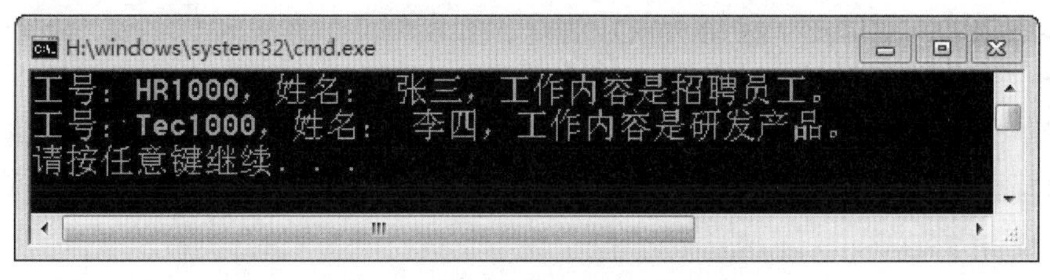

图 9-1　抽象方法和抽象类的使用

9.2　接　口

当抽象类中所有的方法都是抽象方法的时候，可以把这个抽象类用另外一种形式来表现，这种形式称为接口。接口使用 interface 关键字定义，不使用 class 关键字。

微视频
接口声明

9.2.1　接口的概念及声明

接口提出了一种契约，让使用接口的程序设计人员必须严格遵守接口提出的约定。强制性地要求实现子类，必须实现接口约定的规范，从而保证子类必须拥有某些特性。接口有以下几个特点：

（1）接口类似于抽象类：继承接口的任何非抽象类型必须实现接口中的所有成员。

（2）不能够直接实例化接口。

（3）类、接口可以从多个接口继承。

声明接口的格式如下：

```
[访问修饰符] interface 接口名称: [继承的接口列表]
{
   [接口内容]
}
```

【实例9-2】声明接口IStudent。

实例描述：创建控制台应用程序，定义一个描述学生信息的接口 IStudent，在该接口中声明 StudentCode 和 StudentName 两个属性，分别用来存储学生编号和学生名称。另外，还声明了一个用于输出学生信息的 ShowInfoOfStudent() 方法。

实例实现：实现代码如下，相关源代码参考项目 Example9_2。

```
interface IStudent
{
    string StudentCode                   //编号（可读可写）
    {
        get;
        set;
    }
    string StudentName                   //姓名（可读可写）
    {
        get;
        set;
    }
    void ShowInfoOfStudent();            //显示定义的编号和姓名
}
```

9.2.2 接口的实现与继承

接口的实现通过继承来实现，一个类虽然只能够继承一个基类，但是可以继承多个接口。声明实现接口的类时，需要在继承的列表中包含类所实现接口的名称。

【实例9-3】实现实例9-2中的接口IStudent。

实例描述：创建一个控制台应用程序，在实例 9-2 的基础上实现，Student 类继承自接口 IStudent，并实现了该接口中的所有属性和方法，然后在 Main() 方法中实例化 Student 类的一个对象，并使用该对象实例化 IStudent 接口，最后通过实例化的接口对象访问派生类中的属性和方法。

实例实现：接口 IStudent 的代码参考实例 9-2，其他实现代码如下，相关源代码参考项目 Example9_3。

```
class Student : IStudent  //继承接口
{
    string strCode = "";
    string strName = "";
    // 编号
    public string StudentCode
    {
        get
        {
            return strCode;
        }
        set
        {
            strCode = value;
        }
    }
    // 姓名
    public string StudentName
    {
        get
        {
            return strName;
        }
        set
        {
```

```
                strName = value;
            }
        }
        //实现接口中定义的方法
        public void ShowInfoOfStudent()
        {
            Console.WriteLine("编号\t 姓名");
            Console.WriteLine(StudentCode + "\t " + StudentName);
        }
    }
    class Program
    {
        static void Main(string[] args)
        {
            IStudent iStu = new Student();        //声明接口，引用到Student对象
            iStu.StudentCode = "S1000";           //为派生类中的Code属性赋值
            iStu.StudentName = "孙悟空";           //为派生类中的Name属性赋值
            iStu.ShowInfoOfStudent();             //调用派生类中方法显示定义的属性值
        }
    }
```

程序运行结果如图 9-2 所示。

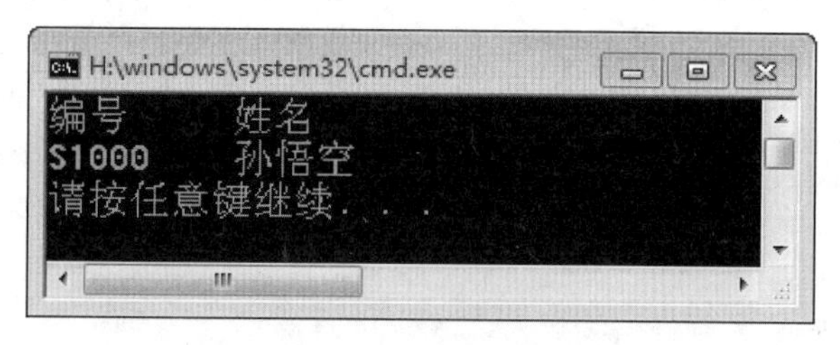

图 9-2　接口的使用

9.2.3　显式接口成员实现

如果类实现两个接口，并且这两个接口包含具有相同签名的成员，那么在类中实现该成员，将会导致两个接口都使用该成员作为它们的实现。然而，如果两个接口成员实现不同的功能。那么可能会导致其中一个接口的实现不正确或者两个接口的实现都不正确。这时可以显式地实现接口成员，即创建一个仅仅通过该接口调用并且特定于该接口的类成员。显式接口成员实现是使用接口名称和一个句点命名该类成员来实现的。

【实例9-4】显示实现接口ICalculate1和ICalculate2。

实例描述：创建一个控制台应用程序，其中声明了两个接口 ICalculate1 和 ICalculate2，在这两个接口中声明了一个同名方法 Add()，然后定义一个类 Compute，该类派生于已经声明的两个接口，在 Compute 类中实现接口中的方法时，由于 ICalculate1 和 ICalculate2 接口中声明的方法名相同，这里使用了显式接口成员实现，最后在主程序类 Program 的 Main() 方法中使用接口对象调用接口中定义的方法。

实例实现：实现代码如下，相关源代码参考项目 Example9_4。

```
interface ICalculate1
{
    int Add();                                //求和方法，加法运算的和
}
interface ICalculate2
{
    int Add();                                //求和方法，加法运算的和
}
class Compute : ICalculate1, ICalculate2      //继承接口
```

```
{
    // 实现求和方法
    int ICalculate1.Add()                          //显式接口成员实现
    {
        int x = 10;
        int y = 40;
        return x + y;
    }
    // 实现求和方法
    int ICalculate2.Add()                          //显式接口成员实现
    {
        int x = 10;
        int y = 40;
        int z = 50;
        return x + y + z;
    }
}
class Program
{
    static void Main(string[] args)
    {
        Compute compute = new Compute();    //实例化接口继承类的对象
        ICalculate1 Cal1 = compute;         //使用接口继承类的对象实例化接口
        Console.WriteLine(Cal1.Add());      //使用接口对象调用接口中的方法
        ICalculate2 Cal2 = compute;         //使用接口继承类的对象实例化接口
        Console.WriteLine(Cal2.Add());      //使用接口对象调用接口中的方法
    }
}
```

程序运行结果如图 9-3 所示。

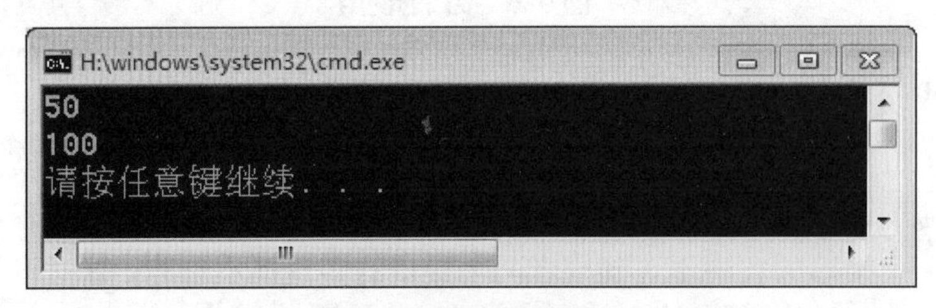

图 9-3　显式接口的使用

9.3　密封类与密封方法

密封类可以用来限制扩展性，如果密封了某个类，则其他类不可以从该类继承；如果密封了某个成员，则派生类不能重写该成员的实现。默认情况下，不应密封类型和成员。密封可以防止对库的类型和成员进行自定义，但也会影响开发人员对可用性的认识。

微视频
密封类与
密封方法

9.3.1　密封类

如果不希望编写的类被继承，或者有的类已经没有再被继承的必要，可以使用 sealed 修饰符在类中进行声明，以达到该类不能派生其他类的目的，该类就被称为密封类。C# 中声明密封类时需要使用 sealed 关键字。

【实例9-5】声明密封类SealedClass。

实例描述：声明密封类 SealedClass，该类包含字段 i 和方法 methhod。

实例实现：实现代码如下，相关源代码参考项目 Example9_5。

```
public sealed class SealedClass    //声明密封类
{
    public int i=0;
    public void method()
    {
        Console.WriteLine("我是密封类！");
    }
}
```

程序运行结果如图 9-4 所示。

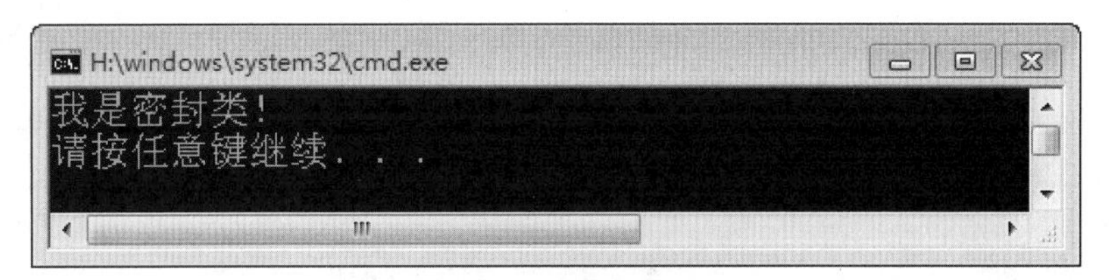

图 9-4　密封类的使用

9.3.2　密封方法

密封方法只能用于对基类的虚方法进行实现，并提供具体的实现。所以，声明密封方法时，sealed 修饰符总是和 override 修饰符同时使用。

【实例9-6】虚方法ShowInfoOfPeople()。

实例描述：创建一个控制台应用程序，其中声明一个类 People，该类中声明了一个虚方法 ShowInfoOfPeople()，用来显示信息。然后声明一个密封类 Student，继承自 People 类，在 Student 密封类中声明两个公共属性，分别用来表示学生编号和名称，然后密封并重写 Student 基类中的虚方法 ShowInfoOfPeople()，并提供具体的实现。最后在主程序类 Program 的 Main() 方法中实例化 Student 密封类的一个对象，然后使用该对象访问 Student 密封类中的公共属性和密封方法。

实例实现：实现代码如下，相关源代码参考项目 Example9_6。

```
public class People
{
    public virtual void ShowInfoOfPeople()          //虚方法，用来显示信息
    {
    }
}
//声明密封类
public sealed class Student : People               //密封类，继承自People
{
    private string strCode = "";                   //string类型变量，用来记录编号
    private string strName = "";                   //string类型变量，用来记录名称
    public string Code                             //编号属性
    {
        get
        {
            return strCode;
        }
        set
        {
            strCode = value;
        }
    }
    public string Name                             //名称属性
    {
        get
```

```
            {
                return strName;
            }
            set
            {
                strName = value;
            }
        }
        //密封并重写基类中的ShowInfoOfPeople()方法
        public sealed override void ShowInfoOfPeople()
        {
            Console.WriteLine("这个学生的信息：\n" + Code + " " + Name);
        }
    }
    class Program
    {
        static void Main(string[] args)
        {
            Student stu = new Student();          //实例化密封类对象
            stu.Code = "S1000";                   //为密封类中的编号属性赋值
            stu.Name = "孙悟空";                   //为密封类中的名称属性赋值
            stu.ShowInfoOfPeople();               //调用密封类中的密封方法
        }
    }
```

程序运行结果如图 9-5 所示。

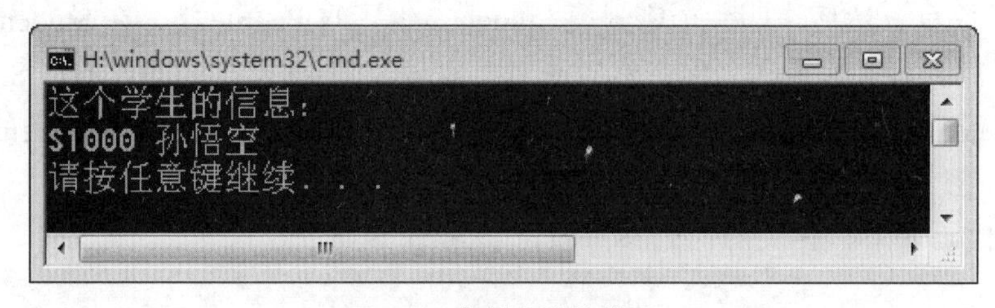

图 9-5　密封方法的使用

9.4　迭　代　器

在 C# 中，如果一个类要能够使用 foreach 结构实现迭代，就必须实现 IEnumerable 或 IEnumerator 接口。实现 IEnumerator 接口的类称为枚举器，包含 Current、MoveNext 及 Reset 函数成员。可枚举类是指实现了 IEnumerable 接口的类，它只有一个成员 GetEnmuerator() 方法，返回对象的枚举器。从 C#2.0 开始提供了更简单的创建枚举器和可枚举类型的方式，这种结构称为迭代器。迭代器代码使用 yield return 语句依次返回每个元素，yield break 将中止迭代。到达 yield return 语句时，会保存当前迭代的位置，下次调用迭代器时将从此位置开始执行。

【实例9-7】使用默认迭代器。

实例描述：创建一个控制台程序，定义一个名为 Banks 的类，其继承 IEnumerable 接口，该接口公开枚举数，该枚举数支持在非泛型集合上进行简单迭代。然后对 IEnumerator 接口实现 GetEnumerator() 方法创建迭代器。最后使用 foreach 语句遍历 Banks 类的实例中的元素并输出。

实例实现：实现代码如下，相关源代码参考项目 Example9_7。

```
public class Banks : IEnumerable               //定义Banks类，继承IEnumerable接口
{
    string[] strArray = { "中国银行", "工商银行", "农业银行", "建设银行" };
```

```
    public IEnumerator GetEnumerator()      //实现接口中的方法
    {
        for (int i = 0; i < strArray.Length; i++)
        {
            yield return strArray[i];
        }
    }
}
class Probram
{
    public static void Main(string[] args)
    {
        Banks banks = new Banks();
        foreach (string str in banks)
        {
            Console.WriteLine(str);
        }
    }
}
```

程序运行结果如图 9-6 所示。

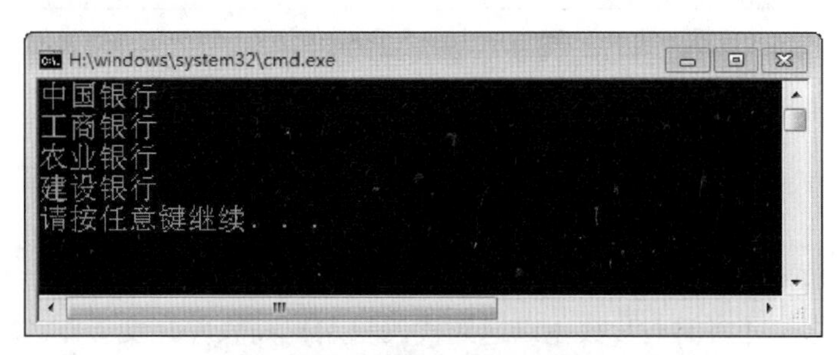

图 9-6　迭代方法的使用

9.5 分 部 类

分部类就是类拆分到两个或多个文件中，而编译时会将所有分部编译在一起。声明分部类使用关键字 partical，分部类之间可访问性、抽象、静态、都必须是相同。各个分部类之间可以相互调用其参数、方法等，各个分部类继承的接口和基类都是共同继承的。

微视频
分部类

【实例9-8】声明分部类CarProperty。

实例描述：创建控制台程序，在不同的文件中定义分部类 CarProperty，定义一个方法 Move()，在方法内部有个分部方法声明 Accelearte。再定义分部类 CarProperty，实现 Accelerate() 方法。在 Main() 方法中实例化 CarProperty 对象，调用 Move() 方法。

实例实现：实现代码如下，相关源代码参考项目 Example9_8。

```
partial class CarProperty
{
    public bool Move(int s)
    {
        Accelerate(s);
        return true;
    }
    partial void Accelerate(int s);
}
partial class CarProperty
{
```

```
    partial void Accelerate(int s)
    {
        Console.WriteLine(s.ToString() + "公里每小时已加速！");
    }
}
class Program
{
    static void Main(string[] args)
    {
        CarProperty cp = new CarProperty();
        cp.Move(5);
    }
}
```

程序运行结果如图 9-7 所示。

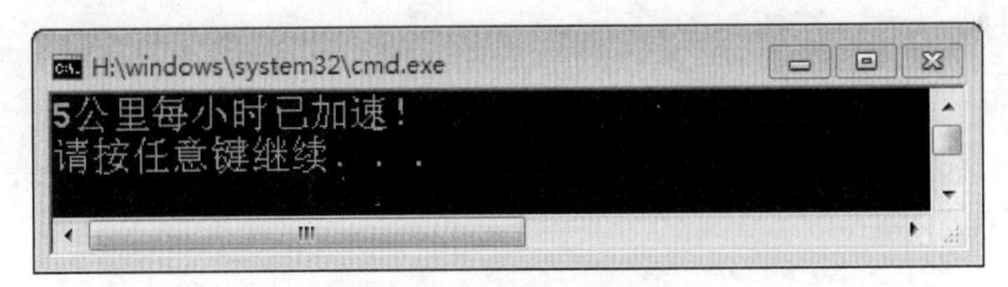

图 9-7　分部类的使用

9.6　泛　　型

泛型是允许程序员在强类型程序设计语言中编写代码时定义一些可变部分，那些部分在使用前必须具体化，是将类型参数化以达到代码复用提高软件开发工作效率的一种数据类型。

9.6.1　泛型方法

在 C# 语言中泛型方法是指通过泛型来约束方法中的参数类型，也可以理解为对数据类型设置了参数。定义泛型方法需要在方法名和参数列表之间加上 <>，并在其中使用 T 来代表参数类型。

【实例9-9】泛型方法Swap()。

实例描述：创建一个控制台应用程序，通过定义一个泛型方法 Swap()，实现对任务类型的参数交换内容。

实例实现：实现代码如下，相关源代码参考项目 Example9_9。

```
class Program
{
    //这是一个泛型方法，可以在普通类中
    public static void Swap<T>(ref T t1, ref T t2)
    {
        T temp = t1;
        t1 = t2;
        t2 = temp;
    }
    public static void Main(string[] args)
    {
        int a = 1;
        int b = 2;
        //调用泛型方法。也可以省略类型参数，编译器将推断出该参数
        Swap<int>(ref a, ref b);
        Console.WriteLine("整型数字交换后:" + a + " " + b);
        string s1 = "hello";
```

```
            string s2 = "world";
            //调用泛型方法。也可以省略类型参数，编译器将推断出该参数
            Swap(ref s1, ref s2);
            Console.WriteLine("字符串交换后:" + s1 + " " + s2);
        }
    }
```

程序运行结果如图 9-8 所示。

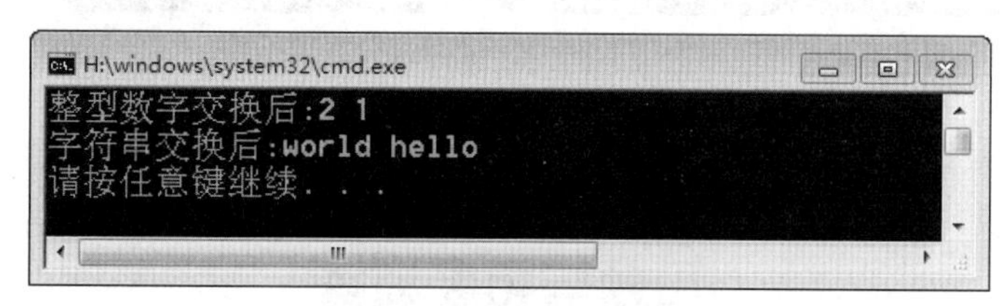

图 9-8　泛型方法的使用

9.6.2　泛型类

泛型类是指类中某些字段的类型是不确定的，这些类型可以在构造的时候再确定下来。

【实例9-10】泛型类SumClass。

实例描述：创建一个控制台应用程序，通过定义一个泛型类 SumClass，SumClass 有两个字段 a 和 b，再定义构造函数完成对字段 a 和 b 的初始化。在类中定义方法 GetSum()，实现对传入参数数据的求和。

实例分析：由于传入的参数是不确定的类型，无法完成相加的运算。因此需要把参数先转换成 dynamic 类型，再进行运算。

实例实现：实现代码如下，相关源代码参考项目 Example9_10。

```
class SumClass<T>                          //T为未知的类型，可能是int，也可能是double
{
    private T a;
    private T b;
    public SumClass(T a, T b)              //构造函数
    {
        this.a = a;
        this.b = b;
    }
    public T GetSum()
    {
        //因为下面用到了求和运算，所以先把参数转换为可变类型
        dynamic v1 = a;
        dynamic v2 = b;
        return (T)(v1 + v2);
    }
}
class Program
{
    static void Main(string[] args)
    {
        //当利用泛型类构造时，需要指定泛型的类型
        SumClass<int> sc1 = new SumClass<int>(12, 34);
        int sum1 = sc1.GetSum();
        Console.WriteLine(sum1);
        SumClass < float > sc2= new SumClass<float>(1.1f, 2.2f);
        float sum2 = sc2.GetSum();
        Console.WriteLine(sum2);
    }
}
```

程序运行结果如图 9-9 所示。

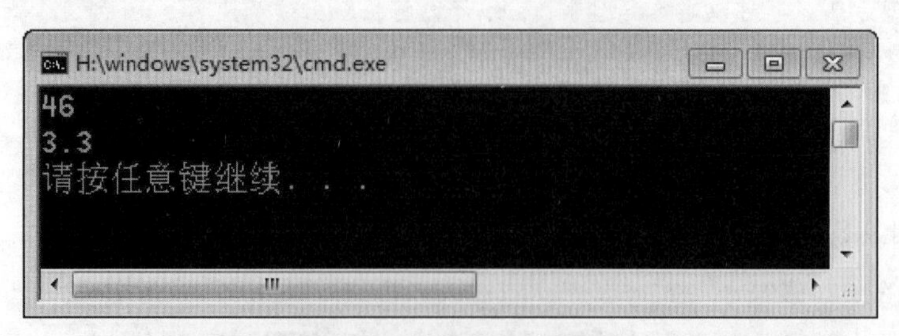

图 9-9　泛型类的使用

习题与拓展训练

一、简答题

1. 接口中可以包含的成员有哪些？
2. 简述抽象类和抽象方法的概念。
3. 抽象类与非抽象类的区别是什么？
4. 简述抽象类与接口的区别。
5. 创建迭代器的常用方法是什么？
6. 分部类主要应用在哪两方面？
7. 概述泛型的特点有哪些？

二、拓展训练

1. 创建一个控制台应用程序，其中声明了 3 个接口 IPeople、ITeacher 和 IStudent，其中，ITeacher 和 IStudent 继承自 IPeople，然后使用 Program 类继承这 3 个接口，并分别实现这 3 个接口中的属性和方法。

2. 创建一个 Windows 应用程序，通过分部类实现。向窗体中添加 3 个 TextBox 控件，分别用于输入要进行算术运算的值及显示运算后的结果。再向窗体中添加一个 ComboBox 控件和一个 Button 控件，分别用于选择执行哪种运算和执行运算。通过分部类创建 4 个方法分别用于执行加、减、乘、除运算，并返回运算后的结果。

3. 创建一个控制台应用程序，通过定义一个泛型方法，查找数组中某个数字的位置。

第 10 章

调试与异常处理

即使一个程序只有三行长，总有一天它也不得不需要维护。　　　　——Geoffrey James《编程之道》

在程序设计中不可避免地会出现各种各样的错误，在编写代码时须要尽量避免。当代码不能正常运行时，可以通过调试定位错误、发现错误、改正错误。C# 语言还提供了异常处理功能，使程序具有容错功能。

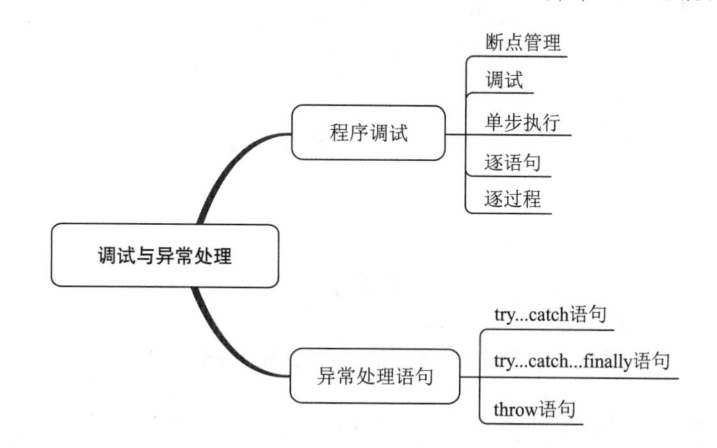

学习目标

（1）理解程序错误的类型及错误产生的原因。

（2）掌握调试程序的各种方法。

（3）理解异常处理程序的工作原理。

（4）掌握异常处理语句的使用方法。

10.1　程序调试

C# 程序设计中的错误类型分为 3 类，分别是语法错误、运行错误和逻辑错误。语法错误编译器一般能够自动提示错误信息，运行错误和逻辑错误需要进行调试才能找到错误原因。Visual Studio 提供了强大的调试功能，以方便程序员发现错误。

微视频
程序调试

设置断点可以让程序执行到断点处暂停下来，以便观察程序执行的实时数据状态，找出问题所在。对于正在调试的程序可以进行开始、中断、继续和停止操作，单步执行、逐语句、逐过程操作也是在程序调试中常用的方法。

【实例10-1】调试方法func()。

实例描述：图 10-1 所示程序中，func(x,y) 定义为求 x/y 的方法，程序在执行时出现了 System.DivideByZeroException 异常，如图 10-1 右侧错误信息所示，请调试程序找出出错原因，并改正程序。

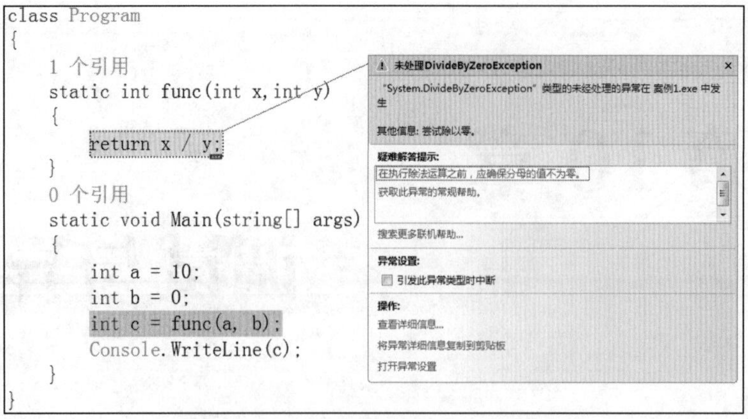

```
class Program
{
    1 个引用
    static int func(int x,int y)
    {
        return x / y;
    }
    0 个引用
    static void Main(string[] args)
    {
        int a = 10;
        int b = 0;
        int c = func(a, b);
        Console.WriteLine(c);
    }
}
```

未处理DivideByZeroException
"System.DivideByZeroException" 类型的未经处理的异常在 案例1.exe 中发生
其他信息：尝试除以零。
疑难解答提示：
在执行除法运算之前，应确保分母的值不为零。
获取此异常的常规帮助。
搜索更多联机帮助...
异常设置：
引发此异常类型时中断
操作：
查看详细信息...
将异常详细信息复制到剪贴板
打开异常设置

图 10-1　DivideByZeroException 异常

实例分析：调试程序首先要根据错误提示，准确判断造成错误的原因，同时要掌握常用程序调试方法和技巧，便可快速解决，达到事半功倍的效果。

实例实现：实现步骤如下，相关源代码参考项目 Example10_1。

（1）插入断点。插入断点的方法一般包括以下 3 种：

① 在要设置断点的行旁边的灰色空白处单击，如图 10-2 所示。

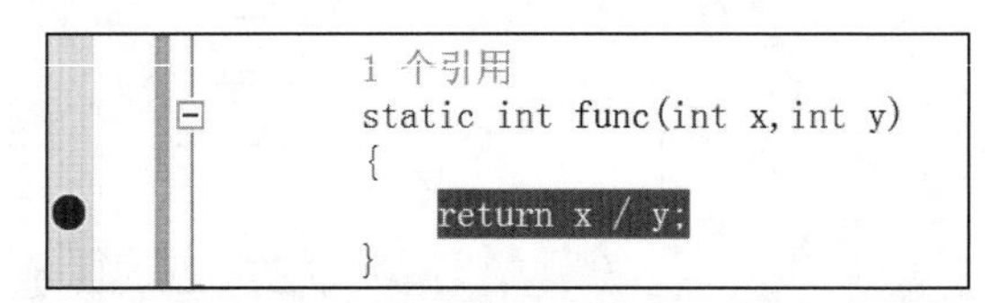

图 10-2　在代码行旁边的灰色空白处单击插入断点

② 选择某行代码，右击，在弹出的快捷菜单中选择“断点”→“插入断点”命令，如图 10-3 所示。

③ 选中要设置断点的代码行，选择菜单中的“调试”→“切换断点”命令，如图 10-4 所示。

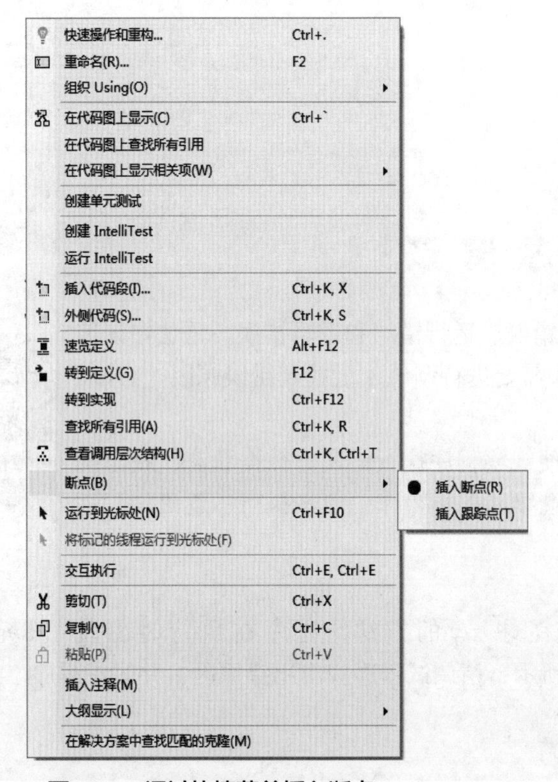

图 10-3　通过快捷菜单插入断点

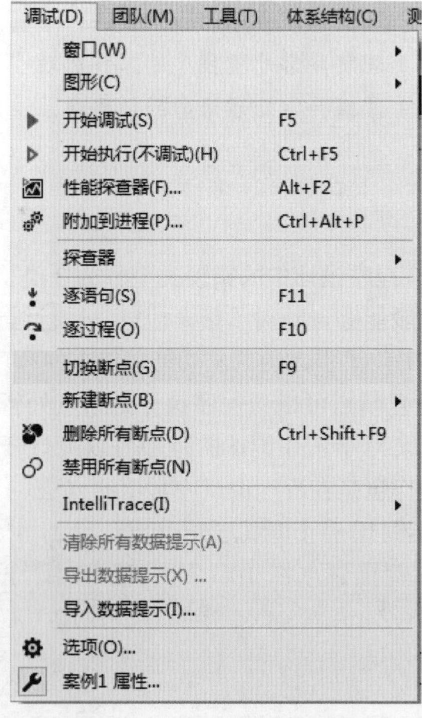

图 10-4　通过菜单栏插入断点

删除断点的方法包括以下 3 种：

① 单击设置断点的代码行左侧的红色圆点。

② 在设置断点的代码行左侧的红色圆点上右击，在弹出的快捷菜单中选择“删除断点”命令。

③ 在设置断点的代码行上右击，在弹出的快捷菜单中选择“断点”→“删除断点”命令，如图 10-5 所示。

如果在程序中可能有两处隐藏的错误，并且这两处错误执行的相隔距离过长，可以设置两个断点，当运行程序后，将会执行第一个断点，如果没错误，可以单击“启动调试”项，这时，将会直接切换到第二个断点处。

（2）开始调试。开始执行是最基本的调试功能之一，从“调试”菜单（见图 10-4）中选择“启动调试”命令或在源窗口中右击，可执行代码中的某行，然后从弹出的快捷菜单中选择“运行到光标处”命令，如图 10-6 所示。

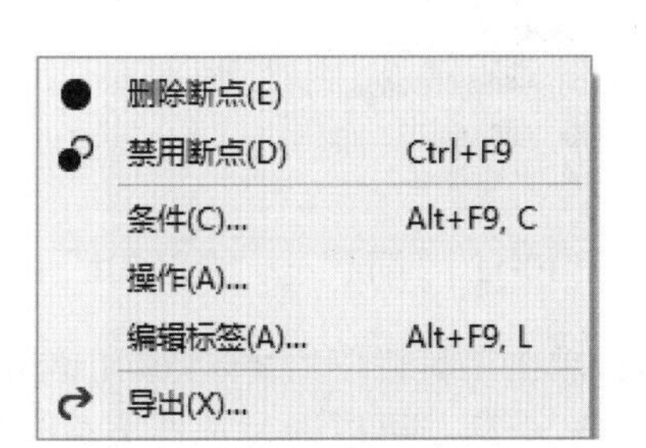

图 10-5　通过快捷菜单删除断点

图 10-6　某行代码的右键快捷菜单

除了使用上述方法开始执行外，还可以直接单击工具栏中的▶按钮，启动调试，如图 10-7 所示。

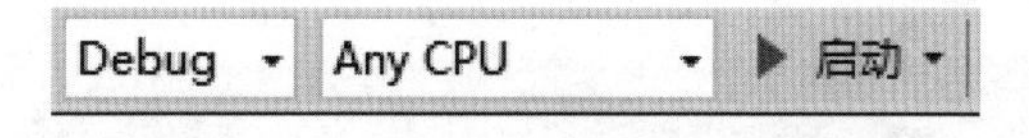

图 10-7　工具栏中的启动调试按钮

如果选择“启动调试”命令，则应用程序启动并一直运行到断点，如图 10-8 所示。

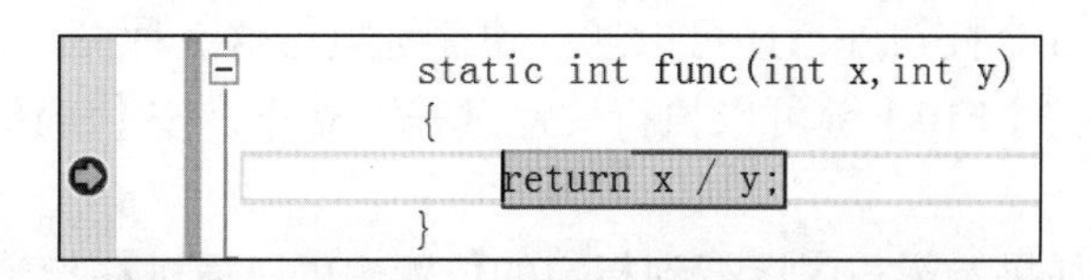

图 10-8　选择“启动调试”命令后的运行结果

可以在任何时刻中断执行，以检查值、修改变量或检查程序状态，如图 10-9 所示，由于 y=0，所以产生了异常。

如果选择“运行到光标处”命令，则应用程序启动并一直运行到断点或光标位置，具体要看是断点在前还是光标在前，可以在源窗口中设置光标位置。如果光标在断点的前面，则代码首先运行到光标处，如

图 10-10 所示。

（3）中断执行。当执行到达一个断点或发生异常，调试器将中断程序的执行。选择“调试”→“全部终止”命令（见图 10-11）后，调试器将停止所有在调试器下运行的程序的执行。程序并不退出，可以随时恢复执行。调试器和应用程序现在处于中断模式。

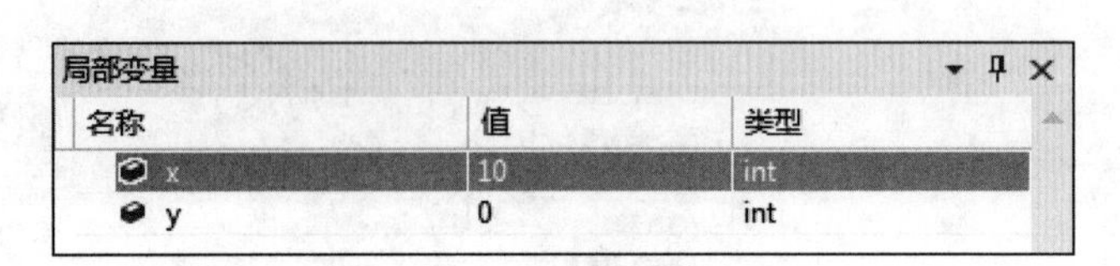

图 10-9　局部变量调试值

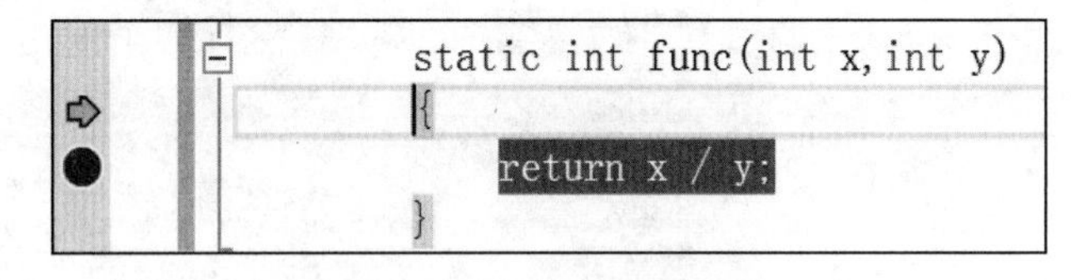

图 10-10　只运行到光标处

图 10-11　“调试”→“全部终止”命令

除了通过选择“调试”→“全部终止”命令中断执行外，也可以单击工具栏中的■按钮停止调试。

（4）停止执行。停止执行意味着终止正在调试的进程并结束调试会话，可以通过选择菜单中的“调试”→“停止调试”命令来结束运行和调试。也可以单击工具栏中的■按钮停止执行。

（5）单步执行。当启动调试后，可以单击工具栏中的按钮执行“逐语句”操作、单击按钮执行“逐过程”操作和单击按钮执行“跳出”操作，如图 10-12 所示。

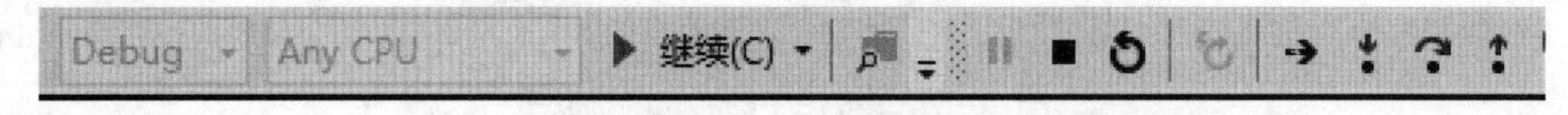

图 10-12　单步执行

除了在工具栏中单击这 3 个按钮外，还可以通过快捷键执行这 3 种操作，启动调试后，按【F11】键可以执行“逐语句”操作，按【F10】键可以执行“逐过程”操作，按【Shift+F10】组合键可以执行“跳出”操作。

（6）运行到指定位置。如果希望程序运行到指定的位置，可以通过在指定代码行上右击，在弹出的快捷菜单中选择“运行到光标处”命令。这样，当程序运行到光标处时，会自动暂停。也可以在指定的位置插入断点，同样可以使程序运行到插入断点的代码行。

10.2　异常处理语句

所有的异常类都继承自 System.Exception 类，其相关类及其继承关系如图 10-13 所示。当异常产生时，CLR 将创建该异常类的实例对象，将从底层依次寻找合适的异常类型，同时，若存在 catch 语句将会选择最合适的语句进行处理。C# 异常处理建立在 4 个关键词之上，分别是 try、catch、finally 和 throw。

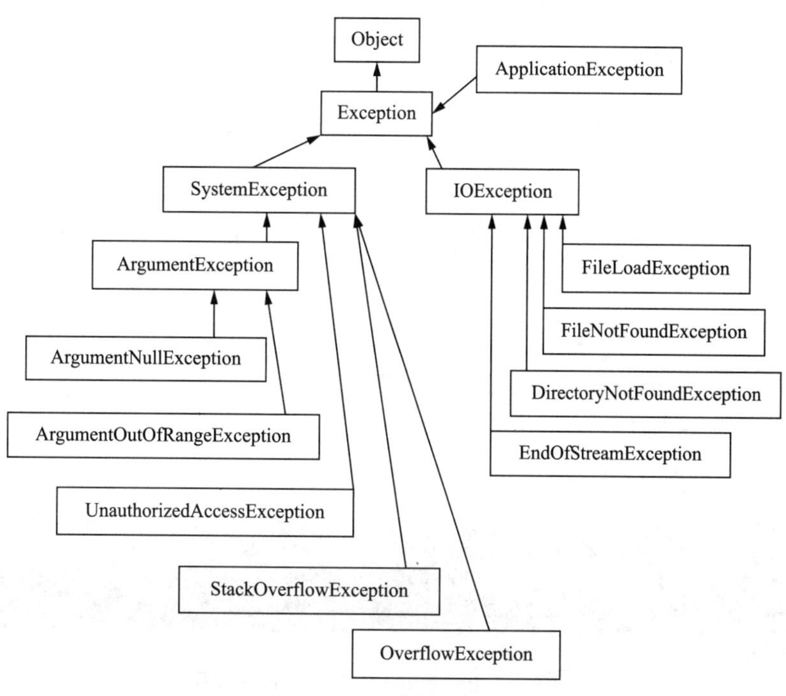

图 10-13　异常继承关系图

10.2.1　try...catch 语句

try...catch 的语法格式为：

```
try
{
    //可能产生异常的程序代码
}
catch(异常类型1  异常类对象1)
{
    //处理异常类型1的异常控制代码
}
…
catch(异常类型n  异常类对象n)
{
    //处理异常类型n的异常控制代码
}
```

其中，一个 try 块标识了一个将可能被激活的特定的异常的代码块，后跟一个或多个 catch 块；程序通过异常处理程序捕获异常，catch 关键字表示异常的捕获，catch 块中代码通常是处理所捕获的异常的。

try...catch 的执行过程：首先执行 try 块包含的语句，若没有发现异常，则跳出 try 结构；若在 try 块包含的语句中发现异常，则立即按顺序检查 catch 块，并执行异常所匹配的 catch 块中的语句，执行完后跳出 try 结构。

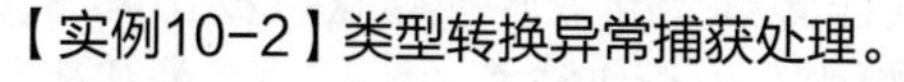

【实例10-2】类型转换异常捕获处理。

实例描述：创建一个控制台应用程序，声明一个 object 类型的变量 obj，其初始值为 null。然后将 obj

强制转换成 int 类型赋给 int 类型变量 N，使用 try...catch 语句捕获异常。

实例实现：实现代码如下，相关源代码参考项目 Example10_2。

```
class Program
{
    static void Main(string[] args)
    {
        try                                                  //使用try...catch语句
        {
            object obj = null;                               //声明一个object变量，初始值为null
            int N = (int)obj;                                //将object类型强制转换成int类型
        }
        catch (Exception ex)                                 //捕获异常
        {
            Console.WriteLine("捕获异常：" + ex);            //输出异常
        }
        Console.ReadLine();
    }
}
```

程序运行结果如图 10-14 所示。

```
file:///F:/教学研究/教材建设/C#实践教程/第10章/代码/案例1/案例2/bin/Debug/案例2.EXE
捕获异常：System.NullReferenceException: 未将对象引用设置到对象的实例。
   在 案例2.Program.Main(String[] args) 位置 F:\教学研究\教材建设\C#实践教程\第1
0章\代码\案例1\案例2\Program.cs:行号 16
```

图 10-14　try...catch 语句——异常捕获

10.2.2　try...catch...finally 语句

try...catch...finally 的语法格式为：

```
try
{
      // 可能导致异常的代码段
}
[catch
{
      // 异常处理代码块
}]
[finally
{
      // 异常处理后要执行的代码段
}]
```

微视频
try...catch...finally语句

相对于 try...catch，try...catch...finally 增加了 finally 块。但当存在 catch 块（一个或者多个），finally 块可以没有，而没有 catch 块时，必须要有 finally 块。

finally 语句块用于执行不管异常是否被抛出都会执行的语句，即无论 try 块中是否出现异常、是否有 catch 块被执行，finally 块中代码最后总是被执行。例如，如果打开一个文件，不管是否出现异常文件都要被关闭。

【实例10-3】程序异常后的finally处理。

实例描述：创建一个控制台应用程序，声明一个 object 变量 obj，将“测试”字符串赋给 obj。声明一个 int 类型的变量 i，将 obj 强制转换成 int 类型后赋给变量 i，这样必然会导致转换错误，抛出异常。在 finally 语句中输出“程序执行完毕…”，这样，无论程序是否抛出异常，都会执行 finally 语句中的代码。

实例实现：实现代码如下，相关源代码参考项目 Example10_3。

```
class Program
{
    static void Main(string[] args)
    {
        object obj = "测试";                  //声明一个object类型的变量obj
        try                                  //使用try...catch语句
        {
            int i = (int)obj;                //将obj强制转换成int类型
        }
        catch (Exception ex)                 //获取异常
        {
            //输出异常信息
            Console.WriteLine("产生异常: "+ex.Message);
        }
        finally          //finally语句
        {
            //输出"程序执行完毕…"
            Console.WriteLine("程序执行完毕...");
        }
        Console.ReadLine();
    }
}
```

程序运行结果如图 10-15 所示。

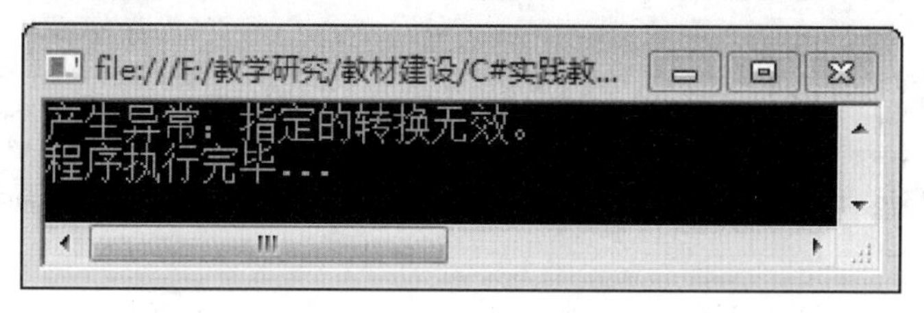

图 10-15　try...catch...finally 语句——finally 处理

10.2.3　throw 语句

throw 语句用于抛出程序执行期间出现异常的信号。throw 语句与 try...catch 或 try...finally 语句结合使用，可在 catch 语句块中使用 throw 语句以重新引发已由 catch 块捕获的异常，也可使用 throw 语句引发自定义的异常。

throw 语句的语法格式为：

```
throw  [异常表达式];
```

抛出异常表达式代表的系统异常，如省略异常表达式，则重新抛出当前正在由 catch 块处理的异常。

【实例10-4】throw（有操作数）抛出异常。

实例描述：创建一个控制台应用程序，定义类 NumberGenerator，通过 GetNumber(int index) 方法返回数组 numbers 中的指定元素，若 index 越界则抛出 IndexOutOfRangeException 异常。再定义 Program 类的 Main() 方法，使用 GetNumber(10) 来触发异常，并通过 catch 语句来捕获异常进行处理。

实例实现：实现代码如下，相关源代码参考项目 Example10_4。

```
class NumberGenerator
{
    int[] numbers = { 2, 4, 6, 8, 10, 12, 14, 16, 18, 20 };
    public int GetNumber(int index)                    //返回数组中的指定元素
    {
        if (index < 0 || index >= numbers.Length)  //下标越界，抛出异常
```

```
        {
            throw new IndexOutOfRangeException();
        }
        return numbers[index];
    }
}
class Program
{
    public static void Main()
    {
        var gen = new NumberGenerator();
        int index = 10;
        try
        {
            int value = gen.GetNumber(index);
            Console.WriteLine($"值为：{value}");
        }
        catch (IndexOutOfRangeException e)//捕获越界异常
        {
            Console.WriteLine($"{e.GetType().Name}: {index} 数组越界！");
        }
    }
}
```

程序运行结果如图 10-16 所示。

图 10-16　throw(有操作数)抛出异常

【实例10-5】throw（无操作数）抛出异常。

实例描述：创建一个控制台应用程序，定义类 Sentence，通过 GetFirstCharacter() 方法返回数组 Value 中下标为 0 的元素，若捕获到异常则抛出 NullReferenceException 异常。再定义 Program 类的 Main() 方法，通过传入 null 参数来触发异常，并通过 catch 语句来捕获异常进行处理。

实例实现：实现代码如下，相关源代码参考项目 Example10_5。

```
class Sentence
{
    public Sentence(string s)
    {
        Value = s;
    }
    public string Value { get; set; }
    public char GetFirstCharacter()
    {
        try
        {
            return Value[0];
        }
        catch (NullReferenceException e)
        {
            throw;
```

```
            }
        }
    }
    class Program
    {
        static void Main(string[] args)
        {
            try
            {
                var s = new Sentence(null);
                Console.WriteLine($"首字符是: {s.GetFirstCharacter()}");
            }
            catch(Exception e)
            {
                Console.WriteLine($"异常信息: {e.StackTrace}");
            }
        }
    }
```

程序运行结果如图 10-17 所示。

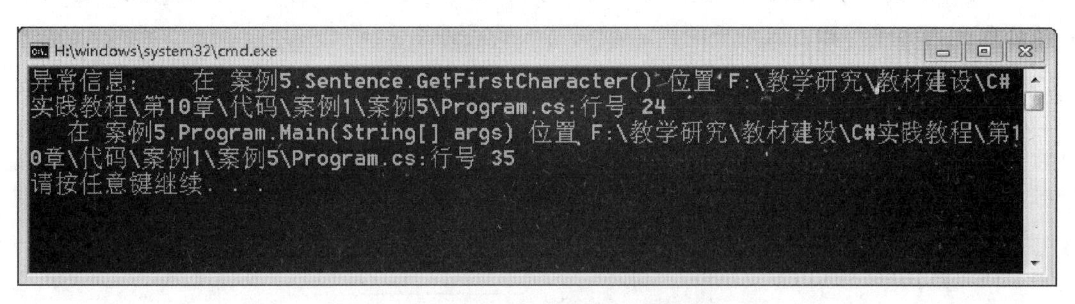

图 10-17 throw（无操作数）抛出异常

注意：在C#中推荐使用“throw;”来抛出捕获到的异常；使用“throw ex;”会将到现在为止的所有异常信息清空，编译器认为catch到的异常已经被处理了，只不过处理过程中又抛出新的异常，会导致找不到真正的错误源。

习题与拓展训练

一、简答题

1. 通常使用的系统异常类型都是直接或间接继承自哪个类？
2. 若发生空（null）引用，通常会引发哪个类型的异常？
3. 简述 finally 语句在异常处理结构中的存放位置及其作用。
4. 插入断点通常有哪 3 种方法？
5. 删除断点的通常有哪 3 种方法？
6. 简述逐语句和逐过程调试的区别。

二、拓展训练

1. 创建一控制台应用程序，实现打开文件进行读写功能，当打开文件失败时进行相关的异常处理。
2. 创建一控制台应用程序，编写 4 个子方法分别实现两个数的加减乘除运算。针对除法运算子方法，当除数为零的时候抛出异常。在 Main() 方法中调用子方法，并做统一的处理异常。

第 11 章

文件与文件流

物有本末，事有终始，知所先后，则近道矣。

——《大学》

库里乾坤大，卷中日月长。

——文档管理经典语录

文件是计算机管理数据的基本单位，同时也是应用程序保存和读取数据的一个重要场所。.NET Framework 中进行的所有输入和输出工作都要用到文件流，文件流是计算机的输入和输出之间运动的字节序列。C# 采用文件流模型读写文件，按照文件流的方向把流分为两种：输入流和输出流。输入流用于将文件数据序列读取到内存中，输出流用于将内存数据写入到文件中。

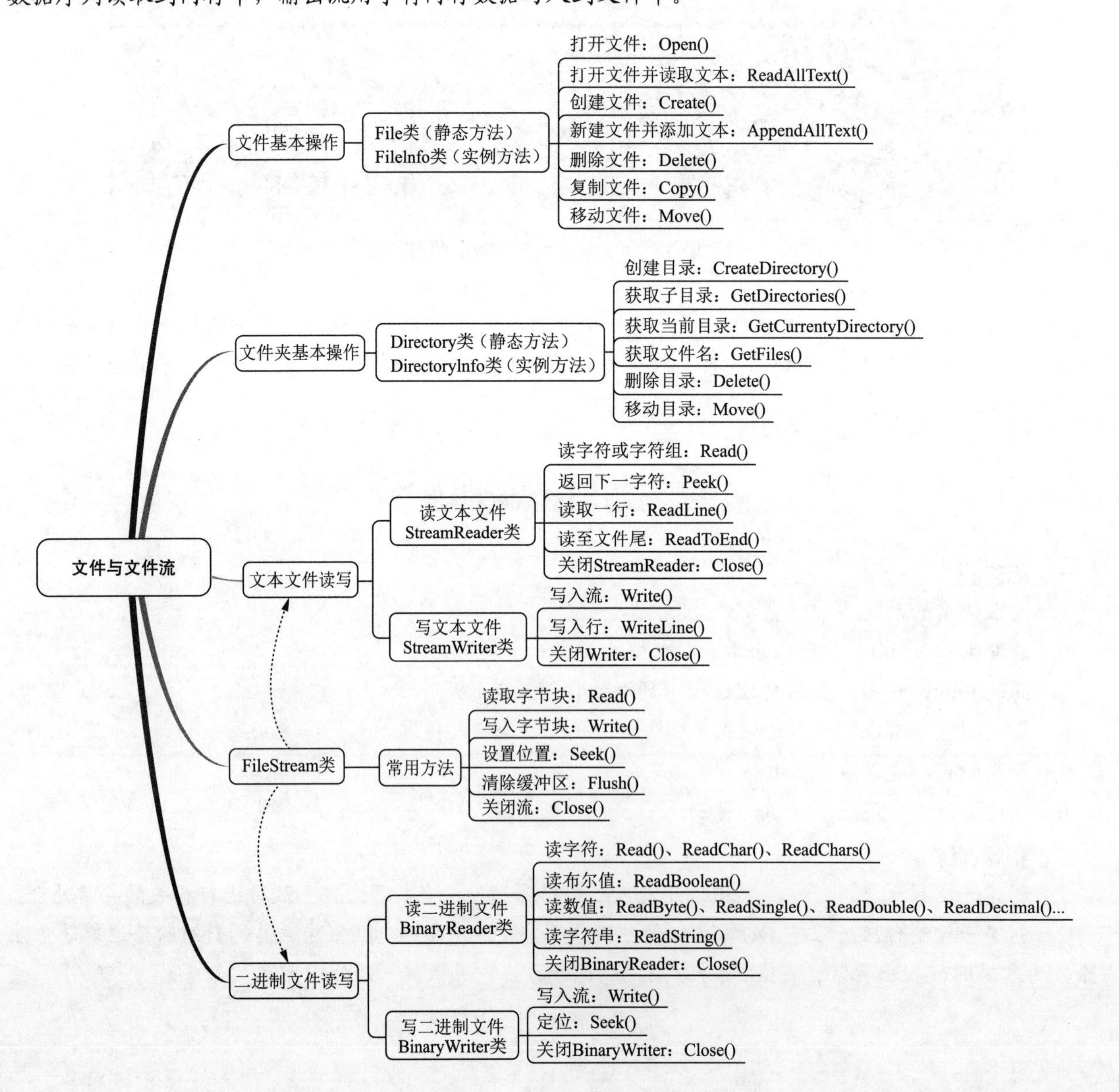

学习目标

（1）掌握文件的基本操作。

（2）掌握文件夹的基本操作。

（3）掌握文本文件的读写。

（4）掌握二进制文件的读写。

11.1 文件基本操作

System.IO 命名空间包含读写文件和数据流的类、提供基本文件和目录操作支持的类，进行文件操作需要把该命名空间引用进来。文件的基本操作包括创建文件、删除文件、查看文件信息、复制文件、判断文件是否存在等。

文件操作相关的类主要有两个：File 类和 FileInfo 类。File 类提供用于创建、复制、删除、移动和打开单一文件的静态方法，FileInfo 类提供用于创建、复制、删除、移动和打开文件的属性和实例方法。表 11-1 所示为 File 类的常用方法。另外，Path 类也经常使用，它对包含文件或目录的路径信息执行操作。

表 11-1 File 类常用方法

方　　法	说　　明
FileStream Open(string path, System.IO.FileMode mode)	文件打开
FileStream Create (string path)	文件创建
void Delete (string path)	文件删除
void Copy (string sourceFileName, string destFileName)	文件复制
void Move (string sourceFileName, string destFileName)	文件移动
void SetAttributes (string path, System.IO.FileAttributes fileAttributes)	设置文件属性
bool Exists (string path)	判断文件是否存在
void AppendAllText (string path, string contents)	新建文件并添加文本
string ReadAllText (string path)	打开并读取文本

【实例11-1】使用File类创建文件。

实例描述：判断某文件是否存在，如果不存在则创建该文件，否则输出该文件的短名称。

实例分析：实现所需要的功能可通过 File 类的 Exists() 方法判断文件是否存在，创建文件可通过 Create() 方法实现，短文件名可通过 Path 类的方法 GetFileName() 获得。

实例实现：实现代码如下，相关源代码参考项目 Example11_1。

```
class Program
{
    static void Main(string[] args)
    {
        string path = @"F:\temp\MyTest.txt";  //设置文件路径与文件名
        if (!File.Exists(path))
        {
            //如果文件不存在，则创建该文件
            File.Create(path);
            Console.WriteLine($"创建文件:{name}成功！");
        }
        else
        {
            //如果文件存在，则输出文件名
            string name = Path.GetFileName(path);
```

```
            Console.WriteLine($"文件名为:{name}");
        }
    }
}
```

程序首次运行，运行结果如图 11-1 所示。

图 11-1　创建文件

再次运行程序，运行结果如图 11-2 所示。

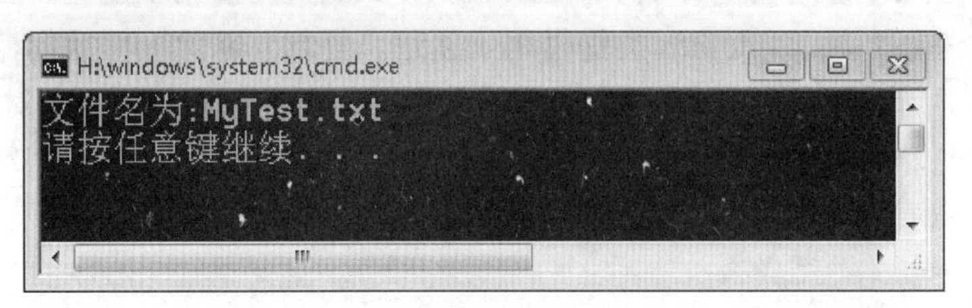

图 11-2　显示文件短名称

【实例11-2】使用FileInfo类创建文件。

实例描述：同实例 11-1，但使用 FileInfo 类创建文件。

实例分析：实现所需要的功能也可通过 FileInfo 类的 Exists 属性判断文件是否存在，创建文件可通过 Create() 方法实现，短文件名可通过 Path 类的方法 GetFileName() 获得。

实例实现：实现代码如下，相关源代码参考项目 Example11_2。

```
class Program
{
    static void Main(string[] args)
    {
        string path = @"F:\temp\MyTest.txt";  //设置文件路径与文件名
        FileInfo fi = new FileInfo(path);
        if (!fi.Exists)
        {
            //如果文件不存在，则创建该文件
            fi.Create();
            Console.WriteLine($"创建文件:{path}成功! ");
        }
        else
        {
            //如果文件存在，则输出文件名
            string name = fi.Name;
            Console.WriteLine($"文件名为:{name}");
        }
    }
}
```

【实例11-3】移动文件。

实例描述：判断某文件是否存在，如果存在则移动到某一指定的位置。

实例分析：实现所需要的功能可通过 FileInfo 类的 CopyTo(string dest) 方法实现复制文件，使用

Delete() 方法把原文件删除。

实例实现：移动文件包括把源文件复制到目标位置，并删除源文件，这里编写一个文件移动方法 FileMove(string source,string dest) 来实现，并在 Main() 方法中调用。实现代码如下，相关源代码参考项目 Example11_3。

```
class Program
{
    static void FileMove(string source,string dest)
    {
        FileInfo fi = new FileInfo(source);
        fi.CopyTo(dest);                                //复制一份文件
        fi.Delete();                                    //删除原文件
    }
    static void Main(string[] args)
    {
        string source = @"F:\temp\MyTest.txt";      //设置源文件变量
        string dest=@"F:\temp\MyTest_bak.txt";      //设置目标文件变量
        FileInfo fi = new FileInfo(source);
        if (fi.Exists)
        {
            //如果文件不存在，则创建该文件
            FileMove(source, dest);
            //也可通过下面代码实现移动
            //fi.MoveTo(dest);
            Console.Write($"移动文件：{source}到{dest}成功！");
        }
        else
        {
            //如果文件不存在，则提示
            Console.WriteLine($”文件名为:{source}不存在！");
        }
    }
}
```

程序运行结果如图 11-3 所示。

图 11-3 移动文件

11.2 文件夹基本操作

文件夹的基本操作包括创建文件夹、删除文件夹、移动、遍历内容等。

文件夹操作相关的类主要有两个：Directory 类和 DirectoryInfo 类。Directory 类提供用于目录和子目录创建、移动和枚举的静态方法；DirectoryInfo 类提供用于创建、移动和枚举目录和子目录的实例方法。表 11-2 所示为 Directory 类的常用方法。

表 11-2 Directory 类常用方法

方　法	说　明
DirectoryInfo CreateDirectory (string path)	目录创建
void Delete (string path)	目录删除

续表

方　法	说　明
void Move (string sourceDirName, string destDirName)	目录移动
string[] GetDirectories (string path)	获取目录下的子目录
string[] GetFiles (string path)	获取目录下的文件名
bool Exists (string path)	判断目录是否存在

【实例11-4】复制文件夹。

实例描述：复制指定文件夹及文件夹下所有内容。

实例分析：先要判断目标文件夹是否存在，可通过 Directory 类的静态方法 Exists() 来判断。接下来要复制源文件夹下的所有文件和子文件夹，可通过 DirectoryInfo 类的实例方法 GetFiles() 来获取文件夹下所有文件，通过 DirectoryInfo 类的实例方法 GetDirectories() 获取文件夹下所有子文件夹。关键问题是当前文件夹下可能会有多层子文件夹，故通过递归调用复制文件夹来完成。

实例实现：实现代码如下，相关源代码参考项目 Example11_4。

```
class Program
{
    /// <summary>
    /// 复制文件夹
    /// </summary>
    /// <param name="source">源文件夹位置</param>
    /// <param name="target">目标文件夹位置</param>
    public static void CopyAll(DirectoryInfo source, DirectoryInfo target)
    {
        //如果源位置和目标位置一样，直接退出
        if (source.FullName.ToLower() == target.FullName.ToLower())
        {
            return;
        }
        // 检查目标文件夹位置是否存在，如果不存在则直接创建
        if (Directory.Exists(target.FullName) == false)
        {
            Directory.CreateDirectory(target.FullName);
        }
        // 把源文件夹下的所有文件复制到目标文件夹下
        foreach (FileInfo fi in source.GetFiles())
        {
            Console.WriteLine(@"复制 {0}\{1}", target.FullName, fi.Name);
            fi.CopyTo(Path.Combine(target.ToString(), fi.Name), true);
        }
        // 对每个子文件夹，递归调用进行复制
        foreach (DirectoryInfo diSourceSubDir in source.GetDirectories())
        {
            DirectoryInfo nextTargetSubDir =target.CreateSubdirectory(diSourceSubDir.Name);
            CopyAll(diSourceSubDir, nextTargetSubDir);
        }
    }
    public static void Main()
    {
        string sourceDirectory = @"F:\sourceDirectory";
        string targetDirectory = @"F:\targetDirectory";
        DirectoryInfo diSource = new DirectoryInfo(sourceDirectory);
        DirectoryInfo diTarget = new DirectoryInfo(targetDirectory);
        CopyAll(diSource, diTarget);
    }
}
```

程序运行结果如图 11-4 所示。

```
H:\windows\system32\cmd.exe
复制 F:\targetDirectory\index.jsp
复制 F:\targetDirectory\WEB-INF\beans.xml
复制 F:\targetDirectory\WEB-INF\web.xml
请按任意键继续. . .
```

图 11-4　文件夹复制

11.3　文本文件读写

文本文件是字符编码的文件，常见的编码标准有 ANSI、Unicode、UTF-8 等，通常以后缀名 txt 存在。

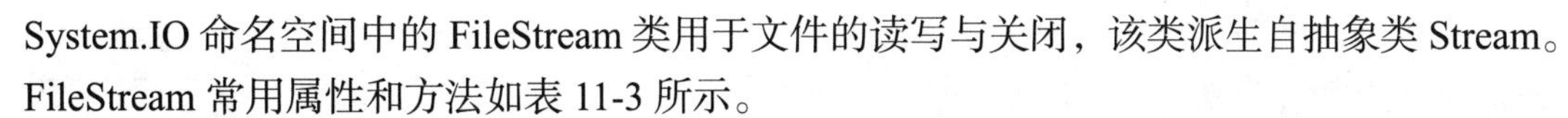

System.IO 命名空间中的 FileStream 类用于文件的读写与关闭，该类派生自抽象类 Stream。

FileStream 常用属性和方法如表 11-3 所示。

表 11-3　FileStream 类常用属性和方法

属性 / 方法	说　明
CanWrite	判断当前流是否可写
CanRead	判断该流是否能够读取
CanSeek	判断该流是否移动读写位置
Length	获取流的长度（以字节为单位）
int Read (byte[] array, int offset, int count)	从流中读取字节块并将该数据写入给定缓冲区中
void Write (byte[] array, int offset, int count)	将字节块（字节数组）写入该流
long Seek (long offset, System.IO.SeekOrigin origin);	置文件读取或写入的起始位置
void Flush ();	清除此流的缓冲区，使得所有缓冲数据都写入到文件中

创建文件流对象的方法如下：

```
    FileStream <stream> = new FileStream( <file_name>,<FileMode fm>, <FileAccess fa>, <FileShare Enumerator fs>);
```

以下是对几个参数的说明：

（1）FileMode：指定打开文件的模式。包括下列 6 个枚举值：

- FileMode.Append：打开现有文件准备向文件追加数据；
- FileMode.Create：创建新文件，如果文件已经存在它将被覆盖；
- FileMode.CreateNew：创建新文件，如果文件已经存在将引发异常；
- FileMode.Open：打开现有文件；
- FileMode.OpenOrCreate：打开文件，如果文件不存在则创建新文件；
- FileMode.Truncate：打开现有文件并且清空文件内容。

（2）FileAccess：指定文件操作模式。包括下列 3 个枚举值：

- FileAccess.Read：对文件读访问；
- FileAccess.Write：对文件进行写操作；
- FileAccess.ReadWrite：对文件读或写操作。

（3）FileShare：指定共享权限。包括下列 4 个枚举值：

- FileShare.None：拒绝共享当前文件；
- FileShare.Read：允许别的程序读取当前文件；
- FileShare.Write：允许别的程序写当前文件；

• FileShare.ReadWrite：允许别的程序读写当前文件。

使用 FileStream 对文件进行操作的一般流程如图 11-5 所示。

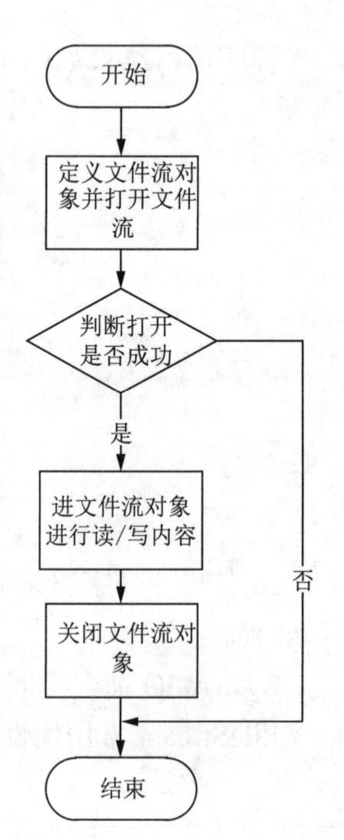

图 11-5　文件操作一般流程

StreamReader 和 StreamWriter 类用于文本文件的数据读写。StreamReader 类继承自抽象基类 TextReader，用来进行读取一系列字符的文件流对象，StreamWriter 类也继承自抽象类 TextWriter，用来向文件写入一系列字符。

StreamReader 类常用属性和方法如表 11-4 所示。

表 11-4　StreamReader 类常用属性和方法

属性 / 方法	说　明
EndOfStream()	判断当前流是否到达末尾
int Peek()	返回下一个字符
int Read()	读取一个字符
string ReadLine()	读取一行字符串
string ReadToEnd()	读取所有字符串

StreamWriter 类常用方法如表 11-5 所示。

表 11-5　StreamWriter 类常用方法

属性 / 方法	说　明
void Flush()	清空缓冲区
void Write(bool value)	写入 bool 类型数据
void Write(char value)	写入 char 类型数据
void Write(decimal value)	写入 decimal 类型数据
void Write(double value)	写入 double 类型数据
void Write(int value)	写入 int 类型数据
void Write(long value)	写入 long 类型数据
void Write(float value)	写入 float 类型数据
void Write(string value)	写入 string 类型数据
void WriteLine()	写入一个换行符
void WriteLine(string value)	写入 string 类型数据并换行

【实例11-5】读取文件内容。

实例描述：创建一个窗体应用程序，实现简单的文本文件阅读器。

实例分析：通过 MenuStrip 类实现菜单，单击菜单对应的按钮，打开文件选取对话框（OpenFileDialog）选定要打开的已有文本文件。使用 FileStream 类封装选取的文件为流对象，使用 StreamReader 完成对文件内容读取。

实例实现：

（1）创建一个窗体应用程序，项目名称为 Example11_5。

（2）添加 MenuStrip 菜单栏，定义其第一个菜单项名称为 tsOpen，显示文本为“打开文件”。

（3）双击“打开文件”菜单项，在其 Click 事件处理方法中输入下列代码，完整源代码参考项目 Example11_5。

```
private void tsOpen_Click(object sender, EventArgs e)
{
    //定义一个文件打开对话框
    OpenFileDialog dialog = new OpenFileDialog();
    dialog.Filter = "*.txt|*.txt";   //设置能够打开的文件类型
    if (DialogResult.OK == dialog.ShowDialog())
    {
```

```
            try
            {
                //定义文件流对象
                FileStream stream = new FileStream(dialog.FileName, FileMode.Open, FileAccess.Read);
                using (StreamReader sr = new StreamReader(stream))
                {
                    string line;
                    string allLine = "";
                    //循环读取文件里的每一行
                    while ((line = sr.ReadLine()) != null)
                    {
                        allLine += line + "\r\n";
                    }
                    richTextBox1.Text = allLine;
                }
            }
            catch (Exception ex)
            {
                MessageBox.Show("文件不能读取! ");
                Console.WriteLine(ex.Message);
            }
        }
    }
```

程序运行结果如图 11-6 所示。

图 11-6　文本文件阅读器

【实例11-6】写文本内容到文件。

实例描述：在实例 11-5 的基础上对打开的文件进行修改，并对修改后的内容进行保存。

实例分析：保存文件对话框用 SaveFileDialog 实现，使用 FileStream 类封装选取的文件为文件流对象，使用 StreamWriter 完成对文件内容写入。

实例实现：

（1）在实例 11-5 的菜单栏添加一个“保存文件”菜单项，名称为 tsSave。

（2）双击“保存文件”菜单项，在其 Click 事件处理方法中输入下列代码，完整源代码参考项目 Example11_6。

```
    private void tsSave_Click(object sender, EventArgs e)
    {
        //定义一个文件保存对话框
        SaveFileDialog dialog = new SaveFileDialog();
        dialog.Filter = "*.txt|*.txt";  //设置能够打开的文件类型
        if (DialogResult.OK == dialog.ShowDialog())
        {
            try
            {
                //定义文件流对象
                FileStream stream = new FileStream(dialog.FileName,
FileMode.Create, FileAccess.Write);
                using (StreamWriter sw = new StreamWriter(stream))
                {
                    string allLine = richTextBox1.Text;
                    sw.Write(allLine);
                }
            }
            catch (Exception ex)
            {
                MessageBox.Show("文件写入失败！");
                Console.WriteLine(ex.Message);
            }
        }
    }
```

11.4 二进制文件读写

微视频 二进制文件读写

二进制文件是对值编码的文件，一般是可执行程序、图形、图像、音频、视频等文件，常见的文件后缀名有 exe、dat、bin、jpg 等。

二进制文件的读取可以通过 Stream 类来实现，但是 BinaryWriter 类和 BinaryReader 类提供了更简单的方法。Stream 类常用属性和方法如表 11-6 所示。

表 11-6 Stream 类常用属性和方法

属性 / 方法	说　明
CanSeek	判断该流是否移动读写位置
CanWrite	判断当前流是否可写
CanRead	判断该流是否能够读取
Length	流的长度
Position	流操作的当前位置
void Flush();	将清除该流的所有缓冲区，并使得所有缓冲数据被写入到基础设备
int Read(byte[] buffer, int offset, int count);	从当前流读取字节序列，并将此流中的位置提升读取的字节数
long Seek(long offset, System.IO.SeekOrigin origin)	设定流中操作的位置
void Write(byte[] buffer, int offset, int count);	向当前流中写入字节序列，并将此流中的当前位置提升写入的字节数
void Close()	关闭流并释放资源

BinaryReader 类常用方法如表 11-7 所示。

表 11-7 BinaryReader 类常用方法

方　法	说　明
int PeekChar()	返回下一个字符
bool ReadBoolean()	读取 bool 类型数据

续表

方　法	说　明
byte ReadByte()	读取 byte 类型数据
char ReadChar()	读取 char 类型数据
decimal ReadDecimal()	读取 decimal 类型数据
double ReadDouble()	读取 double 类型数据
short ReadInt16()	读取 short 类型数据
int ReadInt32()	读取 int 类型数据
long ReadInt64()	读取 long 类型数据
float ReadSingle()	读取 float 类型数据
string ReadString()	读取有长度前缀的一个字符串

BinaryWriter 类常用方法如表 11-8 所示。

表 11-8　BinaryWriter 类常用方法

方　法	说　明
int Seek(Int32, SeekOrigin)	设置当前流的位置
void Write(bool value)	写入一个布尔数据
void Write(byte value)	写入一个字节数据
void Write(char ch)	写入一个字符数据
void Write(decimal value);	写入 decimal 类型数据
void Write(double value)	写入 double 类型数据
void Write(short value)	写入 short 类型数据
void Write(int value)	写入 int 类型数据
void Write(long value)	写入 long 类型数据
void Write(float value)	写入 float 类型数据
void Write(string value)	写入有长度前缀的一个字符串

【实例11-7】使用BinaryWriter和BinaryReader读写二进制文件。

实例描述：创建一个控制台应用程序，定义一个 WriteDefaultValues() 方法，写入不同类型的数据，定义一个 DisplayValues() 方法把二进制文件中的数据读取出来。

实例分析：首先要创建一个二进制文件（test.dat），然后先写、后读。读写二进制文件的关键是数据以何种数据类型写入，一定要以同样的数据类型读出，否则读出的数据会与写入时不一致，或产生读取异常。

实例实现：定义 WriteDefaultValues() 方法实现文件写入，定义 DisplayValues() 方法实现文件读取显示，并在 Main() 方法中调用，代码如下，完整源代码参考项目 Example11_7。

```
class Program
{
    const string fileName = "test.dat";  //设置要读写的二进制文件
    static void Main()
    {
        WriteDefaultValues();
        DisplayValues();
    }
    //写入数据
    public static void WriteDefaultValues()
    {
        using (BinaryWriter writer = new BinaryWriter(File.Open(fileName,
            FileMode.Create,FileAccess.Write)))
        {
            //写入4种不同类型的数据
```

```
                writer.Write(1.250f);
                writer.Write(@"test");
                writer.Write(10);
                writer.Write(true);
            }
        }
        //读取数据
        public static void DisplayValues()
        {
            if (File.Exists(fileName))
            {
                using (BinaryReader reader = new BinaryReader(File.Open(fileName,
                    FileMode.Open,FileAccess.Read)))
                {
                    //严格按写入的顺序来读取
                    float f1 = reader.ReadSingle();
                    string s1 = reader.ReadString();
                    int i1 = reader.ReadInt32();
                    bool b1 = reader.ReadBoolean();
                    Console.WriteLine("浮点数:" + f1);
                    Console.WriteLine("字符串:" + s1);
                    Console.WriteLine("整型数:" + i1);
                    Console.WriteLine("布尔型值:" + b1);
                }
            }
        }
    }
```

程序运行结果如图 11-7 所示。

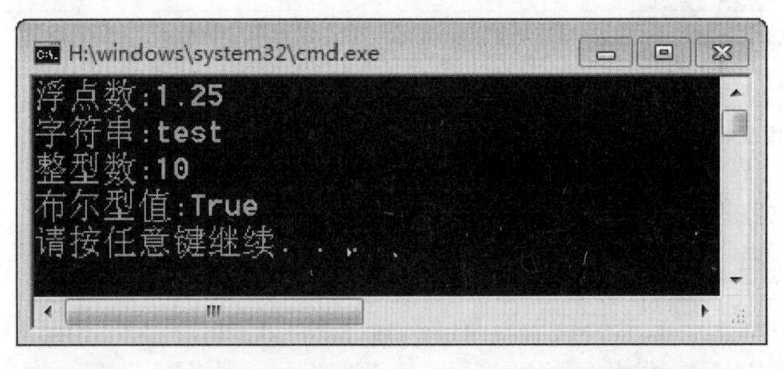

图 11-7　BinaryWriter 和 BinaryReader 读写二进制文件

【实例11-8】使用FileStream读写二进制文件。

实例描述：创建一个控制台应用程序，向文件内写入 0~19 共 20 个数，然后从文件中读取出来并进行输出。

实例分析：使用 FileStream 进行对文件读写，需要注意对文件进行读取时需要把文件流的位置重置到文件起始处。

实例实现：实现代码如下，相关源代码参考项目 Example11_8。

```
class Program
{
    static void Main(string[] args)
    {
        FileStream stream = new FileStream("test.dat",
            FileMode.OpenOrCreate, FileAccess.ReadWrite);
        //写入20个字节的数据
        for (int i = 0; i < 20; i++)
        {
```

```
                stream.WriteByte((byte)i);
            }
            //重设流的位置为文件的起始位置
            stream.Position = 0;
            for (int i = 0; i < 20; i++)
            {
                Console.Write(stream.ReadByte() + " ");
            }
            //关闭流
            stream.Close();
    Console.WriteLine();
        }
    }
```

程序运行结果如图 11-8 所示。

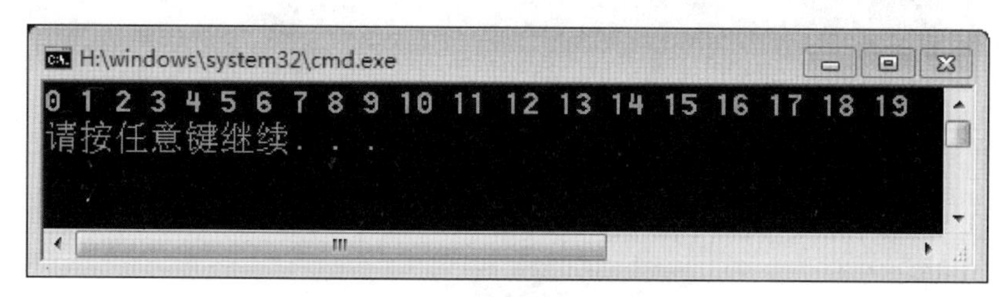

图 11-8　FileStream 读写二进制文件

【实例11-9】使用FileStream进行对象持久化。

实例描述：对象持久化是指将内存中的对象保存到可永久保存的存储设备中，通过把对象写入到二进制文件中可实现对象的持久化。创建一个控制台应用程序，把 Person 的对象存入文件中，并在需要使用的时候还原该对象。

实例分析：Person 由于要进行持久化，需要用 [Serializable] 对该类进行声明方可进行持久化。通过 BinaryFormatter 可把对象序列化为二进制或者二进制反序列化为对象。通过 reader.Position<fi.Length 限制对文件的循环读取。

实例实现：实现代码如下，相关源代码参考项目 Example11_9。

```
[Serializable]
class Person
{
    string name;
    int age;
    public string Name
    {
        get
        {
            return name;
        }
        set
        {
            name = value;
        }
    }
    public int Age
    {
        get
        {
            return age;
        }
```

```
        set
        {
            age = value;
        }
    }
    public Person(string name, int age)
    {
        this.Name = name;
        this.Age = age;
    }
}
class Program
{
    static BinaryFormatter bf = new BinaryFormatter();
    static FileInfo fi = new FileInfo("test.dat");
    //把对象存入文件
    static void WriteObject()
    {
        Person p1 = new Person("zhangsan", 18);
        Person p2 = new Person("lisi", 19);
        using (FileStream writer = fi.OpenWrite())
        {
            bf.Serialize(writer, p1);
            bf.Serialize(writer, p2);
        }
    }
    //从文件中还原对象
    static void ReadeObject()
    {
        using (FileStream reader =  fi.OpenRead())
        {
            //如果没有读到文件末尾,一直循环
            while (reader.Position<fi.Length)
            {
                Person p = bf.Deserialize(reader) as Person;
                Console.WriteLine($"name:{p.Name},age:{p.Age}");
            }
        }
    }
    static void Main(string[] args)
    {
        WriteObject();
        ReadeObject();
    }
}
```

程序运行结果如图 11-9 所示。

图 11-9　对象持久化

习题与拓展训练

一、选择题

1.（　　）类用于进行目录管理。

A. System.IO　　B. File　　C. Stream　　D. Directory

2.（　　）类提供用于创建、复制、删除和打开文件的静态方法。

A. Path　　B. File　　C. Stream　　D. Directory

3. File 类的（　　）方法用于创建指定的文件并返回一个 FileStream 对象。如果指定文件已经存在，则将其覆盖。

A. Write()　　B. New()　　C. Create()　　D. Open()

4. StreamReader 类的（　　）方法用于从文件流中读取一行字符。如果到达文件流的末尾，则返回 null。

A. ReadLine()　　B. Read()　　C. WriteLine()　　D. Write()

5. Directory 类的（　　）方法用于创建指定路径中包含的所有目录和子目录并返回一个 Directorylnfo 对象，通过该对象操作相应的目录。

A. CreateDirectory()　　B. Path()　　C. Create()　　D. Directory()

二、简答题

1. 用户在创建文件时，主要有哪两种格式的文件？

2. 简述文件流 FileStream 的功能。

3. 读写文本文件通常使用哪两个类？

4. 读写二进制文件通常使用哪两个类？

三、拓展训练

1. 创建一个控制台应用程序，创建一个 XML 文件，并向该文件中写入文本。

2. 创建一个控制台应用程序，使用 Directory 类的 GetDirectories() 方法获取指定路径下的文件夹名称。

3. 创建一个控制台应用程序，命名为 FileStreamRead，在默认类文件 Program.cs 的 Main() 方法中，使用 FileStream 类的 Read() 方法把指定文件的数据读入缓冲区中，然后把缓冲区中的数据输出到控制台。

4. 创建一个 Windows 应用程序，主要使用 BinaryWriter 类和 BinaryReader 类的相关属性和方法实现向二进制文件中写入和读取数据的功能。在默认窗体中添加一个 SaveFileDialog 控件、一个 OpenFileDialog 控件、一个 TextBox 控件和两个 Button 控件，其中，SaveFileDialog 控件用来显示“另存为”对话框，OpenFileDialog 控件用来显示“打开”对话框，TextBox 控件用来输入要写入二进制文件的内容和显示选中二进制文件的内容，Button 控件分别用来打开“另存为”对话框并执行二进制文件写入操作和打开“打开”对话框并执行二进制文件读取操作。

第 12 章 Windows 窗体应用程序设计

万枝千叶递相貌，内结花心外结身。

——陶弼《丁香》

在本章之前，我们创建的都是控制台应用程序，控制台程序交互性差，不适合终端用户操作和使用，它往往用于开发服务程序或一般性的计算程序。从本章开始，我们学习另一种类型的应用程序——Windows 窗体应用程序。Windows 窗体应用程序与计算机中安装的常用软件一样，具有非常灵活和方便的交互界面。在 Visual Studio 中，完全可以通过可视化方式，所见即所得地设计想要的 Windows 窗体。Visual Studio 提供了非常多的控件、组件供用户选择和使用。学习 Windows 窗体程序设计的重点就是学习窗体及各种控件、组件的属性、方法和事件，并能够合理运用。

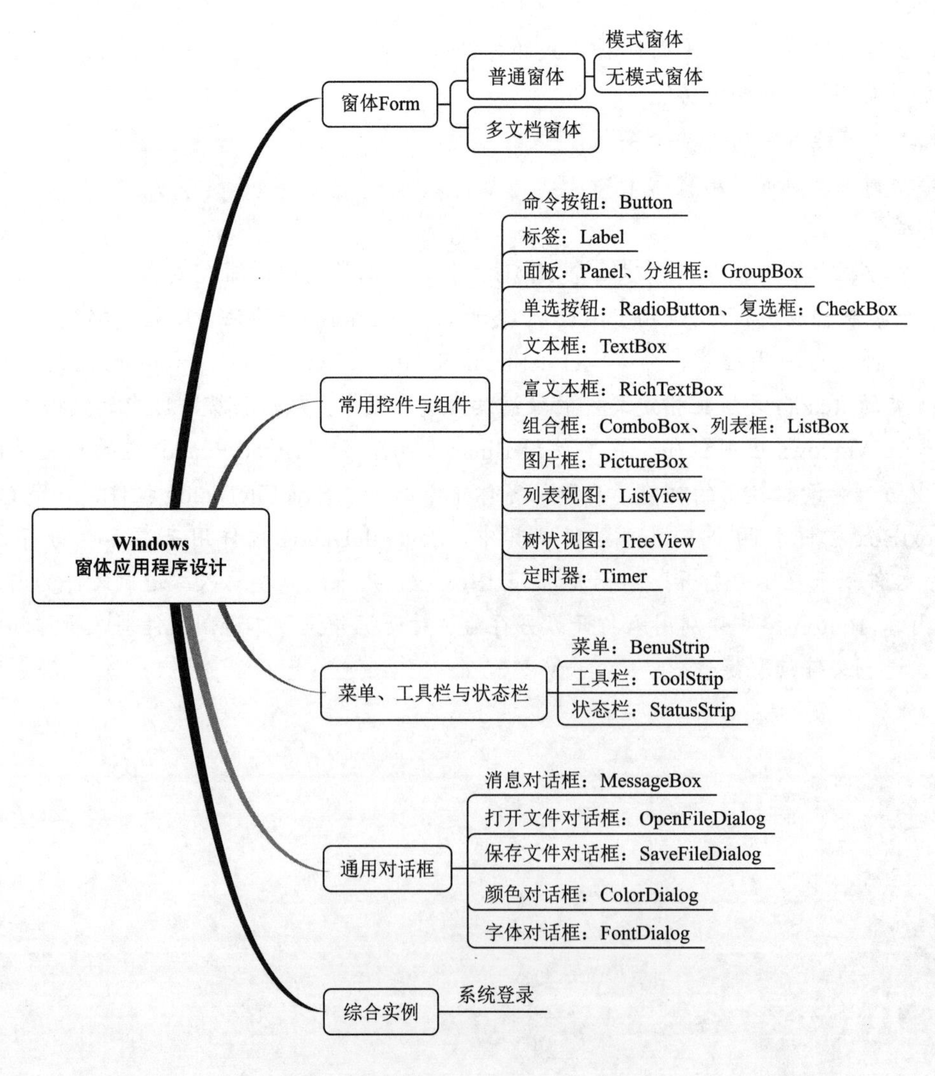

学习目标

（1）掌握 Windows 窗体应用程序设计的一般方法。

（2）掌握窗体的常用属性、方法和事件及其使用方法。

（3）掌握常用 Windows 控件、组件的常用属性、方法和事件及其使用方法。

（4）能够根据实际问题需要综合应用窗体及各类控件、组件设计合理的交互界面，以解决较复杂的问题。

12.1 Windows 窗体介绍

微视频 Windows 窗体介绍

窗体是 Windows 窗体应用程序的基本显示单元，窗体实质上是一块白板（或者容器），开发人员可以向窗体上放置各类控件，以丰富窗体上面的交互元素。窗体实际上是 System.Windows.Forms.Form 类或者其派生类的实例。每设计一个窗体，其实都是在设计一个 Form 派生类。

创建 Windows 窗体应用程序，需使用图 12-1 所示的项目模板来创建项目。项目创建后，默认已包含一个 Form1 窗体，可通过在 Visual Studio 的解决方案资源管理器中的项目节点上右击，在弹出的快捷菜单中选择"添加"→"Windows 窗体"命令，来添加新窗体。新添加的窗体可在解决方案资源管理器中查看到。双击窗体节点"Form1.cs"，可以进入窗体的设计状态，如图 12-2 所示。

图 12-1 选择正确的模板创建 Windows 窗体应用程序

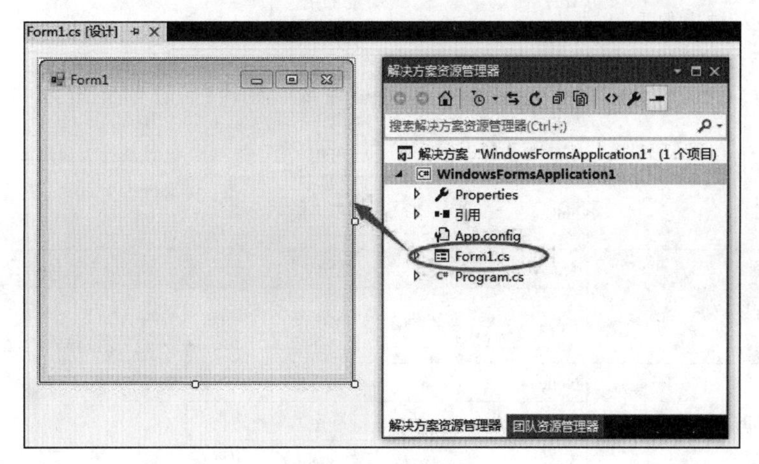

图 12-2 新建窗体

在解决方案资源管理器中，单击窗体节点左侧的三角展开符号，可看到构成该窗体的 3 个物理文件：Form1.cs、Form1.Designer.cs、Form1.resx，如图 12-3 所示。

图 12-3　窗体对应的 3 个物理文件

开发人员手动编写的代码都存储于 Form1.cs 文件中，从工具箱向窗体上放置的控件及通过属性窗口设置的各种属性对应的自动生成的代码存储于 Form1.Designer.cs 文件中。窗体初建时，没有对窗体进行任何改动的情况下，是没有 Form1.resx 文件的，一旦窗体做了改动，会自动生成 Form1.resx 文件。该文件实际是 XML 文件，是资源文件，可以加入任何资源，包括二进制文件资源。

12.1.1　设置窗体属性

窗体创建后，可通过调整窗体的属性来改变窗体的样式、外观、布局及行为方式等。窗体的常用属性如表 12-1 所示。

表 12-1　窗体的常用属性

属　性	属性作用	常用可选值	值 作 用	说　明
Name	窗体名称，唯一标识，同一项目下的窗体 Name 属性值必须唯一			该属性为通用属性，所有的 Windows 控件及组件都具备该属性
ControlBox	控制窗体右上角最大化、最小化、关闭按钮的可见性	True	显示	
		False	不显示	
MaximizeBox	仅控制最大化按钮的可用性	True	可用	
		False	不可用	
MinimizeBox	仅控制最小化按钮的可用性	True	可用	
		False	不可用	
Enabled	控制窗体及其内部控件、组件是否可用	True	可用	该属性为通用属性，如果容器组件的 Enabled 属性设为 false，则容器内的所有控件、组件都不可用
		False	不可用	
IsMdiContainer	是否是 MDI 父窗体	True	是	如果一个窗体被设为 MDI 父窗体，再打开其他窗体时，可以以此窗体为父窗体，呈现出子窗体内嵌在父窗体内的效果
		False	否	
FormBorderStyle	控制窗体的边框样式	None	无边框	
		FixedSingle	固定的单行边框	
		Sizable	可调大小的边框	

续表

属　性	属性作用	常用可选值	值 作 用	说　明
Location	控制窗体左上角的坐标点			所有可视控件都具备该属性，用代码实现时，还可以通过 Left 属性和 Top 属性来设置该坐标。Left 为横坐标，Top 为纵坐标
Width	控制窗体的宽度			所有可视控件都具备该属性，在属性窗口中，需展开 Size 属性才能看到该属性
Height	控制窗体的高度			
Text	设置窗体的标题			
TopMost	控制窗体是否始终在前	True	始终在前	
		False	不始终在前	
StartPosition	控制窗体非最大化状态下，初始显示的位置	Manual	窗体的位置由 Location 属性确定	
		CenterScreen	窗体在当前显示窗口中居中	
		CenterParent	窗体在其父窗体中居中	
		WindowsDefaultLocation	窗体定位在 Windows 默认位置	
WindowState	窗体初始运行时的显示状态	Normal	正常尺寸显示	
		Minimized	最小化显示	
		Maximized	最大化显示	

在 Visual Studio 中，可以通过两种方式设置窗体的属性：通过属性窗口进行可视化设置或通过编写 C# 代码来设置。

在设计区单击窗体，会在右侧显示窗体属性窗口，如图 12-4 所示。

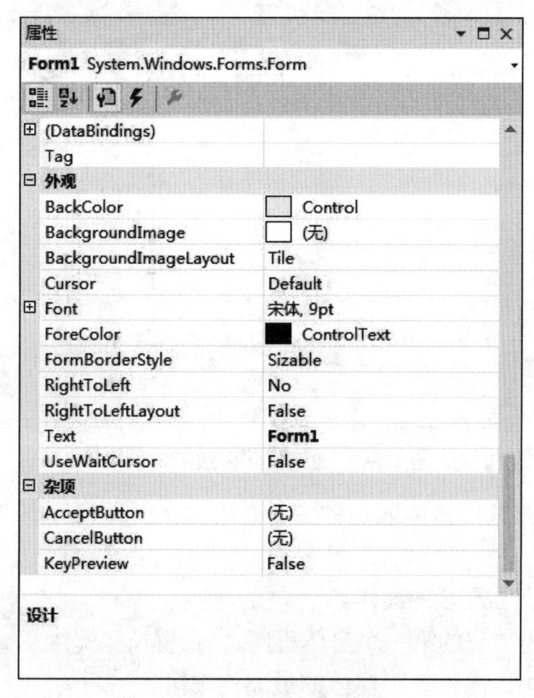

图 12-4　窗体属性窗口

窗体属性窗口左侧列会显示窗体的各个属性名，右侧列为各属性的当前值，可以在此处修改属性的值，如将图 12-4 中的 Text 属性值改为“我的窗体”，则窗体的标题会变为“我的窗体”，如图 12-5 所示。

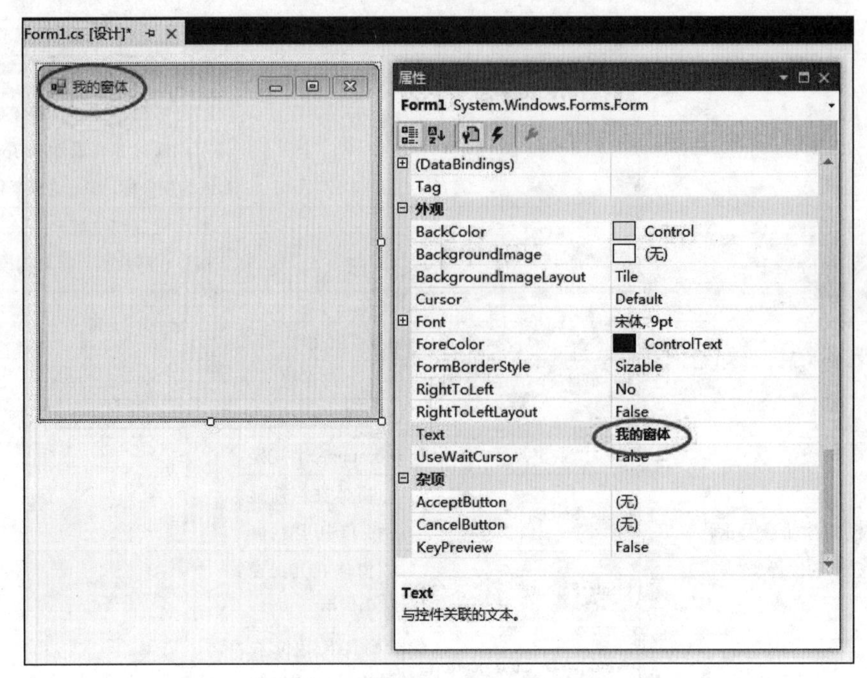

图 12-5 修改 Text 属性后的效果

窗体所有的属性都可通过直接编写代码方式达到同样的效果，在设计区双击窗体会打开窗体的源代码文件“窗体名 .cs”，并自动生成窗体的 Load 事件处理函数“窗体名 _Load”（有关窗体事件的详细说明见本章 12.1.3 节），在 Load 事件处理函数中输入以下代码：

```
this.Text = "通过代码设置的窗体标题";
```

运行程序，会发现新的窗体标题已经生效，如图 12-6 所示。

```
namespace WindowsFormsApplication1
{
    3 个引用
    public partial class Form1 : Form
    {
        1 个引用
        public Form1()
        {
            InitializeComponent();
        }

        1 个引用
        private void Form1_Load(object sender, EventArgs e)
        {
            this.Text = "通过代码设置的窗体标题";
        }
    }
}
```

通过代码设置的窗体标题

图 12-6 通过代码设置窗体属性

要注意的是，属性窗口并未列出窗体或控件的所有属性，而通过代码却可以访问和控制窗体或控件的所有属性。

【实例12-1】创建一个符合外观要求的窗体。

实例描述：设置窗体标题为“我的第一个窗体程序”，设置窗体宽度、高度分别为 400 px，并令窗体不可使用鼠标拖动的方式调整大小，同时禁用窗体的最大化按钮。

实例分析：可通过 Text 属性来控制窗体标题，通过 Width、Height 属性控制窗体的宽度和高度，通过 FormBorderStyle 属性开控制窗体边框的可调性，通过 MaximizeBox 属性控制最大化按钮的可用性。

实例实现：创建项目名称为 Example12_1 的窗体应用程序，双击自动创建的 Form1 窗体，在出现的 Form1_Load() 方法中输入下列代码。

```
private void Form1_Load(object sender, EventArgs e)
{
    this.Text = "我的第一个窗体程序";
    this.Width = 400;
    this.Height = 400;
    this.MaximizeBox = false;
    this.FormBorderStyle = FormBorderStyle.FixedSingle;
}
```

程序运行结果如图 12-7 所示。

图 12-7　实例 12-1 运行结果

12.1.2　应用窗体的方法

应用窗体的方法可以动态改变窗体的行为，如显示、隐藏、关闭窗体等。窗体常用方法如表 12-2 所示。

表 12-2　窗体常用方法

方　法	作　用
Show()	无模式显示窗体。窗体实例化后，可以通过调用本方法令窗体显现。本方法与设置窗体的 Visible 属性为 True 效果相同。注意：窗体的 Visible 属性只能通过代码调用，属性窗口中看不到该属性。本方法为通用方法，可视控件都具有该方法
ShowDialog()	将窗体以模式对话框的形式显示
Hide()	隐藏窗体。本方法与设置窗体的 Visible 属性为 False 效果相同。该方法是通用方法，可视控件都具有该方法
Close()	关闭窗体

【实例12-2】创建一个Windows窗体应用程序，验证上述4个方法。

实例描述：在初始运行的窗体中放置 4 个按钮，分别是“无模式打开第二窗体”“模式打开第二窗体”“隐藏第二窗体”“关闭初始窗体”。

实例分析：以无模式方式打开第二窗体，需要调用第二窗体的 Show() 方法；以模式方式打开第二窗体，需要调用第二窗体的 ShowDialog() 方法；隐藏第二窗体，需要调用第二窗体的 Hide() 方法；关闭初始窗体，需要调用初始窗体的 Close() 方法。

实例实现：

（1）打开 Visual Studio，创建项目名称为 Example12_2 的窗体应用程序。

（2）右击资源管理器中的项目节点，通过快捷菜单新建 Windows 窗体 Form2。

（3）双击 Form1.cs 节点，打开初始窗体 Form1 的设计模式。

（4）向 Form1 中添加按钮控件：在 Visual Studio 左侧的工具箱中，展开“所有 Windows 窗体”组，找到按钮控件“Button”，按住鼠标左键，将其拖入 Form1 的设计区中。工具箱如图 12-8 所示。

（5）右击放入设计区中的按钮，在弹出的快捷菜单中选择“属性”命令，弹出属性窗口，修改按钮的

Text 属性值为“无模式打开第二窗体”。

（6）重复步骤（4）和（5）。再向窗体 Form1 中添加 3 个按钮，Text 属性分别为“模式打开第二窗体”“隐藏第二窗体”“关闭初始窗体”。

设计后的界面效果如图 12-9 所示。

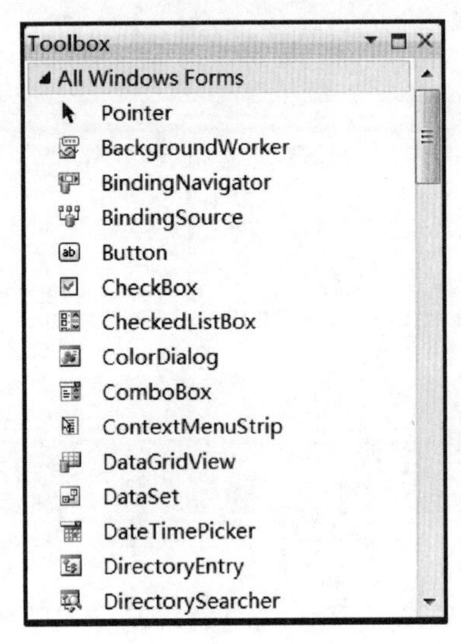

图 12-8 工具箱

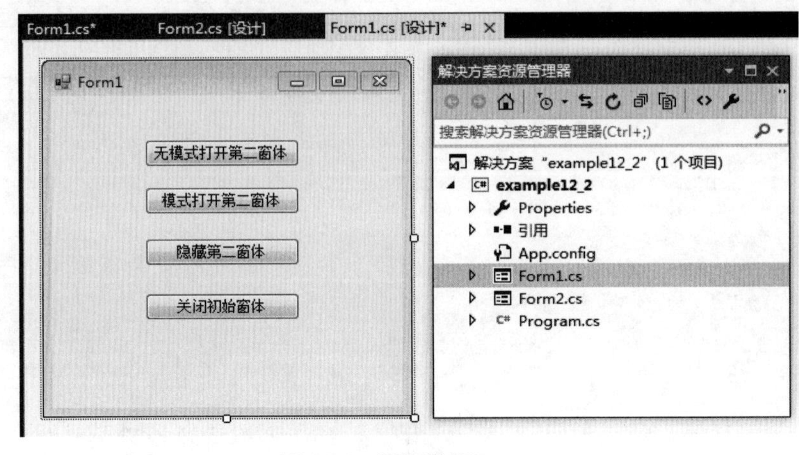

图 12-9 界面效果

（7）分别双击 4 个按钮，系统会自动添加 4 个按钮的 Click 事件处理函数。在各个按钮的事件处理函数及 Form1 类中添加代码，完整的 Form1 类代码如下：

```
public partial class Form1 : Form
{
    public Form1()
    {
        InitializeComponent();
    }
    Form2 frm;//定义第二窗体引用，仅用于无模式显示
    //“无模式打开第二窗体”按钮的事件处理函数
    private void button1_Click(object sender, EventArgs e)
    {
        frm = new Form2();//实例化第二窗体对象
        frm.Show();
    }
    //“模式打开第二窗体”按钮的事件处理函数
    private void button2_Click(object sender, EventArgs e)
    {
        Form2 frm2 = new Form2();//实例化第二窗体对象
        frm2.ShowDialog();
    }
    //“隐藏第二窗体”按钮的事件处理函数
    private void button3_Click(object sender, EventArgs e)
    {
        frm.Hide();
    }
    //“关闭初始窗体”按钮的事件处理函数
    private void button4_Click(object sender, EventArgs e)
    {
        this.Close();
    }
}
```

运行程序，单击“无模式打开第二窗体”按钮，弹出一个 Form2 窗体，不需要关闭它，就可以回到初始窗体 Form1 中；继续单击“模式打开第二窗体”按钮，此时，会以模式形式再打开一个 Form2 窗体，但是如果不关闭本次打开的 Form2 窗体，是无法回到 Form1 中的，这就是无模式窗体和模式窗体的区别。关闭模式打开的 Form2 窗体后，单击“隐藏第二窗体”按钮，会发现最早以无模式形式打开的 Form2 消失了，再单击“关闭初始窗体”按钮，Form1 关闭，同时整个程序关闭（因 Form1 是应用程序运行的主窗体，主窗体关闭，再没有运行其他线程的情况下，整个程序就会结束。）

注意：本实例提前涉及了按钮控件及其Click事件，读者在阅读和验证本实例时只需照做即可，关于按钮及其事件的详细介绍将在本章12.2节中详细介绍。

12.1.3 触发窗体的事件

当用户在使用 Windows 应用程序的时候，必然要和程序进行一定的交互。例如，当单击窗体右上角的关闭按钮后，程序就会产生窗体关闭的事件，并通过相应的事件处理函数来响应用户的操作。当然，事件并不一定是在和用户交互的情况下才会产生的，系统的内部也会产生一些事件并请求处理的，如时钟控件 Timer 的 Tick 事件就是一个典型例子。

每个窗体或控件都有多个事件，当用户针对窗体或控件进行不同的操作时，会触发不同的事件，程序员要做的事情就是为相应的事件创建事件处理函数，并在事件处理函数中编写正确的代码。窗体常用事件如表 12-3 所示。

表 12-3 窗体常用事件

事 件	作 用
Load	加载事件，窗体在向内存加载过程中触发该事件
Click	单击事件，当用鼠标在窗体上单击时触发该事件。该事件为通用事件，多数控件和组件都具备该事件
FormClosing	正在关闭事件。当窗体正在关闭时，触发该事件
KeyDown	键盘按下事件。当窗体获取焦点，并按下键盘按键时，触发该事件。该事件为通用事件，多数控件和组件都具备该事件
KeyUp	键盘弹起事件。当窗体获取焦点，且键盘按键由按下状态变为弹起状态时，触发该事件。该事件为通用事件，多数控件和组件都具备该事件
KeyPress	键盘敲击事件。当窗体获取焦点，并敲击键盘按键时触发该事件。该事件为通用事件，多数控件和组件都具备该事件
MouseDown	鼠标按下事件。当鼠标按键在窗体上按下时，触发该事件。该事件为通用事件，多数控件和组件都具备该事件
MouseUp	鼠标弹起事件。当鼠标按键在窗体上由按下状态变为弹起状态时，触发该事件。该事件为通用事件，多数控件和组件都具备该事件
MouseMove	鼠标移动事件。当鼠标按键在窗体上移动时，触发该事件。该事件为通用事件，多数控件和组件都具备该事件
MouseEnter	鼠标进入事件。当鼠标进入窗体区域时，触发该事件。该事件为通用事件，多数控件和组件都具备该事件
Paint	绘图事件。窗体在显示或可见区域发生变化时会触发该事件。该事件为通用事件，多数控件和组件都具备该事件

每个窗体、控件或组件都有一个默认事件，在设计区双击窗体、控件或组件时，会自动生成其默认事件的事件处理函数。例如，窗体的默认事件是 Load 事件，所以双击窗体时，会自动生成窗体 Load 事件的事件处理函数，如本章 12.1.1 节中的实例 12-1；按钮的默认事件是 Click 事件，所以双击按钮时，会自动生成按钮 Click 事件的事件处理函数，如本章 12.1.2 节中的实例 12-2。如果想创建窗体或控件的非默认事件的事件处理函数，则需要借助属性窗口的事件选项卡来完成，如图 12-10 所示。

单击图 12-10 箭头所指的图标，属性窗口会切换到事件选项卡。在左侧列找到对应的事件（如 FormClosing 事件），双击右侧空白处，会自动创建相应的事件处理函数，并切换到窗体的代码文件中，如图 12-11 所示。

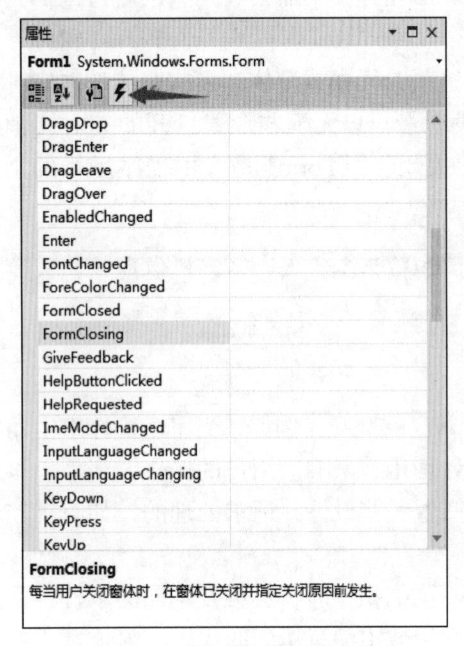

图 12-10　属性窗口的事件选项卡

```
3 个引用
public partial class Form1 : Form
{
    1 个引用
    public Form1()
    {
        InitializeComponent();
    }
    1 个引用
    private void Form1_FormClosing(object sender, FormClosingEventArgs e)
    {

    }
}
```

图 12-11　自动创建窗体 FormClosing 事件的事件处理函数

再次回到窗体的设计模式，查看窗体属性窗口，会发现 FormClosing 事件右侧已经出现对应的事件处理函数名，如图 12-12 所示。

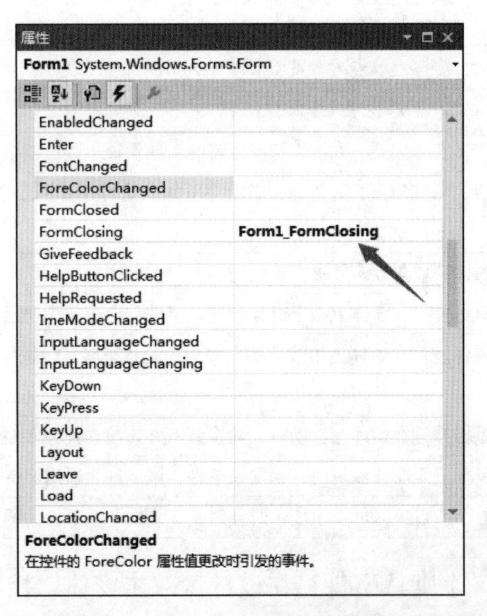

图 12-12　创建 FormClosing 事件处理函数后的属性窗口

【实例12-3】创建一个Windows窗体应用程序，验证窗体事件的应用。

实例描述：窗体加载时，设置窗体始终在前显示，且禁用窗体的最小化按钮和最大化按钮，单击窗体的关闭按钮时，要首先给予对话框提示，如果用户确认关闭，继续完成窗体的关闭，否则取消关闭动作。

实例分析：窗体加载时会触发窗体的 Load 事件，令窗体始终在前可通过 TopMost 属性来控制，禁用窗体最小化和最大化按钮可分别通过 MinimizeBox 和 MaximizeBox 属性控制。单击窗体关闭按钮时会触发 FormClosing 事件，对话框可以使用 MessageBox.Show() 方法来实现，关于 MessageBox 的详细介绍，见本章 12.5.1 节。

实例实现：

（1）创建 Windows 窗体应用程序项目 Example12_3。

（2）使用本节介绍的方法，创建 Load 事件和 FormClosing 事件的事件处理函数。

（3）在 Form1.cs 类文件中编写代码如下：

```
    public partial class Form1 : Form
    {
        public Form1()
        {
            InitializeComponent();

        }
        //关闭窗体事件
        private void Form1_FormClosing(object sender, FormClosingEventArgs e)
        {
           //弹出确认对话框，参数一为提示信息，参数二为对话框标题，参数三控制对话框的按钮类型
             DialogResult dr= MessageBox.Show("确认关闭该窗体吗？", "关闭确认", MessageBoxButtons.
YesNo);
            //如果单击了对话框上的“否”按钮
            if (dr==DialogResult.No)
              e.Cancel = true;        //取消进一步操作
        }
        //窗体加载事件
        private void Form1_Load(object sender, EventArgs e)
        {
            this.TopMost = true;      //始终在前
            this.MinimizeBox = false;//禁用最小化按钮
            this.MaximizeBox = false;//禁用最大化按钮
        }
    }
```

程序运行结果如图 12-13 所示。

图 12-13　实例 12-3 运行效果

12.2　基本 Windows 控件

本节介绍几个常用的基本 Windows 控件的使用，包括按钮控件 Button、标签控件 Label、文本框控件 TextBox，面板控件 Panel、单选按钮控件 RadioButton、复选框控件 CheckBox、富文本框控件 RichTextBox、组合框控件 ComboBox、列表框控件 ListBox，以及图片框控件 PictureBox。

12.2.1　Button 控件

按钮（Button 控件）是 Windows 窗体应用程序最常用的控件之一，用户在界面上的大多数都是以单击按钮作为提交数据或请求的标志性操作。按钮实际上是 System.Windows.Forms.Button 类或其派生类的对象。

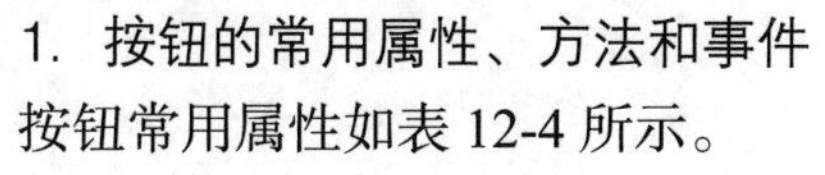

1. 按钮的常用属性、方法和事件

按钮常用属性如表 12-4 所示。

表 12-4　按钮常用属性

属　性	作　用	常用可选值	值作用
Name	按钮名称，唯一标识，同一窗体下的控件 Name 属性值必须唯一		
Text	按钮文本		
Visible	可见性	True	可见
		False	不可见
Enabled	可用性	True	可用
		False	不可用

按钮常用方法如表 12-5 所示。

表 12-5　按钮常用方法

方　法	方法作用
Focus()	令按钮对象获得焦点。本方法为通用方法，窗体及可视控件都具有该方法
Select()	令按钮对象处于选中状态。该方法为通用方法，窗体及可视控件都具有该方法
CreateGraphics()	创建按钮对象的画布对象，主要用于绘图，详见第 13 章。窗体及可视化控件都具有该方法

按钮常用事件如表 12-6 所示。

表 12-6　按钮常用事件

事　件	事件作用
Click	单击事件，当用鼠标在按钮上单击时触发该事件

2. 向窗体中添加按钮

向窗体中添加按钮的方法有两种：

（1）从工具箱选中按钮控件 Button 向窗体拖动的方式，本方式已在本章 12.1.2 节的实例 12-2 中介绍过了。如果读者看不到工具箱，可到“视图”菜单中选择“工具箱”命令，即可打开工具箱。

（2）以编写代码的方式，动态向窗体中添加按钮（也包括其他控件），详见实例 12-4。

【实例12-4】创建一个Windows窗体应用程序，向窗体中动态添加一个按钮。

实例描述：要求在窗体加载时，向窗体正中间位置，动态添加一个按钮，按钮宽度为 150，高度为 60，按钮文本为“我是动态添加的按钮”，并动态添加该按钮的 Click 事件处理函数，使得单击该按钮时，可以弹出消息对话框，消息对话框内容为“在执行动态添加的按钮的 Click 事件处理函数”。

实例分析：若要向窗体中添加一个按钮，首先需要实例化一个 System.Windows.Forms.Button 类型的对象，将按钮对象添加到窗体中，可以使用窗体对象 .Controls.Add(Control value) 方法来完成。Controls 即代表窗体的子控件集合，Add() 方法即向该控件集合中添加新的控件元素。为按钮动态添加 Click 事件处理函数，可以通过向按钮对象的 Click 事件队列中添加一个新的 EventHandler 委托来实现。

实例实现：

（1）创建 Windows 窗体应用程序项目 Example12_4。

（2）在 Form1.cs 文件中添加如下代码：

```
//窗体的Load事件处理函数
private void Form1_Load(object sender, EventArgs e)
 {
      Button btn = new Button();//创建按钮对象
      btn.Width = 150;          //设置按钮宽度
      btn.Height = 60;          //设置按钮高度
      //通过this.ClientRectangle.Width获取窗体工作区（即去除边框）的宽度，并计算居中横坐标
      btn.Left = (this.ClientRectangle.Width - btn.Width) / 2;
      //通过this.ClientRectangle.Height获取窗体工作区（去除标题栏）的高度，并计算居中纵坐标
      btn.Top= (this.ClientRectangle.Height - btn.Height) / 2;
      btn.Text = "我是动态添加的按钮";
      //向btn按钮的Click事件队列中加入一个新的事件处理函数Btn_Click()
```

```
        btn.Click += Btn_Click;
        //将按钮btn添加到窗体的控件集合中
        this.Controls.Add(btn);
    }
    //手动创建的按钮的Click事件处理函数
    private void Btn_Click(object sender, EventArgs e)
    {
         MessageBox.Show("在执行动态添加的按钮的Click事件处理函数");
    }
```

运行程序，并单击“我是动态添加的按钮”按钮，运行结果如图 12-14 所示。

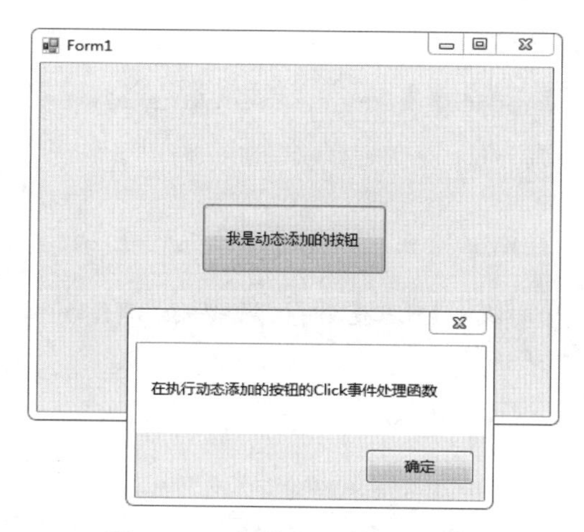

图 12-14　实例 12-4 的运行结果

12.2.2　Label 控件

标签控件 Label 是 Windows 窗体应用程序功能最简单的控件，它主要用于在界面上提示必要的信息。标签是 System.Windows.Forms.Label 类或其派生类的对象。

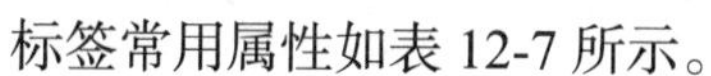

标签常用属性如表 12-7 所示。

表 12-7　标签常用属性

属　性	属性作用	常用可选值	值作用
Text	按钮文本		
Font	设定标签中文本的字体	取决于系统已安装的字体	
ForeColor	设定标签的前景颜色，即文本的颜色		
AutoSize	是否根据内容自动调整尺寸	True	自动调整
		False	不自动调整

一般情况下不需要调用标签的方法来达到某种目的。标签拥有 Click、MouseMove 等通用事件，但一般不需要处理它的事件。绝大多数情况下，都是触发了其他控件的事件后，引发了标签内容或可见性变化。

【实例12-5】创建一个Windows窗体应用程序，实现一个小游戏。

实例描述：游戏界面如图 12-15 所示。本游戏是询问玩家“你爱我吗？”，如果玩家单击“爱”按钮，程序会显示“我也爱你！”，而当玩家尝试向“不爱”按钮移动鼠标时，该按钮就“跑掉”了，不给玩家单击它的机会。

图 12-15　实例 12-5 的游戏界面设计

实例分析：“你爱我吗？”是一个典型的静态文本信息，由 Label 来承载，当玩家单击“爱”按钮时，触发该按钮的 Click 事件，修改

Label 的文本即可。而当玩家视图将鼠标移动到“不爱”按钮上时，会触发按钮的 MouseEnter 事件，在该事件处理函数中需要给“不爱”按钮随机一个新的坐标，将它移走，就实现了按钮“跑掉”的效果。

实例实现：

（1）创建 Windows 窗体应用程序项目 Example12_5。

（2）向 Form1 中放置一个 Label 控件，Name 属性为默认的“Label1”，文本颜色为红色。

（3）向 Form1 中放置两个 Button 控件，Name 属性分别为“Button1”和“Button2”，Text 属性分别为“爱”和“不爱”，在属性窗口的事件选项卡中分别生成 Button1 和 Button2 的 Click 事件处理函数及 Button2 的 MouseEnter 事件处理函数。

（4）编写 3 个事件处理函数，代码如下：

```
    private void button1_Click(object sender, EventArgs e)
      {
            label1.Text="我也爱你！";
      }
      private void button2_Click(object sender, EventArgs e)
      {
          //虽然这里有不爱的反馈，但很可惜玩家是没有机会触发这个事件的
          label1.Text="真遗憾.....";
      }
      private void button2_MouseEnter(object sender, EventArgs e)
      {
          Random r = new Random();//创建随机对象
          //计算横坐标合理的随机范围
          button2.Left = r.Next(this.ClientRectangle.Left, this.ClientRectangle.Width - button2.
Width);
          //计算纵坐标合理的随机范围
          button2.Top = r.Next(this.ClientRectangle.Top, this.ClientRectangle.Height - button2.
Height);
     }
```

12.2.3 TextBox 控件

文本框 TextBox 也是 Windows 窗体应用程序最常用的控件之一，用户在界面上需要录入信息时大多数都是以 TextBox 来实现的。文本框是 System.Windows.Forms.TextBox 类或其派生类的对象。

文本框用于用户输入和结果展示，包括最常见的密码输入，本节实例 12-6、实例 12-7 主要用于数字和文本输入与展示，密码输入详见 12.6 节中的综合实例。

文本框的常用属性如表 12-8 所示。

表 12-8 文本框的常用属性

属　性	属性作用	常用可选值	值作用
Text	按钮文本		
Multiline	是否允许多行	True	允许
		False	不允许
PasswordChar	密码占位符，当文本框输入的内容需要保密时，可以为该属性设定一个占位符号，输入的内容将会被占位符号代替显示		
TextAlign	文本对齐方式	Left	左对齐
		Right	右对齐
		Center	居中
MaxLength	允许输入的最大字符长度		
WordWrap	是否允许自动换行，仅当 Multiline 属性为 True 时有效	True	允许
		False	不允许

续表

属　性	属性作用	常用可选值	值作用
ScrollBars	滚动条启用样式。仅当 Multiline 属性为 True 时有效	None	无滚动条
		Horizontal	仅水平滚动条
		Vertical	仅垂直滚动条
		Both	双向滚动条
ReadOnly	控制文本框是否只读	True	内容只读
		False	可读写

文本框的常用方法如表 12-9 所示。

表 12-9　文本框的常用方法

方　法	方法作用
Clear()	清除文本框内容

文本框的常用事件如表 12-10 所示。

表 12-10　文本框的常用事件

事　件	事件作用
TextChanged	文本框最常用的事件，也是默认事件。当文本框的文本内容发生变化时，触发该事件

【实例12-6】创建一个Windows窗体应用程序，设计一个加法计算器。

实例描述：设计图 12-16 所示界面，在前两个文本框中输入两个数字后，单击“=”按钮，计算前两个数的和并显示在第 3 个只读文本框中。

实例分析：本程序计算操作是发生在单击“=”按钮后的，因此，应处理“=”按钮的 Click 事件。在该事件中，首先获取两个文本框的内容，并分别转换成 double 类型的数据，然后进行加运算，并将结果显示在第 3 个文本框中。

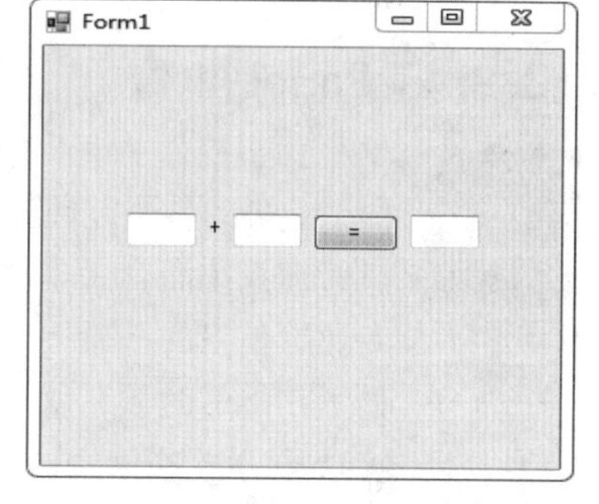

图 12-16　实例 12-6 界面设计

实例实现：

（1）创建 Windows 窗体应用程序项目 Example12_6。

（2）从左到右依次放置一个 TextBox（Name 为 "textBox1"）、一个 Label（Text 为 "+"）、一个 TextBox（Name 为 "textBox2"）、一个 Button（Text 为 "="）、一个文本框（Name 为 "textBox3"，ReadOnly 为 "True"）。

（3）双击 "=" 按钮，创建其 Click 事件处理函数，编写代码如下：

```
private void button1_Click(object sender, EventArgs e)
  {
      //定义两个变量，分别用于存放两个运算数
      double num1, num2;
      //TryParse方法尝试将第一参数字符串转换成double类型的数据
      //如果转换成功，将转换后的double数据赋给输出参数（第二参数），并返回True
      //否则返回false
      if (!double.TryParse(textBox1.Text, out num1)|| !double.TryParse(textBox2.Text, out num2))
      {
          MessageBox.Show("必须输入数字！");
          return;
      }
      double result = num1 + num2;
      //将计算结果显示在TextBox3中
      textBox3.Text = result.ToString();
}
```

【实例12-7】创建一个Windows窗体应用程序，制作一个文本同步复写器。

实例描述：程序界面如图 12-17 所示。要求，在上面文本框中输入内容时，下面文本框与上面文本框保持同步更新内容。

实例分析：本程序要求在上面文本框中输入内容的同时，处理下面文本框的更新，也就是在上面文本框内容发生变化的时候，执行更新操作，其实就是触发了上面文本框的 TextChanged 事件，每输入或删减一个字符，都会触发一次 TextChanged 事件。在 TextChanged 事件处理函数中，只要把上面文本框的内容赋给下面的文本框即可。

Form1
原文文本：
同步更新文本：

图 12-17　实例 12-7 界面设计

实例实现：

（1）创建 Windows 窗体应用程序项目 Example12_7。

（2）向窗体依次添加一个 Label（Text 为“原文文本：”），一个 Text Box（Name 为“textBox1”，Multiline 为“True”），一个 Label（Text 为“同步更新文本：”），一个 TextBox(Name 为“textBox2”，Multiline 为“True”）。

（3）双击 textBox1，创建其 TextChanged 事件处理函数，编写代码如下：

```
private void textBox1_TextChanged(object sender, EventArgs e)
{
    textBox2.Text = textBox1.Text;
}
```

12.2.4　Panel 控件

微视频
Panel控件

面板控件 Panel 也是 Windows 窗体应用程序最常用的容器控件之一，开发人员经常将完成同一业务的各个控件放入同一个 Panel 内，以达到方便统一控制的目的。例如，对于一个学生信息管理系统而言，本科生和研究生的信息是不同的，研究生在具备本科生拥有的学号、姓名、专业等信息的基础上，还拥有研究方向、导师、正在参与的科研课题等信息，在实现学生信息显示功能的时候，就要区分学生层次，如果是本科生，则不显示研究方向、导师、科研课题等信息，反之就要显示这些信息。如果一个一个控制各个信息的承载控件的 Visible 属性未免太过麻烦，这时就可以将承载研究生特有信息的各个控件放到一个 Panel 内，通过控制 Panel 的 Visible 属性来批量控制其子控件的可见性。面板控件是 System.Windows.Forms.Panel 类或其派生类的对象。

面板控件的常用属性如表 12-11 所示。

表 12-11　面板控件的常用属性

属　性	属性作用	常用可选值	值作用
AutoScroll	如果 Panel 内的某些控件坐标超出 Panel 的可见区，则该属性控制是否自动生成滚动条	True	自动生成滚动条
		False	不自动生成
BackColor	设置 Panel 的背景色		
Controls	任何容器控件都具备 Controls 属性，包括窗体。Controls 属性是个集合，其内存储容器控件内的所有子控件。它具备集合的一切特性，如 Add()、Remove()、RemoveAt()、Clear() 等方法		

一般情况下不需要调用面板控件的方法来达到某种目的，也不需要触发面板的事件。

【实例12-8】创建一个Windows窗体应用程序，遍历显示学生基本信息。

实例描述：设计图 12-18 所示界面。遍历实现准备好的学生信息，如果学生是普通学生，则仅显示学号、姓名和专业信息，研究方向和导师姓名区域全部隐藏。如果是研究生，还需要显示其研究方向和导师姓名。单击“上一个”“下一个”按钮可向前、向后依次遍历集合中的学生。

实例分析：本实例考查知识点较多。首先，考查学生和研究生的面向对象类设计及继承的应用（研究生也是学生，只不过是特殊的学生）；其次，考查集合的应用，需要在程序中预置一个学生集合，里面既有普通学生又有研究生；再次，考查集合的遍历，单击“上一个”“下一个”按钮时需依次遍历集合元素；最后，考查 Panel 控件的应用，需通过 Panel 整体控制研究生特有信息区域的显示和隐藏。

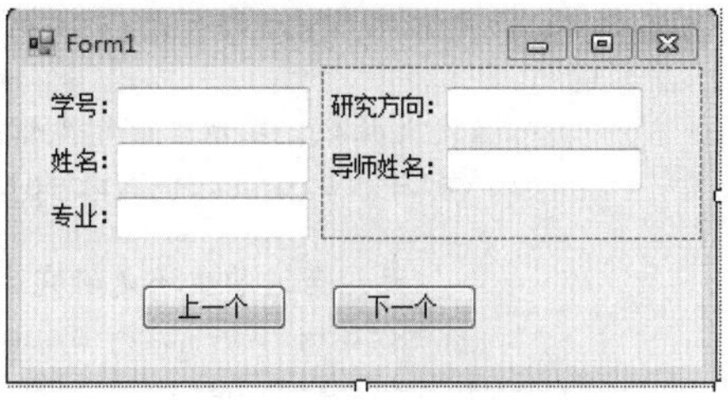

图 12-18 实例 12-8 界面设计

实例实现：

（1）创建 Windows 窗体应用程序项目 Example12_8。

（2）按照图 12-18 界面效果，添加相应的控件。

（3）创建两个类：普通学生 Student 类和研究生 GraduateStudent 类。代码如下：

```
    class Student                              //普通学生类
    {
           public string stuId;                //学号
           public string stuName;              //姓名
           public string stuMajor;             //专业
           public Student(string stuId, string stuName, string stuMajor)
           {
               this.stuId = stuId;
               this.stuName = stuName;
               this.stuMajor = stuMajor;
           }
    }
    class GraduateStudent : Student            //研究生类，继承普通学生类
      {
           public string researchDirection;//研究方向
           public string supervisorName;    //导师姓名
           public GraduateStudent(string stuId, string stuName, string stuMajor, string
researchDirection,
    string supervisorName): base(stuId, stuName, stuMajor)
           {
               this.researchDirection = researchDirection;
               this.supervisorName = supervisorName;
           }
      }
```

（4）编写 Form1.cs 代码如下：

```
    public partial class Form1 : Form
    {
        public Form1()
        {
            InitializeComponent();
        }
        //学生集合，用于存储所有的学生，包括研究生
        List<Student> students = new List<Student>();
        //当前遍历到的学生索引
        int currentNumber = 0;
        //窗体加载事件处理函数
        private void Form1_Load(object sender, EventArgs e)
        {
            //创建一个普通学生，添加到学生集合
            students.Add(new Student("95001","张三","计算机科学与技术"));
            //创建一个研究生，添加到学生集合
            students.Add(new GraduateStudent("95002","李四","软件工程","软件工程管理","刘明"));
            //创建一个普通学生，添加到学生集合
            students.Add(new Student("95003","王五","软件工程"));
            //显示当前学生信息，即第一个学生
```

```
            ShowCurrentStudent();
        }
        //自定义函数，显示当前学生信息
        private void ShowCurrentStudent()
        {
            //无论普通学生还是研究生，先将基本信息取出放入控件中
            textBox1.Text = students[currentNumber].stuId;
            textBox2.Text = students[currentNumber].stuName;
            textBox3.Text = students[currentNumber].stuMajor;
            //如果当前学生是一个研究生类型的对象
            if (students[currentNumber] is GraduateStudent)
            {
                //令Panel可见
                panel1.Visible = true;
                //把研究生特有信息放入控件
                textBox4.Text = ((GraduateStudent)students[currentNumber]).researchDirection;
                textBox5.Text = ((GraduateStudent)students[currentNumber]).supervisorName;
            }
            else//否则让Panel隐藏
                panel1.Visible = false;
        }
        //“下一个”按钮单击事件处理函数
        private void button2_Click(object sender, EventArgs e)
        {
            //索引递加
            currentNumber++;
            //如果当前学生已经是最后一个
            if (currentNumber == students.Count)
            {
                MessageBox.Show("已经到最后一个学生，没有下一个了！");
                //回退索引
                currentNumber = students.Count - 1;
            }
            else//显示当前学生
                ShowCurrentStudent();
        }
        //“上一个”按钮单击事件处理函数
        private void button1_Click(object sender, EventArgs e)
        {
            //索引递减
            currentNumber--;
            //如果当前学生已经是第一个学生
            if (currentNumber == -1)
            {
                MessageBox.Show("已经到第一个学生，没有上一个了！");
                //回退索引
                currentNumber = 0;
            }
            else
                ShowCurrentStudent();
        }
    }
```

另外，还有一个与 Panel 类似的名为 GroupBox（分组框）的常用容器控件，GroupBox 与 Panel 的用法基本相同，只有细微的差别属性和外观差别。例如，GroupBox 比 Panel 多了一圈内边线，且上边线处可以显示标题文字，由 Text 属性来控制，而 Panel 不具备 Text 属性；再如，Panel 具备滚动条，而 GroupBox 没有滚动条。关于 GroupBox 不再详述，读者可自行使用 GroupBox 来修改上述实例 12-8 的实现。

12.2.5 RadioButton 控件

单选按钮 RadioButton 多用于从多个选项中互斥性地选择唯一选项的交互需求，如性别选择、政治面貌选择等。单选按钮是 System.Windows.Forms.RadioButton 类或其派生类的对象。

单选按钮常用属性如表 12-12 所示。

表 12-12　单选按钮常用属性

属　性	属性作用	常用可选值	值作用
Text	单选按钮的文本		
Checked	设置或读取单选按钮是否被选中	True	选中
		False	未选中

一般情况下不需要调用单选按钮的方法来达到某种目的。单选按钮常用事件如表 12-13 所示。

表 12-13　单选按钮常用事件

事　件	事件作用
CheckedChanged	单选按钮最常用的事件，也是默认事件。当单选按钮的选择状态发生变化时，触发该事件

【实例12-9】创建一个Windows窗体应用程序，录入学生基本信息。

实例描述：设计图 12-19 所示界面，根据学生身份的不同显示不同的录入界面：当选择普通学生时，则仅需要录入学号、姓名、性别和专业；当选择研究生时，还需要录入研究方向和导师姓名。录入后的信息存入集合中。

实例分析：本实例重点考查以下两个知识点。

（1）RadioButton 天生具有互斥性，本题界面上的 4 个 RadioButton，如果不做处理，就会 4 个 RadioButton 只能选中一个，而很明显，本题这 4 个 RadioButton 实际是分成两组的，两个身份 RadiouButton 只能选一个，同时，两个性别 RadioButton 也只能选一个。解决的方法是，将两组 RadioButton 分别放在不同的 Panel 内，也就是用 Panel 将它们进行分组。

（2）当单击某个身份 RadioButton 时，要控制研究生特有信息区域的可见性，该处是触发了 RadioButton 的 CheckedChanged 事件。

实例实现：

（1）创建 Windows 窗体应用程序项目 Example12_9。

（2）按照图 12-19 所示设计界面，放置相应的控件，设置各主要控件的属性如表 12-14 所示。

图 12-19　实例 12-9 的界面设计

表 12-14　实例 12-9 各主要控件的属性

控　件	属 性 名	属 性 值
“普通学生”RadioButton	Name	rbStudent
“研究生”RadioButton	Name	bGraduateStudent
	Checked	True
“男”RadioButton	Name	rbMale
	Checked	True
“女”RadioButton	Name	rbFemale
研究生特有属性所在 Panel	Name	plGraduateStudentMessage
学号文本框	Name	txtStuId
姓名文本框	Name	txtName
专业文本框	Name	txtMajor
研究方向文本框	Name	txtResearchDirection
导师姓名文本框	Name	txtSupervisorName

（3）按住【Ctrl】的键同时选中“普通学生”和“研究生”单选按钮，打开属性窗口，切换到事件选项卡，双击 CheckedChanged 事件右边的空白处。本操作的目的是让两个单选按钮的 CheckedChanged 事件执行同一个事件处理函数，以避免重复编码。

（4）创建两个类：普通学生 Student 类和研究生 GraduateStudent 类（由于加入了性别字段，所以本例的 Student 类和 GraduateStudent 类实现与实例 12-8 稍有变化）。

代码如下：

```
class Student
{
    public string stuId;             //学号
    public string stuName;           //姓名
    public string stuGender;         //性别
    public string stuMajor;          //专业
    public Student(string stuId, string stuName, string stuGender, string stuMajor)
    {
        this.stuId = stuId;
        this.stuName = stuName;
        this.stuGender = stuGender;
        this.stuMajor = stuMajor;
    }
}
class GraduateStudent:Student
{
    public string researchDirection;//研究方向
    public string supervisorName;   //导师姓名
    public GraduateStudent(string stuId, string stuName, string stuGender, string stuMajor,
string researchDirection, string supervisorName)
                        : base(stuId, stuName, stuGender, stuMajor)
    {
        this.researchDirection = researchDirection;
        this.supervisorName = supervisorName;
    }
}
```

（5）编写 Form1.cs 文件代码如下：

```
public partial class Form1 : Form
{
    public Form1()
    {
        InitializeComponent();
    }
    //用于存储所有的学生（包括研究生）
    List<Student> students = new List<Student>();
    //自定义函数，用于清空各文本框内容，方便下一次输入
    private void ClearInput()
{
        txtStuId.Clear();
        txtName.Clear();
        txtMajor.Clear();
        txtResearchDirection.Clear();
        txtSuperVisorName.Clear();
    }
    //普通学生和研究生单选按钮共同执行的CheckedChanged事件处理函数
    private void rbStudent_CheckedChanged(object sender, EventArgs e)
    {
        //sender可以返回触发事件的对象
```

```
        RadioButton rb = (RadioButton)sender;
        //如果当前RadioButton被选中了
        if(rb.Checked)
        {
            //如果当前选中“普通学生”单选按钮
            if (rb.Text == "普通学生")
                //隐藏研究生特有信息的Panel
                plGraduateStudentMessage.Visible = false;
            else
                plGraduateStudentMessage.Visible = true;
        }
        ClearInput();
    }
    private void button1_Click(object sender, EventArgs e)
    {
        //获取当前选中的性别
        string gender = rbMale.Checked ? rbMale.Text : rbFemale.Text;
        Student student;
        if (rbStudent.Checked)//如果当前是普通学生，实例化Student对象
            student = new Student(txtStuId.Text, txtName.Text, gender, txtMajor.Text);
        else
            //实例化GraduateStudent对象
            student = new GraduateStudent(txtStuId.Text, txtName.Text, gender, txtMajor.Text,
  txtResearchDirection.Text, txtSuperVisorName.Text);
        //保存到集合中
        students.Add(student);
        //弹出消息对话框，提示保存成功
        MessageBox.Show("保存成功，现在共有" + students.Count + "位学生");
        ClearInput();
    }
}
```

12.2.6 CheckBox 控件

微视频 CheckBox 控件

复选框 CheckBox 多用于从多个选项中进行多项选择的交互需求，如做多选题、选择多样商品等。复选框是 System.Windows.Forms.CheckBox 类或其派生类的对象。

复选框的常用属性如表 12-15 所示。

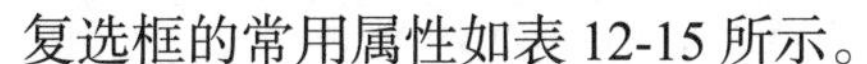

表 12-15 复选框的常用属性

属 性	属性作用	常用可选值	值作用
Text	复选框的文本		
Checked	设置或读取复选框是否被选中	True	选中
		False	未选中
ThreeState	是否启用 CheckBox 三状态模式，如果启用，复选框除了勾选和不勾选外，还有一种不明确状态（Indeteminate）	True	启用
		False	不启用
CheckState	设置或读取当前的选择状态。如果启用了三状态模式，通过该属性可以设置或读取当前状态	Unchecked	未勾选
		Indeteminate	不确定
		Checked	已勾选

一般情况下不需要调用复选框的方法来达到某种目的。复选框的默认事件同单选按钮一样，也是 CheckedChanged 事件，但不常用。

【实例12-10】创建一个Windows窗体应用程序，实现多选题答题和阅卷。

实例描述：设计图 12-20 所示界面，界面中每次显示一道题的题干和 4 个备选项，考生通过勾选复选

框来答题，单击“下一题”按钮时，判断本题是否回答正确并给予提示，之后显示下一题的题干和备选项，到最后一题时，按钮文本变为“完成”，单击该按钮完成最后一题的判题。

实例分析：本实例重点考查以下两个知识点。

（1）CheckBox 的运用，能够正确获取每个 CheckBox 的状态。

（2）正确处理程序逻辑，能够正确显示和切换每一道题的显示，能够正确阅卷。

实例实现：

（1）创建 Windows 窗体应用程序项目 Example12_10。

（2）按照图 12-20 所示设计界面，放置相应的控件，设置各主要控件的属性如表 12-16 所示。

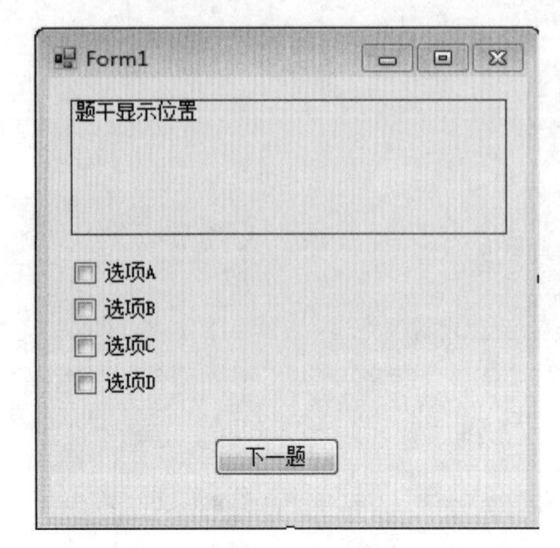

图 12-20　实例 12-10 界面设计

表 12-16　实例 12-10 各主要控件的属性

控　件	属 性 名	属 性 值
题干 Label	Name	lbTitle
“选项 A” CheckBox	Name	cbA
“选项 B” CheckBox	Name	cbB
“选项 C” CheckBox	Name	cbC
“选项 D” CheckBox	Name	cbD

（3）创建一个 Question 类，用于封装问题的属性和判题行为。代码如下：

```
class Question
{
    public string title;         //题干
    public string choiceA;       //选项A
    public string choiceB;       //选项B
    public string choiceC;       //选项C
    public string choiceD;       //选项D
    public string correctAnswer;//正确答案
    /// <summary>
    /// 判题
    /// </summary>
    /// <param name="stuAnswer">考生答案</param>
    /// <returns>反馈判题结果</returns>
    public bool Judge(string stuAnswer)
    {
       //考虑到录入的答案大小写、顺序不一定规范，先做规范化处理：先转大写再按字母顺序排序
        char[] arrStuAnswer = stuAnswer.ToUpper().ToCharArray();
        Array.Sort(arrStuAnswer);
        char[] arrCorrectAnswer = correctAnswer.ToUpper().ToCharArray();
        Array.Sort(arrCorrectAnswer);
        //将排序后的考生答案和正确答案转回字符串进行比较
        return new string(arrStuAnswer) == new string(arrCorrectAnswer);
    }
}
```

（4）编写 Form1.cs 文件代码如下：

```
public partial class Form1 : Form
{
    public Form1()
    {
        InitializeComponent();
    }
    //试题集合
```

```
    List<Question> questions = new List<Question>();
    //当前显示的试题索引
    int currentQuestionIndex = 0;
    //按钮事件处理函数
    private void button1_Click(object sender, EventArgs e)
    {
        //根据四个CheckBox状态，获取学生答案
        string stuAnswer = "";
        if (cbA.Checked)
            stuAnswer += "A";
        if (cbB.Checked)
            stuAnswer += "B";
        if (cbC.Checked)
            stuAnswer += "C";
        if (cbD.Checked)
            stuAnswer += "D";
        //判题
        if (questions[currentQuestionIndex].Judge(stuAnswer))
            MessageBox.Show("回答正确！");
        else
            MessageBox.Show("回答错误！");
        //索引递增，准备显示下一题
        currentQuestionIndex++;
        //如果下一题是最后一题，则改变按钮文本
        if (currentQuestionIndex == questions.Count - 1)
            button1.Text = "完成";
        //如果没有下一题了，则关闭程序
        if (currentQuestionIndex == questions.Count)
        {
            this.Close();
            return;
        }
        //显示下一题
        ShowCurrentQuestion();
    }
    //自定义函数，显示下一题
    private void ShowCurrentQuestion()
  {
        //构造"序号、题干"的显示格式
        lbTitle.Text =currentQuestionIndex+1+"、"+ questions[currentQuestionIndex].title;
        cbA.Text = questions[currentQuestionIndex].choiceA;
        cbB.Text = questions[currentQuestionIndex].choiceB;
        cbC.Text = questions[currentQuestionIndex].choiceC;
        cbD.Text = questions[currentQuestionIndex].choiceD;
        //重置所有复选框为未选状态
        cbA.Checked = cbB.Checked = cbC.Checked = cbD.Checked = false;
    }
    //窗体加载事件
    private void Form1_Load(object sender, EventArgs e)
    {
        //初始化3个试题，放入questions集合
        Question question1 = new Question();
        question1.title = "以下哪些选项是操作系统？";
        question1.choiceA = "Linux";
        question1.choiceB = "Unix";
        question1.choiceC = "Office";
        question1.choiceD = "Windows";
        question1.correctAnswer = "bad";
        questions.Add(question1);
        Question question2 = new Question();
        question2.title = "以下哪些语言是面向对象语言？";
```

```
            question2.choiceA = "C#";
            question2.choiceB = "C";
            question2.choiceC = "C++";
            question2.choiceD = "Java";
            question2.correctAnswer = "ADC";
            questions.Add(question2);
            Question question3 = new Question();
            question3.title = "以下哪些选项能够作为C#的标识符？";
            question3.choiceA = "2abc";
            question3.choiceB = "_abc";
            question3.choiceC = "ab2c";
            question3.choiceD = "true";
            question3.correctAnswer = "BC";
            questions.Add(question3);
            //显示当前试题，即第一题
            ShowCurrentQuestion();
        }
    }
```

12.2.7 RichTextBox 控件

微视频
RichTextBox控件

富文本框 RichTextBox 是比 TextBox 功能要丰富的控件。富文本框控件能够处理 RTF 格式的文本，能够实现类似 Windows 写字板的功能。富文本框是 System.Windows.Forms.RichTextBox 类或其派生类的对象。

富文本框常用属性如表 12-17 所示。

表 12-17　富文本框常用属性

属　　性	属性作用	常用可选值	值作用
Text	获取或设置去掉格式的纯文本		
Rtf	获取或设置富文本框的文本，包括 RTF 格式代码		
HideSelection	控制当富文本框控件没有焦点时，该控件中选定的文本是否保持突出显示	True	不保持
		False	保持
SelectionFont	获取或设置富文本框当前选中文本的字体		
SelectionColor	获取或设置富文本框当前选中文本的颜色		
SelectionStart	获取或设置当前选中文本的起始索引		
SelectionLength	获取或设置当前选中文本的字符数		

富文本框常用方法如表 12-18 所示。

表 12-18　富文本框常用方法

方　　法	方法作用
SaveFile(string path)	将当前富文本框中的内容保存成 path 路径指定的 RTF 文件
LoadFile(string path)	打开 path 路径指定的 RTF 文件并读取内容，显示到富文本框中
Select(int start,int length)	选中富文本框中指定起始索引及长度的文本

富文本框常用事件如表 12-19 所示。

表 12-19　富文本框常用事件

事　　件	事件作用
TextChanged	富文本框的默认事件。当富文本框的文本内容发生变化时，触发该事件

【实例12-11】创建一个Windows窗体应用程序，制作一个简易写字板。

实例描述：设计图 12-21 所示界面，在富文本框内输入文本或从指定路径读取 RTF 文件内容后，可以选中其中某些文字，为其设定颜色及字号，并将其保存到指定路径下。

实例分析：可以调用富文本框的 LoadFile() 方法实现打开 RTF 文件功能，调用 SaveFile() 方法实现保存 RTF 文档功能，可通过富文本框的 SelectionColor 属性为选中文本设定新的颜色，SelectionFont 属性为选中文本设定新的字号。

本实例涉及一个新控件：用于设置字号的 NumericUpDown 控件，该控件可以通过右侧的上下箭头调整数字大小，通过 Value 属性返回当前值，本例要求在调整数字时，所选文字的字号同步变化，需触发 NumericUpDown 控件的 ValueChanged 事件。此处增加一个全新控件，是想提醒读者，没有任何一本教材可以将所有的控件都介绍到，读者需要做的是通过学习本书介绍的常用控件，掌握控件的基本学习和使用方法（无非就是属性、方法和事件的使用），并举一反三，能够自学更多控件的使用。

实例实现：

（1）创建 Windows 窗体应用程序项目 Example12_11。

（2）按照图 12-21 设计界面，放置相应的控件，设置各主要控件的属性如表 12-20 所示。

图 12-21　实例 12-11 界面设计

表 12-20　实例 12-11 各主要控件的属性

控　件	属 性 名	属 性 值
路径文本框	Name	txtPath
“红色”RadioButton	Name	rbRed
“绿色”RadioButton	Name	rbGreen
“蓝色”RadioButton	Name	rbBlue
字号 NumericUpDown	Name	nudFontSize
	Value	与 RichTextBox 设定的字号一致
RichTextBox	Name	rtbContent
	HideSelection	False

（3）编写 Form1.cs 文件代码如下：

```
public partial class Form1 : Form
{
    public Form1()
    {
        InitializeComponent();
    }
    //打开按钮Click事件处理函数
    private void button1_Click(object sender, EventArgs e)
    {
        //判断文件是否存在，存在才加载文件
        if (System.IO.File.Exists(txtPath.Text))
            rtbContent.LoadFile(txtPath.Text);
        else
            MessageBox.Show("无此文件! ");
    }
    //NumericUpDown的ValueChanged事件处理函数
    private void nudFontSize_ValueChanged(object sender, EventArgs e)
    {
        //获取选中文本的原字体
        Font oldFont = rtbContent.SelectionFont;
        //沿用原字体，仅重新设置字体大小
        rtbContent.SelectionFont = new Font(oldFont.FontFamily, (float)nudFontSize.Value);
    }
    //保存按钮Click事件处理函数
    private void button2_Click(object sender, EventArgs e)
```

```
        {
            string path = txtPath.Text;
            string directory = path.Substring(0, path.LastIndexOf('\\'));
            if (System.IO .Directory.Exists(directory))
                rtbContent.SaveFile(txtPath.Text);
            else
                MessageBox.Show("无此文件夹! ");
        }
        //3个RadioButton共同的CheckedChanged事件处理函数
        private void rbBlue_CheckedChanged(object sender, EventArgs e)
        {
            //获取事件源
            RadioButton rb = (RadioButton)sender;
            //如果被选中了
            if (rb.Checked)
            {
                //初始化新颜色，默认为黑色
                Color newColor = Color.Black;
                //根据当前单选按钮含义，创建新颜色
                switch (rb.Text)
                {
                    case "红色":
                        newColor = Color.Red;
                        break;
                    case "绿色":
                        newColor = Color.Green;
                        break;
                    case "蓝色":
                        newColor = Color.Blue;
                        break;
                }
                //为选中文本设置新颜色
                rtbContent.SelectionColor = newColor;
            }
        }
    }
```

12.2.8 ComboBox 控件

微视频 ComboBox 控件

组合框 ComboBox 是 Windows 窗体应用程序最常用的选择类控件，有些信息是不应该由用户随意输入的，如性别、政治面貌等，这类信息应该提供可选项由用户来选择，而如果用 RadioButton 来实现，每个选项都需要占位置，选项多了，会显得界面非常臃肿。组合框是 System.Windows.Forms.ComboBox 类或其派生类的对象。

组合框的常用属性如表 12-21 所示。

表 12-21　组合框的常用属性

属　性	属性作用	常用可选值	值作用
Text	设置或获取与组合框关联的文本		
DropDownStyle	控制组合框下拉样式	DropDown	通过单击下箭头指定显示列表，并指定文本部分可编辑
		Simple	指定列表始终可见，并指定文本部分可编辑。这表示用户可以输入新的值，而不仅限于选择列表中现有的值
		DropDownList	通过单击下箭头指定显示列表，并指定文本部分不可编辑（常用）

续表

属　性	属性作用	常用可选值	值作用
Items	返回组合框的可选项集合		
SelectedIndex	获取或设置组合框当前选中项的索引		
SelectedItem	获取或设置组合框当前选中的项		
SelectedValue	获取或设置通过 ValueMember 属性指定的成员属性的值		
DataSource	获取或设置组合框的数据源（用于数据绑定，详见第 14 章）		
DisplayMember	获取或为组合框绑定用于显示的字段（通常与 DataSource、ValueMember 搭配使用）		
ValueMember	获取或为组合框绑定选项实际值的字段（通常与 DataSource、DisplayMember 搭配使用）		

一般情况下，不需要调用组合框的方法来达到某种目的。组合框的常用事件如表 12-22 所示。

表 12-22　组合框的常用事件

事　件	事件作用
SelectedIndexChanged	组合框的默认事件。当组合框选中项的索引发生变化时，触发该事件
SelectedValueChanged	当组合框选中项的实际值发生变化时，触发该事件
SelectedTextChanged	当组合框选中项的文本发生变化时，触发该事件

【实例12-12】创建一个Windows窗体应用程序，实现组合框二级联动效果。

实例描述：设计图 12-22 所示界面，程序运行时，在系部组合框中预置若干系部，当选择某一系部时，班级组合框加载该系部下属的班级集合，要求两个组合框都只能选择不能随意输入，单击“提交”按钮时，弹出消息对话框显示当前选中的系部和班级。

实例分析：在系部组合框中预置可选项，可以在窗体 Load 事件中，调用组合框的 Items.Add() 方法来实现。选择某一系部，向班级组合框加载可选项，需触发系部组合框的 SelectedIndexChanged 事件，在其中根据所选系部名称，向班级组合框加入不同的可选项。控制组合框只能选择不能输入，而通过设置组合框的 DropDownStyle 属性为 DropDownList 来实现。获取非数据绑定组合框选中的内容可通过组合框的 Text 属性来得到。

实例实现：

（1）创建 Windows 窗体应用程序项目 Example12_12。

（2）按照图 12-22 所示设计界面，放置相应的控件，设置各主要控件的属性如表 12-23 所示。

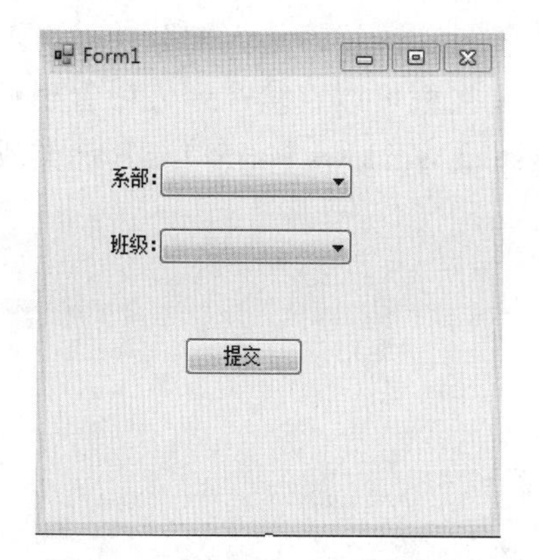

图 12-22　实例 12-12 界面设计

表 12-23　实例 12-12 各主要控件的属性

控　件	属 性 名	属 性 值
系部 ComboBox	Name	cmbDepartment
	DropDownStyle	DropDownList
班级 ComboBox	Name	cmbClass
	DropDownStyle	DropDownList

（3）编写 Form1.cs 文件代码如下：

```
public partial class Form1 : Form
{
    public Form1()
    {
        InitializeComponent();
    }
    //窗体Load事件处理函数
    private void Form1_Load(object sender, EventArgs e)
    {
        //向系部组合框添加可选项
        cmbDepartment.Items.Add("计算机学院");
        cmbDepartment.Items.Add("软件学院");
        cmbDepartment.Items.Add("数理学院");
  }
    //系部组合框的SelectedIndexChanged事件处理函数
    private void cmbDepartment_SelectedIndexChanged(object sender, EventArgs e)
    {
        //判断当前选中的是什么系部，向班级组合框加入相应的班级选项
        switch (cmbDepartment.Text)
        {
            case "计算机学院":
                cmbClass.Items.Add("计科191");
                cmbClass.Items.Add("计科192");
                break;
            case "软件学院":
                cmbClass.Items.Add("软件191");
                cmbClass.Items.Add("软件192");
                cmbClass.Items.Add("软件193");
                cmbClass.Items.Add("软件194");
                break;
            case "数理学院":
                cmbClass.Items.Add("数学191");
                cmbClass.Items.Add("数学192");
                break;
        }
    }
    //提交按钮Click事件处理函数
    private void button1_Click(object sender, EventArgs e)
    {
        //弹出消息对话框，显示结果
        MessageBox.Show("当前选择的是：" + cmbDepartment.Text+"下面的" + cmbClass.Text + "班");
    }
}
```

12.2.9 ListBox 控件

微视频 ListBox 控件

列表框 ListBox 是 Windows 窗体应用程序的另一个选择类控件，该控件绝大部分功能与组合框类似，只是外观不同：组合框需要展开才能看到可选项，列表框可以直接在列表中看到可选项。另外，组合框只能单选，列表框支持多选。列表框是 System.Windows.Forms.ListBox 类或其派生类的对象。

列表框常用属性如表 12-24 所示。

表 12-24 列表框常用属性

属　　性	属性作用	常用可选值	值作用
Text	设置或获取与列表框关联的文本		
Items	返回列表框的可选项集合		
SelectionMode	控制列表框的选择模式	One	单选
		MultiSimple	多选
		MultiExtended	需要借助【Ctrl】、【Shift】键多选
SelectedIndex	获取或设置组合框当当前选中项的索，如果是多选，仅返回选中的第一项		
SelectedItem	获取或设置列表框当前选中的项，如果是多选，仅返回选中的第一项		
SelectedValue	获取或设置通过 ValueMember 属性指定的成员属性的值		
SelectedIndices	如果是多选，返回选中项的索引集合		
SelectedItems	如果是多选，返回选中的项		
DataSource	获取或设置列表框的数据源（用于数据绑定，详见第 14 章）		
DisplayMember	获取或为列表框绑定用于显示的字段（经常与 DataSource、ValueMember 搭配使用）		
ValueMember	获取或为列表框绑定选项实际值的字段（经常与 DataSource、DisplayMember 搭配使用）		

一般情况下不需要调用列表框的方法来达到某种目的。列表框常用事件如表 12-25 所示。

表 12-25 列表框常用事件

事件名	事件作用
SelectedIndexChanged	列表框的默认事件。当列表框选中项的索引发生变化时，触发该事件
SelectedValueChanged	当列表框选中项的实际值发生变化时，触发该事件

【实例12-13】创建一个Windows窗体应用程序，实现一个高校选择器。

实例描述：设计图 12-23 所示界面，程序运行时，待选列表框中有若干学校，用户可通过【Ctrl】或【Shift】键进行多选，单击“>”按钮，将选中的学校移到已选列表框中；也可单击“>>”按钮，将所有的待选列表框中所有的学校都移到已选列表框。在已选列表框中选择多个学校，单击“<”按钮，将已选列表框中选中的学校移回待选列表框中，或者单击“<<”按钮，将所有的已选列表框中的学校移回待选列表框。

实例分析：本程序两个多选按钮都需要支持多选，需设置 SelectionMode 属性为 MultiExtended。单击“>”、“<”按钮移动选中项时，需要使用 SelectedItems 来获取多个选中项，移除元素需要使用列表框的 Items.RemoveAt() 方法，向列表框中添加元素需要使用 Items.Add() 方法来实现。

实例实现：

（1）创建 Windows 窗体应用程序项目 Example12_13。

（2）按照图 12-23 所示界面，放置相应的控件，设置各主要控件的属性如表 12-26 所示。

图 12-23 实例 12-13 界面设计

表 12-26 实例 12-13 各主要控件的属性

控 件	属 性 名	属 性 值
待选学校 ListBox	Name	lbSchools
	SelectionMode	MultiExtended
已选学校 ListBox	Name	lbSelectedSchools
	SelectionMode	MultiExtended
“>” 按钮	Name	btnSelect
“>>” 按钮	Name	btnSelectAll
“<” 按钮	Name	btnDeselect
“<<” 按钮	Name	btnDeselectAll

（3）编写 Form1.cs 文件代码如下：

```
public partial class Form1 : Form
{
    public Form1()
    {
        InitializeComponent();
    }
    //窗体Load事件处理函数
    private void Form1_Load(object sender, EventArgs e)
    {
        //初始化待选列表可选项
        lbSchools.Items.Add("清华大学");
        lbSchools.Items.Add("北京大学");
        lbSchools.Items.Add("浙江大学");
        lbSchools.Items.Add("南开大学");
        lbSchools.Items.Add("复旦大学");
   }
    //">"按钮Click事件处理函数
    private void btnSelect_Click(object sender, EventArgs e)
    {
        //获取选中的学校数
        int selectCount = lbSchools.SelectedItems.Count;
        for (int i = 0; i < selectCount; i++)
        {
            //将选中的第0项添加到已选列表
            lbSelectedSchools.Items.Add(lbSchools.SelectedItems[0]);
            //从待选列表中删除该项。注意：下一个选中项将是选中集合中的第0项
            lbSchools.Items.RemoveAt(lbSchools.SelectedIndices[0]);
        }
    }
//">>"按钮Click事件处理函数
private void btnSelectAll_Click(object sender, EventArgs e)
    {
        //遍历待选列表中的每一项，添加到已选列表中
        for (int i = 0; i < lbSchools.Items.Count; i++)
        {
            lbSelectedSchools.Items.Add(lbSchools.Items[i]);
        }
        //清空待选列表
        lbSchools.Items.Clear();
    }
//"<"按钮Click事件处理函数
    private void btnDeselect_Click(object sender, EventArgs e)
    {
        //获取已选列表中选中项的数量
        int selectCount = lbSelectedSchools.SelectedItems.Count;
```

```
            //逐一将每一个选中项移到待选列表中
            for (int i = 0; i < selectCount; i++)
            {
                lbSchools.Items.Add(lbSelectedSchools.SelectedItems[0]);
                lbSelectedSchools.Items.RemoveAt(lbSelectedSchools.SelectedIndices[0]);
            }
        }
    // "<<" 按钮Click事件处理函数
    private void btnDeselectAll_Click(object sender, EventArgs e)
        {
            for (int i = 0; i < lbSelectedSchools.Items.Count; i++)
            {
                lbSchools.Items.Add(lbSelectedSchools.Items[i]);
            }
            lbSelectedSchools.Items.Clear();
        }
    }
```

12.2.10　PictureBox 控件

微视频 PictureBox 控件

图片框 PictureBox 可以用于在界面上显示图片。图片框是 System.Windows.Forms.PictureBox 类或其派生类的对象。

图片框常用属性如表 12-27 所示。

表 12-27　图片框常用属性

属　性	属性作用	常用可选值	值作用
Image	获取或设置 PictureBox 的图片		
SizeMode	指明图片在 PictureBox 上的显示模式	Normal	图片置于 PictureBox 的左上角，如果图片过大，则只能显示 PictureBox 尺寸范围内的图片部分
		StretchImage	图片按比例缩放，完全撑满显示在 PictureBox 中
		AutoSize	PictureBox 会根据图片尺寸自动调整大小
		CenterImage	如果图片尺寸大于 PictureBox，则只显示图片中间 PictureBox 尺寸范围内的图片部分

一般情况下不需要调用图片框的方法或处理其事件来达到某种目的。

【实例12-14】创建一个Windows窗体应用程序，制作相册查看程序。

实例描述：设计图 12-24 所示界面，单击“下一张”“上一张”按钮可以自动切换图片。图片来源自应用程序目录下的 images 文件夹。

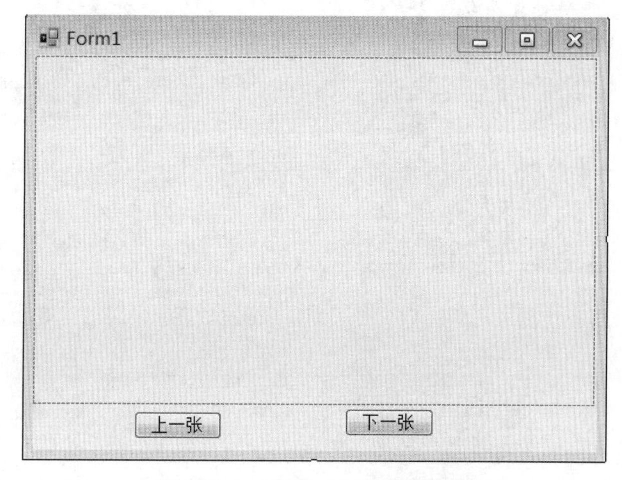

图 12-24　实例 12-14 界面设计

实例分析：可通过调用 Directory.GetFiles(string path) 方法获取指定文件夹下的所有文件，通过 Image.

FromFile(string path) 函数读取指定路径的图片，将其赋给 PictureBox 的 Image 属性，即可显示图片。

实例实现：

（1）创建 Windows 窗体应用程序项目 Example12_14。

（2）按照图 12-24 所示界面，放置相应的控件，设置 PictureBox 的 SizeMode 属性为 StretchImage。

（3）在项目的 Debug 文件夹下，建立文件夹“images”，并向里面放入一定数量的图片。

（4）编写 Form1.cs 文件代码如下：

```
public partial class Form1 : Form
{
    public Form1()
    {
        InitializeComponent();
    }
    string[] picturesPath;          //用于存放所有的图片路径
    int currentIndex = 0;           //当前显示的图片索引
    private void Form1_Load(object sender, EventArgs e)
    {
        //获取images文件夹所有的文件
        picturesPath = System.IO.Directory.GetFiles("images");
        //显示第一个文件
        pictureBox1.Image = Image.FromFile(picturesPath[currentIndex]);
    }
    //"下一张"按钮Click事件处理函数
    private void button2_Click(object sender, EventArgs e)
    {
        //索引递增
        currentIndex++;
        //如果已经是最后一张图片
        if (currentIndex == picturesPath.Length)
        {
            MessageBox.Show("已经是最后一张图片！");
            //回退索引
            currentIndex--;
        }
        else
            //显示图片
            pictureBox1.Image = Image.FromFile(picturesPath[currentIndex]);
    }
    //"上一张"按钮Click事件处理函数
    private void button1_Click(object sender, EventArgs e)
    {
        //索引递减
         currentIndex--;
        //如果已经是第一张图片
        if (currentIndex == -1)
        {
            MessageBox.Show("已经是第一张图片！");
            //索引归零
            currentIndex=0;
        }
        else
            //显示图片
            pictureBox1.Image = Image.FromFile(picturesPath[currentIndex]);
    }
}
```

程序运行结果如图 12-25 所示。

图 12-25　实例 12-14 运行结果

12.3　菜单、工具栏与状态栏

本节介绍菜单控件 MenuStrip、工具栏控件 ToolStrip 及状态栏控件 StatusStrip 的基本使用。

12.3.1　MenuStrip 控件

菜单是 Windows 窗体应用程序常用控件之一，它通常结合 MDI 多文档窗体来使用，用于从父窗体向其他子窗体导航。菜单是 System.Windows.Forms.MenuStrip 类或其派生类的对象。

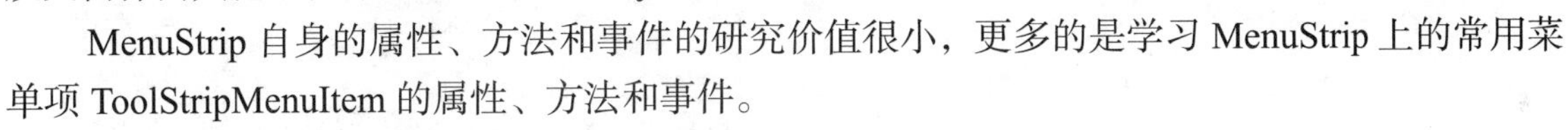

MenuStrip 自身的属性、方法和事件的研究价值很小，更多的是学习 MenuStrip 上的常用菜单项 ToolStripMenuItem 的属性、方法和事件。

1. 菜单项 ToolStripMenuItem 的常用属性和事件

菜单项常用属性如表 12-28 所示。

表 12-28　菜单项常用属性

属　性	属性作用
Text	设置或获取菜单项的文本
ShortcutKeys	设置或获取菜单项的快捷键

一般情况下不需要调用菜单项的方法来达到某种目的。菜单项常用事件如表 12-29 所示。

表 12-29　菜单项常用事件

事件名	事件作用
Click	菜单项的单击事件，当单击菜单项时触发该事件

2. 菜单的基本设计

从工具箱中将 MenuStrip 控件拖到窗体上后的效果如图 12-26 所示。图 12-26 下方的箭头所指即菜单控件本身,上方箭头所指的整条选中区为程序运行后菜单出现的位置及预览效果。单击上方箭头所指的“请在此处键入”位置，可以输入当前菜单项的文本，同时出现该菜单的兄弟菜单向（右侧）和子菜单项的编辑入口，如图 12-27 所示。

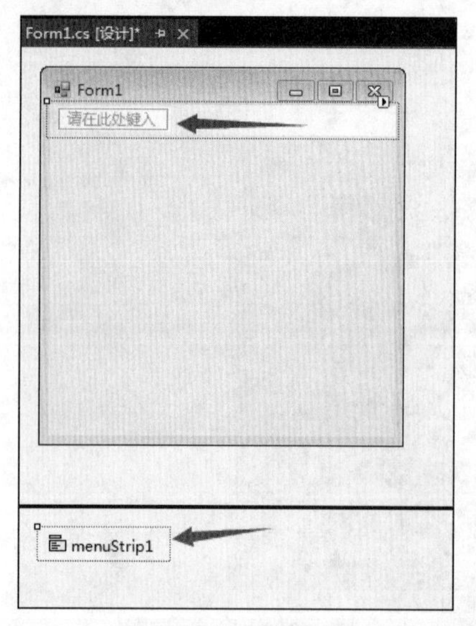

图 12-26　菜单控件放置在窗体上的设计效果

图 12-27　兄弟菜单项和子菜单项编辑入口

再次单击某个“请在此处输入”，录入菜单项文本的同时可继续出现该菜单项的兄弟和子菜单项编辑入口。默认情况下，新添的菜单项为 ToolStripMenuItem 及一般菜单项，如果想添加其他类型的菜单项，可以在菜单项上右击，在弹出的快捷菜单中选择“插入”命令，会看到图 12-28 所示界面，可以选择创建其他类型的菜单项，此处不再赘述，读者可自行尝试使用。

【实例12-15】创建一个Windows窗体应用程序，结合MDI多文档窗体应用MenuStrip。

实例描述：程序运行时显示图 12-29 所示的主界面，当选择“数据管理”→“系部添加”命令时，打开系部添加界面，如图 12-30 所示；再选择“数据管理”→“教师添加”命令时，打开教师添加界面，如图 12-31 所示。

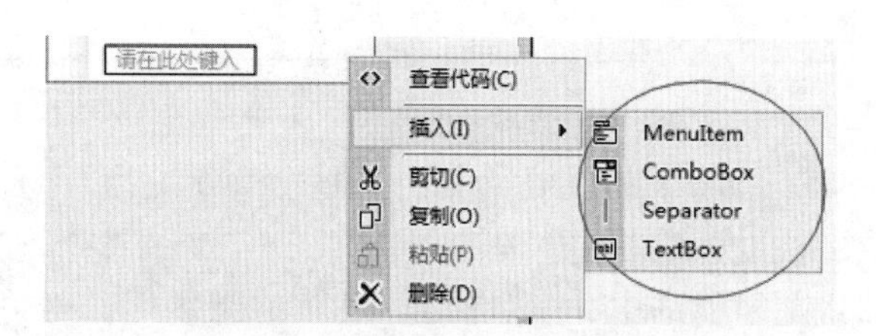

图 12-28　创建其他类型的菜单项

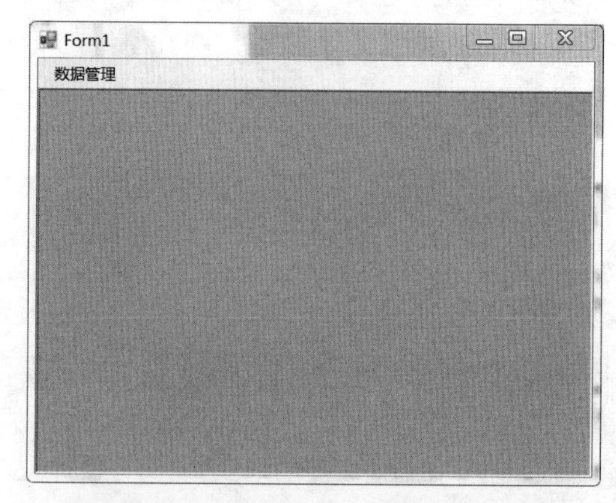

图 12-29　实例 12-15 主界面运行结果

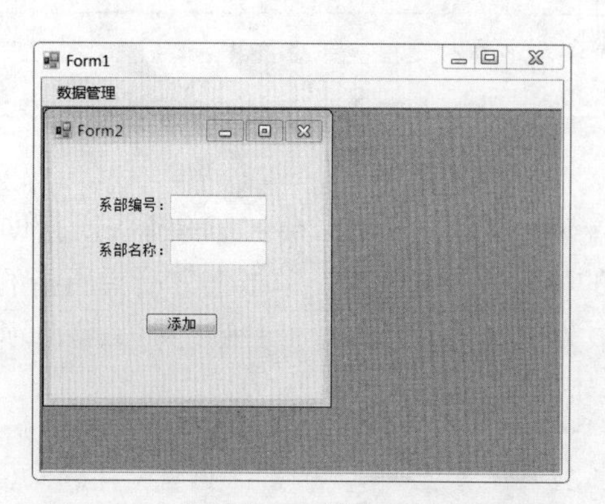

图 12-30　打开添加系部界面的运行结果

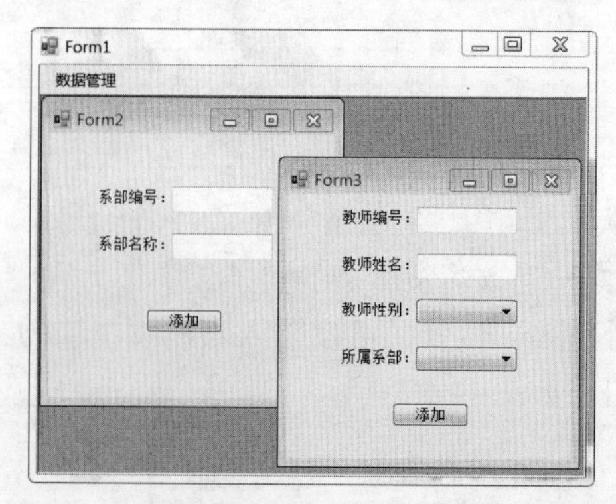

图 12-31　接着打开添加教师界面的运行结果

实例分析：通过观察上述 3 个界面运行结果可发现，被打开的系部添加界面和教师添加界面均被加载到主界面内，这就是 MDI 多文档窗体（也称 MDI 父子窗体）的界面风格。实现的方式是将主界面的 IsMdiContainer 属性设为 True，令其成为 MDI 父窗体，在菜单项的 Click 事件处理函数中打开系部添加界面和教师添加界面时，令它们的 MdiParent 为主界面，使父子关系成立。

实例实现：

（1）创建 Windows 窗体应用程序项目 Example12_15。

（2）按照图 12-29 所示界面，为 Form1 设计菜单样式，设置 Form1 的 IsMdiContainer 属性为 True。

（3）按照图 12-30 和图 12-31 中子窗体的样式，分别创建窗体 Form2 和 Form3 并添加相应控件。

（4）编写 Form1.cs 文件代码如下：

```
public partial class Form1 : Form
{
    public Form1()
    {
        InitializeComponent();
    }
    //“添加系部”菜单项Click事件处理函数
    private void 系部添加ToolStripMenuItem_Click(object sender, EventArgs e)
    {
        //实例化添加系部窗体
        Form2 frm = new Form2();
        //为添加系部窗体指明父窗体是Form1
        frm.MdiParent = this;
        //显示添加系部窗体
        frm.Show();
    }
    //“添加教师”菜单项Click事件处理函数
    private void 教师添加ToolStripMenuItem_Click(object sender, EventArgs e)
    {
        //实例化添加教师窗体
        Form3 frm = new Form3();
        //为添加教师窗体指明父窗体是Form1
        frm.MdiParent = this;
        //显示添加教师窗体
        frm.Show();
    }
}
```

本例的重点不是实现系部添加和教师添加功能，因此，没有进一步对 Form2 和 Form3 进行编码，有兴趣的读者可自行完善后续功能。

12.3.2 ToolStrip 控件

微视频 ToolStrip 控件

工具栏往往与菜单结合使用，在软件设计时，如果某些功能极其常用，通过菜单操作需要深入几层，效率低。此时就可以考虑将该功能的入口设计在工具栏上，如 Visual Studio 的保存、启动等功能入口，都放在了工具栏上，如图 12-32 所示。

图 12-32 Visual Studio 自身的工具栏效果

工具栏是 System.Windows.Forms.ToolStrip 类或其派生类的对象。

ToolStrip 自身的属性、方法和事件的研究价值很小，更多的是学习 ToolStrip 上的各种工具栏元素的使用，最常用的工具栏元素是 ToolStripButton，本书重点介绍工具栏按钮 ToolStripButton 的常用属性、方法和事件。

1. 工具栏按钮 ToolStripButton 的常用属性和事件

工具栏按钮的常用属性如表 12-30 所示。

表 12-30　工具栏按钮的常用属性

属　性	属性作用
Image	设定工具栏按钮的图标，工具栏按钮基本没有用文字描述的，都是以图标形式标识其功能
Text	设置或获取工具栏按钮的鼠标悬停提示文本

一般情况下不需要调用工具栏按钮的方法来达到某种目的。工具栏按钮的常用事件如表 12-31 所示。

表 12-31　工具栏按钮的常用事件

事　件	事件作用
Click	工具栏按钮的单击事件，当单击工具栏按钮时触发该事件

2. 工具栏的基本设计

从工具箱中将 ToolStrip 控件拖到窗体上后的效果如图 12-33 所示。图 12-33 下方的箭头所指即工具栏控件本身，上方箭头所指的整条选中区为程序运行后工具栏出现的位置及预览效果。单击上方箭头所指的向下箭头，弹出图 12-34 所示菜单，可以选择当前位置要创建的工具栏元素类型，“Button”就是前述的工具栏按钮 ToolStripButton，选择好工具栏元素类型后，工具栏上会出现新的空位置以供添加新的工具栏元素。

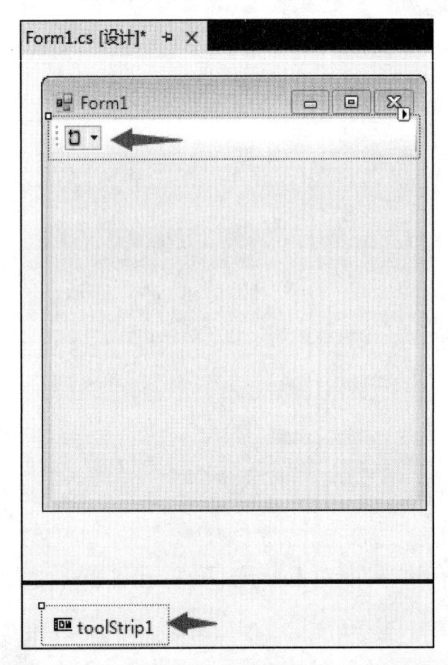

图 12-33　工具栏控件放置在窗体上的设计效果

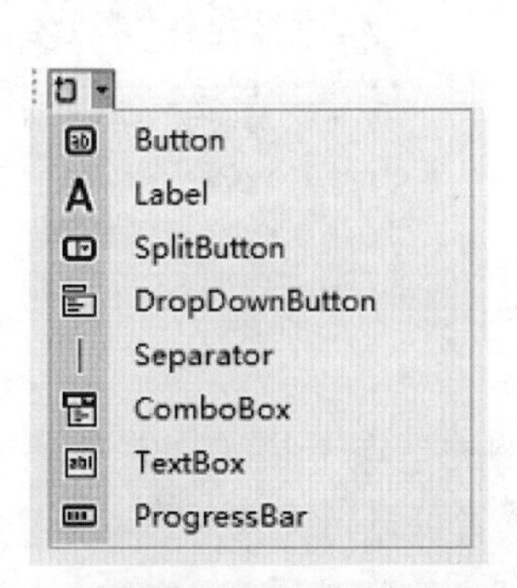

图 12-34　选择要添加的工具栏元素类型

【实例12-16】改进实例12-15的程序，为其添加工具栏。

实例描述：程序运行时显示图 12-35 所示的主界面，当单击工具栏上的第一个按钮时，打开系部添加界面；单击第二个按钮时，打开教师添加界面。

实例分析：本程序在实例 12-15 的基础上加上工具栏，由图 12-35 可知，两个工具栏元素都是工具栏按钮，且分别显示了不同的图片，单击两个工具栏按钮，分别触发其 Click 事件，在 Click 事件中，只要调用原“系部添加”命令和“教师添加”命令的 Click 事件同样的功能代码即可。

图 12-35　实例 12-16 主界面运行结果

实例实现：

（1）打开项目 Example12_15。

（2）按照图 12-35 所示界面，为 Form1 添加并设计工具栏及工具栏按钮。

（3）双击两个工具栏按钮，创建两个工具栏按钮的 Click 事件处理函数。改写 Form1.cs 文件代码如下：

```
public partial class Form1 : Form
{
    public Form1()
    {
        InitializeComponent();
    }
    //“添加系部”菜单项Click事件处理函数
    private void 系部添加ToolStripMenuItem_Click(object sender, EventArgs e)
    {
        //实例化添加系部窗体
        Form2 frm = new Form2();
        //为添加系部窗体指明父窗体是Form1
        frm.MdiParent = this;
        //显示添加系部窗体
        frm.Show();
    }
    //“添加教师”菜单项Click事件处理函数
    private void 教师添加ToolStripMenuItem_Click(object sender, EventArgs e)
    {
        //实例化添加教师窗体
        Form3 frm = new Form3();
        //为添加教师窗体指明父窗体是Form1
        frm.MdiParent = this;
        //显示添加教师窗体
        frm.Show();
    }
    //系部添加工具栏按钮Click事件处理函数
    private void toolStripButton1_Click(object sender, EventArgs e)
    {
        //把“系部添加”菜单项的Click事件处理函数当做普通函数调用
        系部添加ToolStripMenuItem_Click(new object(), new EventArgs());
    }
    //教师添加工具栏按钮Click事件处理函数
    private void toolStripButton2_Click(object sender, EventArgs e)
    {
        //把“教师添加”菜单项的Click事件处理函数当做普通函数调用
        教师添加ToolStripMenuItem_Click(new object(), new EventArgs());
    }
}
```

上述代码中加粗的部分是相比实例 12-15 新增的代码片段。

12.3.3 StatusStrip 控件

微视频

StatusStrip 控件

状态栏在窗体的下方，一般用于显示窗体或应用程序当前的运行或数据状态，如在 Windows 资源管理器中选中某一个磁盘时，状态栏会显示当前磁盘下共有多少个文件 / 文件夹（不包含子文件夹及子文件），如图 12-36 所示。

状态栏是 System.Windows.Forms.StatusStrip 类或其派生类的对象。

StatusStrip 自身的属性、方法和事件的研究价值很小，更多的是学习 StatusStrip 上的各种元素的使用，最常用的工具栏元素是状态标签 ToolStripStatusLabel，本书重点介绍状态标签 ToolStripStatusLabel 的常用属性、方法和事件。

图 12-36　Windows 资源管理器中选中磁盘时状态栏的信息

1. 状态标签 ToolStripStatusLabel 的常用属性

状态标签常用属性如表 12-32 所示。

表 12-32　状态标签常用属性

属　性	属性作用
Text	设置或获取状态标签的文本

一般情况下不需要调用状态标签的方法或事件来达到某种目的。

2. 状态栏的基本设计

从工具箱中将 StatusStrip 控件拖到窗体上后的效果如图 12-37 所示。图 12-37 下方的箭头所指即状态栏控件本身，上方箭头所指的整条选中区为程序运行后状态栏出现的位置及预览效果。单击上方箭头所指的向下箭头，弹出图 12-38 所示菜单，可以选择当前位置要创建的状态栏元素类型，“Label”就是前述的状态标签 ToolStripStatusLabel，选择好状态栏元素类型后，状态栏上会出现新的位置以供创建新的状态栏元素。

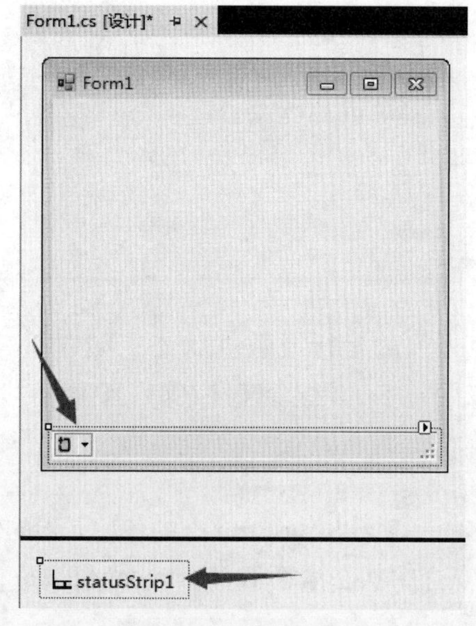

图 12-37　状态栏控件放置在窗体上的设计结果

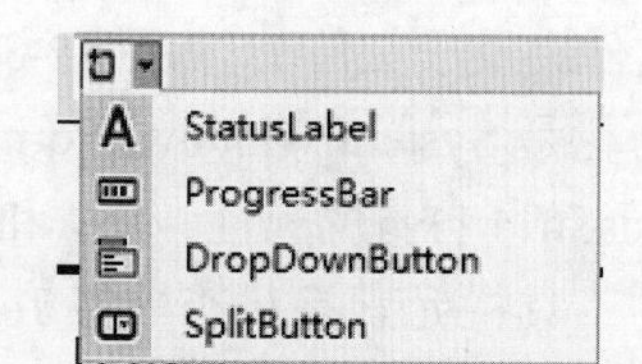

图 12-38　选择要创建的状态栏元素类型

【实例12-17】在实例12-16的基础上，为其添加状态栏。

实例描述：程序运行时显示图 12-39 所示的主界面，下方的状态栏实时显示当前的活动窗体是哪个窗体。

图 12-39　实例 12-17 主界面运行结果

实例分析：本程序在实例 12-16 的基础上加上状态栏，由图 12-39 可知，状态栏上应用了一个状态标签，来显示信息。此外，窗体有个 MdiChildActivate 事件，在 Mdi 子窗体激活状态发生变化时触发，可通过本事件完成激活子窗体的获取。

实例实现：

（1）打开实例 12-16 中修改后的项目 Example12_15。

（2）按照图 12-39 所示界面，为 Form1 添加并设计状态栏及状态标签。

（3）创建 Form1 的 MdiChildActivate 事件处理函数。改写 Form1.cs 文件代码如下：

```
public partial class Form1 : Form
{
    public Form1()
    {
        InitializeComponent();
    }
    //“添加系部”菜单项Click事件处理函数
    private void 系部添加ToolStripMenuItem_Click(object sender, EventArgs e)
    {
        //实例化添加系部窗体
        Form2 frm = new Form2();
        //为添加系部窗体指明父窗体是Form1
        frm.MdiParent = this;
        //显示添加系部窗体
        frm.Show();
    }
    //“添加教师”菜单项Click事件处理函数
    private void 教师添加ToolStripMenuItem_Click(object sender, EventArgs e)
    {
        //实例化添加教师窗体
        Form3 frm = new Form3();
        //为添加教师窗体指明父窗体是Form1
        frm.MdiParent = this;
        //显示添加教师窗体
        frm.Show();
    }
    //系部添加工具栏按钮Click事件处理函数
```

```
    private void toolStripButton1_Click(object sender, EventArgs e)
    {
        //把“系部添加”菜单项的Click事件处理函数当做普通函数调用
        系部添加ToolStripMenuItem_Click(new object(), new EventArgs());
    }
    //教师添加工具栏按钮Click事件处理函数
    private void toolStripButton2_Click(object sender, EventArgs e)
    {
        //把“教师添加”菜单项的Click事件处理函数当做普通函数调用
        教师添加ToolStripMenuItem_Click(new object(), new EventArgs());
    }
    //Form1的MdiChildActivate事件处理函数
    private void Form1_MdiChildActivate(object sender, EventArgs e)
    {
        //判断当前激活子窗体是否为空
        if (this.ActiveMdiChild != null)
            //获取当前激活子窗体名称，显示状态信息
            toolStripStatusLabel1.Text ="当前活动窗体是: "+ this.ActiveMdiChild.Text;
        else
            //状态信息置空
            toolStripStatusLabel1.Text = "";
    }
}
```

上述代码中加粗的部分是相比实例 12-16 新增的代码片段。

12.4 高级控件与组件

本节介绍几个常用的高级 Windows 控件和组件的使用，包括列表视图控件 ListView、树状控件 TreeView，以及定时器组件 Timer。

12.4.1 ListView 控件

微视频 ListView 控件

列表视图控件 ListView 是 Windows 窗体应用程序的常用表格控件，Windows 资源管理器的文件列表就是典型的 ListView 控件的应用，它可以以多种显示模式来显示对象，包括大图标模式 LargeIcon、小图标模式 SmallIcon、列表模式 List、详细信息模式 Details 等。列表视图控件是 System.Windows.Forms.ListView 类或其派生类的对象。

列表视图控件常用属性如表 12-33 所示。

表 12-33　列表视图控件常用属性

属　性	属性作用	常用可选值	值作用
View	用于控制列表视图控件的显示模式	LargeIcon	大图标模式
		SmallIcon	小图标模式
		Details	详细信息模式
		List	列表模式
		Tile	平铺模式
Columns	用于设计和控制列表视图控件的列集合		
Items	用于获取或设置列表视图控件显示的内容集合		
SelectedItems	用于获取列表视图控件选中内容的集合		

ListView 中的每一行都是一个 ListViewItem 对象，ListViewItem 类常用属性如表 12-34 所示。

表 12-34　ListViewItem 类常用属性

属　性	属性作用
Text	设置或获取 ListViewItem 第一列的值
SubItems	设置或获取 ListViewItem 各列

一般情况下不需要调用列表视图控件的方法来达到某种目的。列表视图控件常用事件如表 12-35 所示。

表 12-35　列表视图控件常用事件

事　件	事件作用
SelectedIndexChanged	列表视图控件的默认事件。当组合框选中项的索引发生变化时，触发该事件

【实例12-18】创建一个Windows窗体应用程序，实现学生信息列表的显示。

实例描述：设计图 12-40 所示界面，程序运行时，在列表中显示若干学生信息，在列表中单击某一行学生，可以以消息对话框的形式显示其学号和姓名信息。

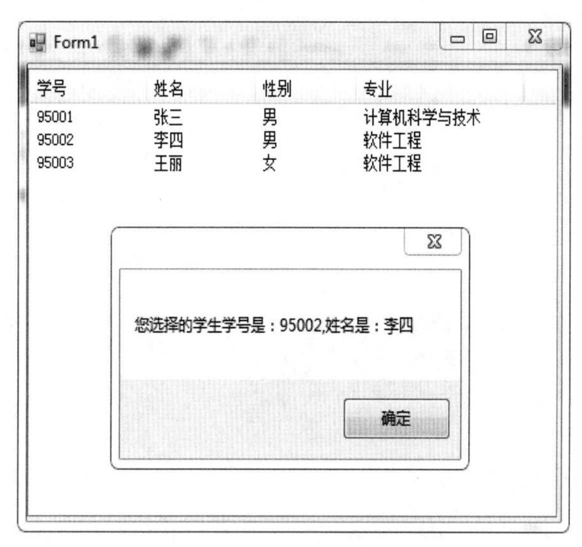

图 12-40　实例 12-18 界面设计

实例分析：观察界面上的列表样式，应为详细信息 Details 模式，列表包括 4 列：学号、姓名、性别、专业，需通过 ListView 的 Columns 属性，创建列。

实例实现：

（1）创建 Windows 窗体应用程序项目 Example12_18。

（2）按照图 12-40 所示界面，添加 ListView 控件，设置其 View 属性为 Details，并为其创建 4 列，列名分别为“学号”“姓名”“性别”“专业”。

（3）编写 Form1.cs 文件代码如下：

```
public partial class Form1 : Form
{
    public Form1()
    {
        InitializeComponent();
    }
    //窗体Load事件处理函数
    private void Form1_Load(object sender, EventArgs e)
    {
        //实例化一个ListViewItem对象，即ListView中的一个行元素
        ListViewItem lvi = new ListViewItem();
        //第一列信息：学号
        lvi.Text = "95001";
```

```
            //第二列信息：姓名
            lvi.SubItems.Add("张三");
            //第三列信息：性别
            lvi.SubItems.Add("男");
            //第四列信息：专业
            lvi.SubItems.Add("计算机科学与技术");
            //将该ListViewItem对象添加到ListView中
            listView1.Items.Add(lvi);
            lvi = new ListViewItem();
            lvi.Text = "95002";
            lvi.SubItems.Add("李四");
            lvi.SubItems.Add("男");
            lvi.SubItems.Add("软件工程");
            listView1.Items.Add(lvi);
            lvi = new ListViewItem();
            lvi.Text = "95003";
            lvi.SubItems.Add("王丽");
            lvi.SubItems.Add("女");
            lvi.SubItems.Add("软件工程");
            listView1.Items.Add(lvi);
        }
        //ListView的SelectIndexChanged事件处理函数
        private void listView1_SelectedIndexChanged(object sender, EventArgs e)
        {
            //显示当前选中的学生的学号和姓名
            MessageBox.Show("您选择的学生学号是：" + listView1.SelectedItems[0].Text+
    ",姓名是：" + listView1.SelectedItems[0].SubItems[1].Text);
        }
    }
```

12.4.2 TreeView 控件

微视频 TreeView 控件

树状视图控件 TreeView 用于显示和处理具有树状结构的数据，Windows 资源管理器中的左侧垂直导航栏即为树状结构。树状视图控件是 System.Windows.Forms.TreeView 类或其派生类的对象。

树状视图控件常用属性如表 12-36 所示。

表 12-36　树状视图控件常用属性

属　性	属性作用
Nodes	用于设置或获取树状视图的节点集合
SelectedNode	用于设置或获取树状视图当前选中的树节点

树状视图中的每一个树节点都是 TreeNode 类型的对象，TreeNode 类常用属性如表 12-37 所示。

表 12-37　TreeNode 类常用属性

属　性	属性作用	常用可选值	值作用
Text	设置或获取 TreeNode 节点的文本		
Nodes	设置或获取 TreeNode 的子节点集合		
Level	获取 TreeNode 节点在树中的层次		
IsExpanded	获取当前 TreeNode 是否是展开状态	True	展开
		False	未展开

树状视图控件常用方法如表 12-38 所示。

表 12-38　树状视图控件常用方法

方　法	方法作用
CollapseAll()	折叠所有树节点
ExpandAll()	展开所有树节点

TreeNode 类常用方法如表 12-39 所示。

表 12-39　TreeNode 类常用方法

方　法	方法作用
Remove()	删除该节点
Collapse()	折叠树节点
ExpandAll()	展开所有子树节点
Expand()	展开树节点

树状视图控件常用事件如表 12-40 所示。

表 12-40　树状视图控件常用事件

事　件	事件作用
AfterSelect	树节点被选择后触发该事件。默认事件
AfterExpand	树节点被展开后触发该事件
AfterCollapse	树节点被折叠后触发该事件
BeforeSelect	树节点被选择前触发该事件。默认事件
BeforeExpand	树节点被展开前触发该事件
BeforeCollapse	树节点被折叠前触发该事件
NodeMouseClick	单击树节点时触发该事件
NodeMouseHover	鼠标悬停在树节点上触发该事件

【实例12-19】创建一个Windows窗体应用程序，实现系部、班级的属性显示，以及添加和删除操作。

实例描述：设计图 12-41 所示界面，在系部管理区输入系部名称，单击“添加系部”按钮，可以将系部添加到树状视图控件的第一层；在树状视图控件中选中某一个系部，在班级管理区中输入要添加的班级，单击“添加班级”按钮，可以将班级添加到树状视图控件中该系部的下一层；在树状视图控件中选中某一个树节点，单击“删除”按钮，可以将其及其子节点删除。

图 12-41　实例 12-19 界面设计

实例分析：向树第一层添加节点，可调用 TreeView 的 Nodes.Add() 方法，向某个树节点添加子节点，可以调用该树节点的 Nodes.Add() 方法，获取选中树节点信息可以调用 TreeView 的 SelectedNode 属性，删除树节点可调用 Nodes.Remove() 方法。

实例实现：

（1）创建 Windows 窗体应用程序项目 Example12_19。

（2）按照图 12-41 所示界面，添加相应控件。

（3）编写 Form1.cs 文件代码如下：

```
public partial class Form1 : Form
{
    public Form1()
    {
        InitializeComponent();
    }
    //添加系部Click事件处理函数
    private void button1_Click(object sender, EventArgs e)
    {
        //将输入的系部添加到TreeView第一层
        treeView1.Nodes.Add(textBox1.Text);
    }
    //添加班级Click事件处理函数
    private void button2_Click(object sender, EventArgs e)
    {
        //判断是否选中了节点，且该节点是第一层节点即系部
        if (treeView1.SelectedNode != null && treeView1.SelectedNode.Level == 0)
            //将输入的班级添加到选中节点下一层
            treeView1.SelectedNode.Nodes.Add(textBox2.Text);
        else
            MessageBox.Show("必须选中第一层节点才能添加班级");
    }
    //删除按钮Click事件处理函数
    private void button3_Click(object sender, EventArgs e)
    {
        //删除选中的节点
        treeView1.SelectedNode.Remove();
    }
}
```

12.4.3 Timer 组件

微视频
Timer控件

Timer 是定时器组件，它主要用于定时触发事件以执行既定任务。Timer 是 System.Windows.Forms.Timer 类或其派生类的对象。

定时器常用属性如表 12-41 所示。

表 12-41 定时器常用属性

属　性	属性作用
Interval	定时器触发事件的时间间隔，单位为毫秒

定时器常用方法如表 12-42 所示。

表 12-42 定时器常用方法

方　法	方法作用
Start()	启动定时器
Stop()	停止定时器

定时器的唯一事件为 Tick，如表 12-43 所示。

表 12-43 定时器的事件

事 件	事件作用
Tick	定时触发事件

【实例12-20】创建一个Windows窗体应用程序，实时显示当前时间。

实例描述：程序界面如图 12-42 所示。程序运行后，界面上的 Label 开始实时显示当前时间。

图 12-42 实例 12-20 界面设计

实例分析：可通过 DateTime.Now 获取当前系统时间，但如果随着时间的流逝，实时显示当前系统时间，就需要定时获取系统时间，并显示在 Label 中，Timer 组件就派上了用场。

实例实现：

（1）创建 Windows 窗体应用程序项目 Example12_20。

（2）向 Form1 中放置一个 Label 控件，一个 Timer 组件，设定 Timer 的 Interval 属性为 1000（即 1 秒）。

（3）编写 Form1.cs 文件代码如下：

```
public partial class Form1 : Form
{
    public Form1()
    {
       InitializeComponent();
    }
    private void Form1_Load(object sender, EventArgs e)
    {
        //启动Timer
        timer1.Start();
    }
    //Timer的Tick事件处理函数
    private void timer1_Tick(object sender, EventArgs e)
    {
        //将当前时间显示在Label中
        label1.Text = DateTime.Now.ToString();
    }
}
```

12.5 通用对话框

本节介绍通用对话框组件的应用，包括消息对话框 MessageBox、打开文件对话框 OpenFileDialog、保存文件对话框 SaveFileDialog、颜色对话框 ColorDialog、字体对话框 FontDialog。

12.5.1 消息对话框

消息对话框 MessageBox 是 Windows 窗体应用程序最常用消息提示组件，随着传递的参数不同，消息对话框可以有不同的外观。消息对话框是 System.Windows.Forms.MessageBox 类或其派生类的对象。

微视频
消息对话框

消息对话框仅有一个静态的 Show() 方法，但是它却有 21 个重载，常用重载如表 12-44 所示。

表 12-44 消息对话框 Show() 方法常用重载

方法形式	参数	参数作用
Show(string text)	text	消息内容
Show(string text, string caption)	text	消息内容
	caption	对话框标题

续表

<table>
<tr><th>方法形式</th><th>参数</th><th>参数作用</th></tr>
<tr><td rowspan="3">Show(string text, string caption,
MessageBoxButtons buttons)</td><td>text</td><td>消息内容</td></tr>
<tr><td>caption</td><td>对话框标题</td></tr>
<tr><td>buttons</td><td>控制消息对话框所显示的按钮形态，为 DialogResult 类型，有以下枚举值：
OK（默认）：仅显示“确定”按钮
OKCancel：显示“确定”“取消”按钮
AbortRetryIgnore：显示“终止”“重试”“忽略”按钮
YesNoCancel：显示“是”“否”“取消”按钮
YesNo：显示“是”“否”按钮
RetryCancel：显示“重试”“取消”按钮</td></tr>
<tr><td rowspan="4">Show(string text, string caption,
MessageBoxButtons buttons,
MessageBoxIcon icon);</td><td>text</td><td>消息内容</td></tr>
<tr><td>caption</td><td>对话框标题</td></tr>
<tr><td>buttons</td><td>控制消息对话框按钮形态</td></tr>
<tr><td>icon</td><td>控制对话框上的图标类型，常用枚举有：
None（默认）：无图标
Stop：停止图标
Error：错误图标
Question：问题图标
Warning：警告图标
Information：信息图标</td></tr>
</table>

Show() 方法的返回类型都是 DialogResult 类型，返回结果与所单击的 MessageBox 上的按钮枚举相对应。

【实例12-21】修改12.4.2节中的实例12-19程序，加入消息对话框的应用。

实例描述：程序界面如图 12-43 所示。在单击“删除”按钮企图删除选定树节点时，弹出确认对话框（有“是”“否”按钮的），询问是否确认删除该节点，单击“是”按钮执行删除操作，单击“否”按钮取消删除操作。

图 12-43　实例 12-21 界面设计

实例分析：能够控制 MessageBox 上的按钮类型，一定要使用带有 MessageBoxButtons 参数的 Show() 方法，根据用户单击的按钮，会以 DialogResult 类型的值返回，如果是 DialogResult.Yes 说明单击的是“是”按钮，如果是 DialogResult.No 说明单击的是“否”按钮。

实例实现：

（1）打开项目 Example12_19。

（2）修改“删除”按钮的 Click 事件处理函数如下：

```
//删除按钮Click事件处理函数
private void button3_Click(object sender, EventArgs e)
{
    //弹出确认对话框，并将单击结果返回给dr
    DialogResult dr = MessageBox.Show("确认删除该节点及其子节点吗？",
"删除确认", MessageBoxButtons.YesNo);
    //如果单击的是“是”按钮
    if (dr==DialogResult.Yes)
        //删除选中的节点
        treeView1.SelectedNode.Remove();
}
```

12.5.2　打开文件对话框

打开文件对话框 OpenFileDialog 是 Windows 窗体应用程序最常用的文件选择组件。打开文件对话框是 System.Windows.Forms.OpenFileDialog 类或其派生类的对象。

打开文件对话框常用属性如表 12-45 所示。

表 12-45　打开文件对话框常用属性

属　性	属性作用	常用可选值	值作用
FileName	获取打开文件对话框选择的文件完整路径		
Filter	文件类型过滤		
MultiSelect	是否支持文件多选		
FileNames	如果支持多选，则返回选中的所有文件完整路径		

打开文件对话框常用方法如表 12-46 所示。

表 12-46　打开文件对话框常用方法

方　法	方法作用
ShowDialog()	显示打开文件对话框。返回 DialogResult 类型，标识单击了“打开”（OK）按钮还是“取消”（Cancel）按钮

【实例12-22】创建一个Windows窗体应用程序，实现一个图片浏览器。

实例描述：程序界面如图 12-44~ 图 12-46 所示。选择“文件”→“打开”命令，弹出打开文件对话框，选择一张图片后，单击“打开”按钮，在图片框中显示所选图片。

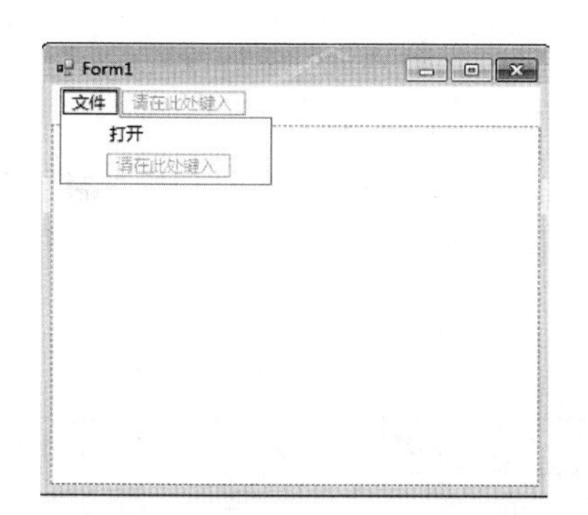

图 12-44　实例 12-22 界面设计

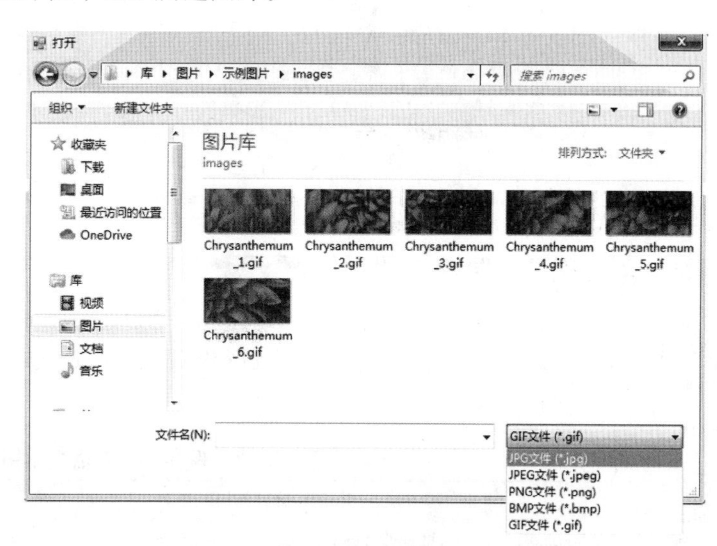

图 12-45　打开文件对话框过滤的文件类型

图 4-46　打开图片后的显示效果

实例分析：使用打开文件对话框的 Filter 属性过滤文件类型为图片文件，根据 DialogResult 确定是否单击“打开”按钮，如果是，使用 Image.FromFile() 方法读取打开文件对话框的 FileName 属性指向的文件，并将 Image 对象赋给 PictureBox 的 Image 属性。

实例实现：

（1）创建 Windows 窗体应用程序项目 Example12_22。

（2）按照图 12-44 所示界面，添加相应控件。

（3）编写 Form1.cs 文件代码如下：

```
public partial class Form1 : Form
{
    public Form1()
    {
        InitializeComponent();
    }
    //“打开”菜单项的Click事件处理函数
    private void 打开ToolStripMenuItem_Click(object sender, EventArgs e)
    {
        //实例化打开文件对话框对象
        OpenFileDialog ofd = new OpenFileDialog();
        //设定过滤器。每个“|”左边用于显示，右边由于设定设计过滤类型
       ofd.Filter = "JPG文件|*.jpg|JPEG文件|*.jpeg|PNG文件|*.png|BMP文件|*.bmp|GIF文件|*.gif";
        //显示打开文件对话框
        DialogResult dr = ofd.ShowDialog();
        //如果单击了“打开”按钮
        if (dr == DialogResult.OK)
        {
            //将文件所对应的Image显示在PictureBox中
            pictureBox1.Image = Image.FromFile(ofd.FileName);
        }
    }
}
```

12.5.3 保存文件对话框

微视频 保存文件对话框

保存文件对话框 SaveFileDialog 是 Windows 窗体应用程序常用的在保存文件时选择路径用的组件。保存文件对话框是 System.Windows.Forms.SaveFileDialog 类或其派生类的对象。

保存文件对话框常用属性如表 12-47 所示。

表 12-47 保存文件对话框常用属性

属　性	属性作用	常用可选值	值作用
FileName	获取打开文件对话框选择的文件完整路径		
Filter	文件类型过滤		

保存文件对话框常用方法如表 12-48 所示。

表 12-48 保存文件对话框常用方法

方　法	方法作用
ShowDialog()	显示保存文件对话框。返回 DialogResult 类型，标识单击了【保存】(OK) 按钮还是【取消】(Cancel) 按钮

【实例12-23】修改实例12-22，增加保存文件功能。

实例描述：程序界面如图 12-47 和图 12-48 所示。选择“文件”→“另存为”命令，弹出保存文件对话框，选择路径输入文件名后，单击“保存”按钮，将 PictureBox 中的显示图片保存成 JPG 类型文件。

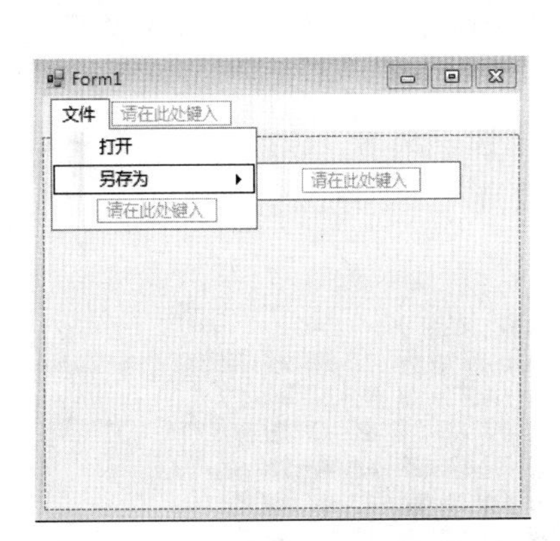

图 12-47 实例 12-23 界面设计

图 12-48 保存文件对话框

实例分析：使用保存文件对话框的 Filter 属性过滤文件类型为 JPG 图片文件，根据 DialogResult 确定是否单击“保存”按钮，如果是，使用 Image.Save() 方法将图片保存到保存文件对话框的 FileName 属性指向的文件。

实例实现：

（1）打开项目 Example12_22。

（2）按照图 12-47 所示界面，添加“另存为”命令。

（3）添加“另存为”命令的 Click 事件处理函数，代码如下：

```
//“另存为”Click事件处理函数
private void 另存为ToolStripMenuItem_Click(object sender, EventArgs e)
{
    //实例化保存文件对话框对象
    SaveFileDialog sfd = new SaveFileDialog();
    //设定过滤类型为JPG，即保存文件类型
    sfd.Filter = "JPG文件|*.jpg";
    //弹出保存文件对话框
    DialogResult dr = sfd.ShowDialog();
    //如果单击的是“保存”按钮
    if (dr == DialogResult.OK)
    {
        //把PictureBox中的图片保存成文件
        pictureBox1.Image.Save(sfd.FileName);
    }
}
```

12.5.4 颜色对话框

微视频 颜色对话框

颜色对话框（ColorDialog）是 Windows 窗体应用程序常用的用于选取颜色的组件。颜色对话框是 System.Windows.Forms.ColorDialog 类或其派生类的对象。

颜色对话框常用属性如表 12-49 所示。

表 12-49 颜色对话框常用属性

属　性	属性作用
Color	获取颜色对话框返回的颜色

颜色对话框常用方法如表 12-50 所示。

表 12-50　颜色对话框常用方法

方　法	方法作用
ShowDialog()	显示颜色对话框。返回 DialogResult 类型，标识单击了“确定”（OK）按钮还是“取消”（Cancel）按钮

【实例12-24】创建一个Windows窗体应用程序，使用ColorDialog实现对RichTextBox中选中内容的颜色设置。

实例描述：程序界面如图 12-49 和图 12-50 所示。在 RichTextBox 中选中文本，选择“格式”→“颜色”命令，弹出颜色对话框，选择一个颜色后，单击“确定”按钮，更改选中文本的颜色。

图 12-49　实例 12-24 界面设计

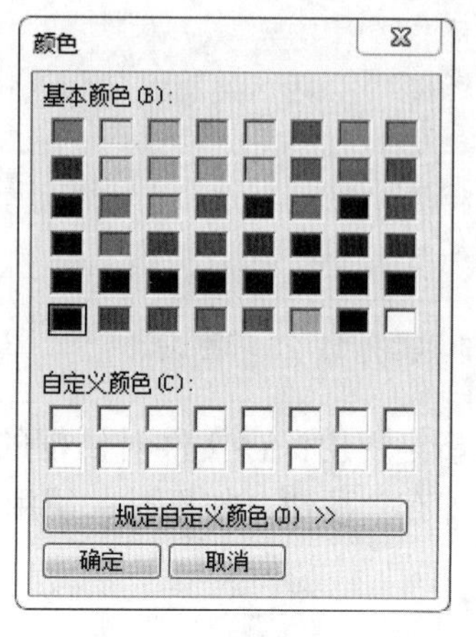

图 12-50　颜色对话框

实例分析：使用颜色对话框的 Color 属性获取选中的颜色，调用 RichTextBox 的 SelectionColor 属性为选中文本设置颜色。

实例实现：

（1）创建 Windowos 窗体应用程序项目 Example12_24。

（2）按照图 12-49 所示界面，添加相应控件，RichTextBox 的 HideSelection 属性设为 False。

（3）编写 Form1.cs 文件代码如下：

```
public partial class Form1 : Form
{
    public Form1()
    {
        InitializeComponent();
    }
    //“颜色”菜单项的Click事件处理函数
    private void 颜色ToolStripMenuItem_Click(object sender, EventArgs e)
    {
        //实例化颜色会话框对象
        ColorDialog cd = new ColorDialog();
        //弹出颜色会话框
        DialogResult dr= cd.ShowDialog();
        //如果单击了“确定”按钮
        if (dr==DialogResult.OK)
        {
            //设定颜色
            richTextBox1.SelectionColor = cd.Color;
        }
    }
}
```

12.5.5　字体对话框

字体对话框 FontDialog 是 Windows 窗体应用程序常用的用于选取字体的组件。字体对话框是 System.Windows.Forms.FontDialog 类或其派生类的对象。

字体对话框常用属性如表 12-51 所示。

表 12-51　字体对话框常用属性

属　性	属性作用
Font	获取字体对话框返回的字体

字体对话框常用方法如表 12-52 所示。

表 12-52　字体对话框常用方法

方　法	方法作用
ShowDialog()	显示字体对话框。返回 DialogResult 类型，标识单击了"确定"（OK）按钮还是"取消"（Cancel）按钮

【实例12-25】修改实例12-24代码，使用FontDialog实现对RichTextBox中选中内容的字体设置。

实例描述：程序界面如图 12-51 和图 12-52 所示。在 RichTextBox 中选中文本，单击"格式"→"字体"命令，弹出字体对话框，选择一个字体后，单击"确定"按钮，更改选中文本的字体。

图 12-51　实例 12-25 界面设计

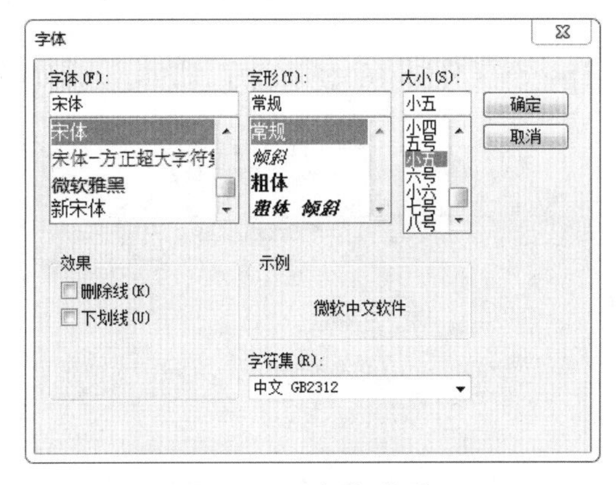

图 12-52　字体对话框

实例分析：使用字体文件对话框的 Font 属性获取选中的字体，调用 RichTextBox 的 SelectionFont 属性为选中文本设置字体。

实例实现：

（1）打开项目 Example12_24。

（2）按照图 12-51 设计界面，添加"字体"命令。

（3）添加"字体"命令的 Click 事件处理函数，代码如下：

```
// "字体"菜单项的Click事件处理函数
private void 字体ToolStripMenuItem_Click(object sender, EventArgs e)
{
    //实例化字体会话框对象
    FontDialog fd = new FontDialog();
    //弹出字体会话框
    DialogResult dr = fd.ShowDialog();
    //如果单击了"确定"按钮
    if (dr == DialogResult.OK)
    {
        //设定字体
        richTextBox1.SelectionFont = fd.Font;
    }
}
```

程序运行结果如图 12-53 所示。

图 12-53　实例 12-25 运行结果

12.6　综合实例——系统登录实现

设计一个区分权限的登录程序，界面设计如图 12-54~ 图 12-58 所示。

图 12-54　登录界面设计

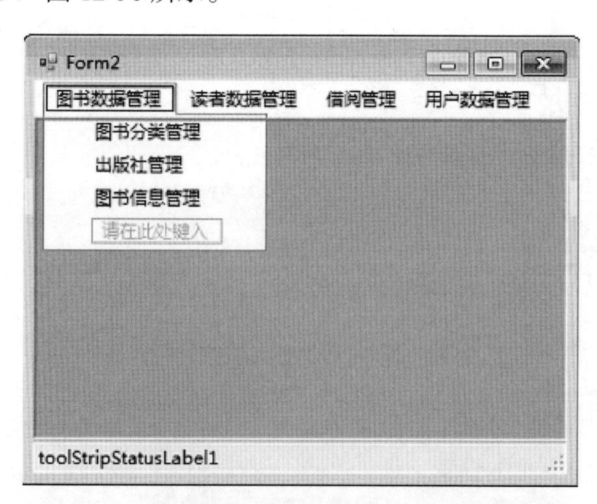

图 12-55　主界面及“图书数据管理”菜单设计结果

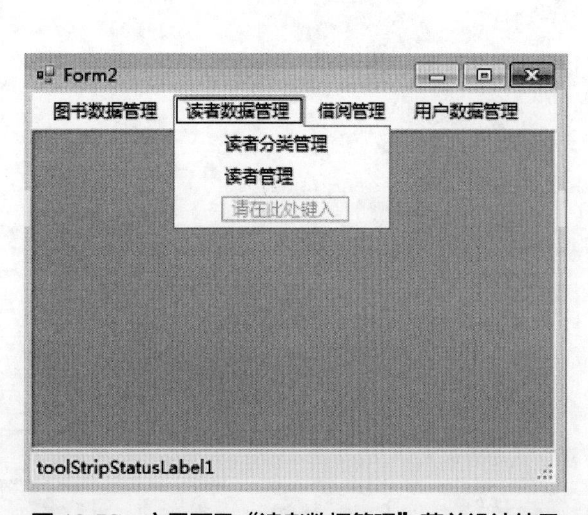

图 12-56　主界面及“读者数据管理”菜单设计结果

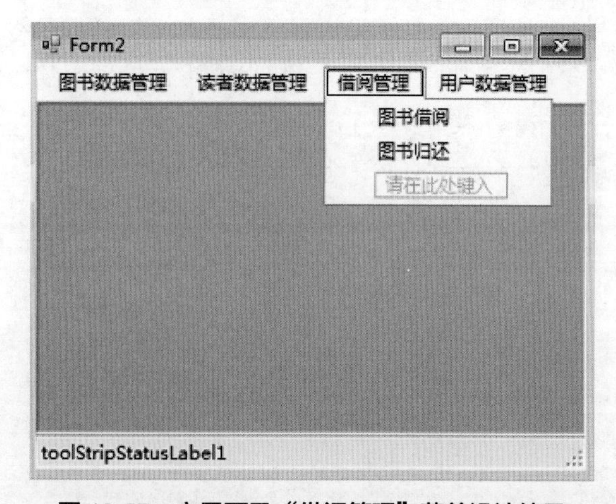

图 12-57　主界面及“借阅管理”菜单设计结果

登录用户信息存于名为 user.txt 文件中，数据格式如图 12-59 所示。每一行为一个用户的账户信息，每一个用户信息包括 3 项内容，第一项为用户名，第二项为密码，第三项为用户身份。

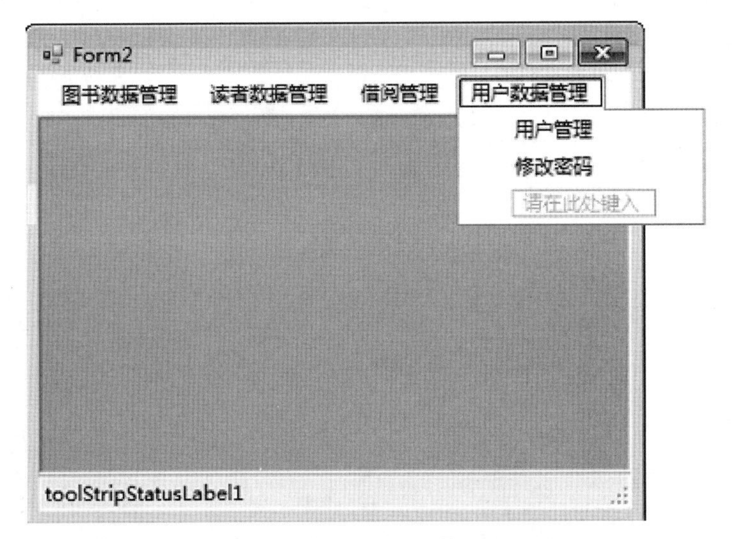

图 12-58　主界面及“用户数据管理”菜单设计结果

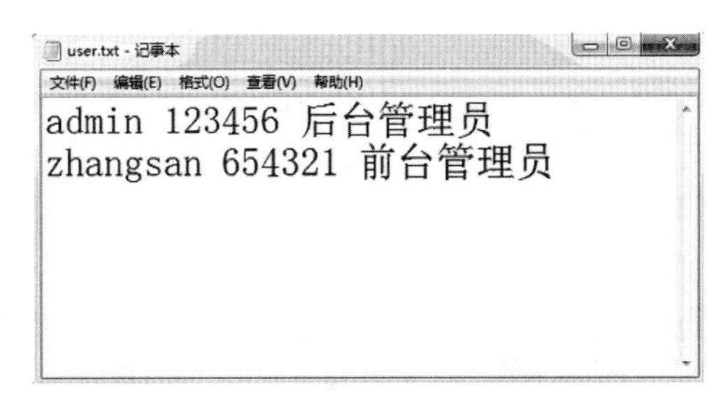

图 12-59　登录用户信息存储格式

系统共有两种用户身份：后台管理员和前台管理员。二者使用同一登录界面，即图 12-54 所示窗体。输入用户名和密码后，单击“登录”按钮进行登录验证，如果所输入的用户名和密码在 user.txt 文件中无法匹配到，说明登录失败，以消息对话框形式提示；如果能够完全匹配，说明登录成功，隐藏登录窗体，进入系统主界面，即图 12-55~ 图 12-58 所示的界面。但是根据登录人的身份不同，操作权限也不同，体现在界面上就是所看到的菜单或命令也不同：后台管理员登录时，需要隐藏“读者管理”命令及“借阅管理”整个菜单，也就是后台管理员不需要进行读者信息的管理及借阅和归还操作；前台管理员登录时，需要隐藏“图书数据管理”整个菜单、“读者分类管理”命令及“用户管理”命令，即前台管理员不需要对图书相关的信息进行管理，也无权对读者分类和系统用户信息进行操作。

限于篇幅，本实例主要用于演示登录、权限授权与菜单综合应用，各个命令的具体功能实现不再介绍。实现步骤如下：

（1）创建 Windows 窗体应用程序项目 Example12_26。

（2）按照图 12-54 所示界面，设计登录窗体 Form1，设置密码文本框的 PasswordChar 属性为“*”，将其密码化。

（3）按照图 12-55~ 图 12-58 所示界面，设计主窗体 Form2。

（4）在本项目 Debug 文件夹中创建 user.txt 文件，并按图 12-59 所示界面所示的数据格式，录入一定数量的用户信息。

（5）编写 Form1.cs 文件代码如下：

```
public partial class Form1 : Form
{
    public Form1()
    {
        InitializeComponent();
    }
    //登录按钮Click事件处理函数
    private void button1_Click(object sender, EventArgs e)
    {
        //读取user.txt文件，取登录用户信息
        System.IO.StreamReader sr = new System.IO.StreamReader("user.txt");
```

```
        //标记是否成功登录，默认为false，登录成功为true
        bool isSucceed = false;
        //判断是否读到了文件尾部
        while (!sr.EndOfStream)
        {
            //读取一行，每行数据格式“用户名 密码 身份”
            string msg = sr.ReadLine();
            //按空格切分信息，切分后msgs[0]是用户名，msgs[1]是密码,msgs[2]是身份
            string[] msgs = msg.Split(' ');
            //判断输入的用户名、密码是否和文件中一致
            if (msgs[0] == textBox1.Text && msgs[1] == textBox2.Text)
            {
                //标记登录成功
                isSucceed = true;
                //关闭文件资源
                sr.Close();
                //实例化Form2
                Form2 frm = new Form2();
                //把当前登录用户名传给Form2
                frm.userName = textBox1.Text;
                //把当前登录用户身份传给Form2
                frm.userRole = msgs[2];
                //显示Form2
                frm.Show();
                //隐藏登录界面
                this.Hide();
            }
        }
        //如果isSucceed还是False说明登录失败
        if (!isSucceed)
        {
            sr.Close();
            MessageBox.Show("输入的用户名或密码错误！");
        }
    }
}
```

（6）编写 Form2.cs 文件代码如下：

```
public partial class Form2 : Form
{
    public Form2()
    {
        InitializeComponent();
    }
    //用于接收从Form1传递过来的用户名
    public string userName;
    //用于接收从Form1传递过来的身份
    public string userRole;
    private void Form2_Load(object sender, EventArgs e)
    {
        if (userRole == "后台管理员")
        {
        //隐藏读者管理、借阅管理命令
        读者管理ToolStripMenuItem.Visible = false;
        借阅管理toolStripMenuItem1.Visible = false;
        }
        else
        {
        //隐藏图书数据管理根菜单、读者分类管理菜单项、用户管理命令
```

```
            图书数据管理ToolStripMenuItem.Visible = false;
            读者分类管理ToolStripMenuItem.Visible = false;
            用户管理ToolStripMenuItem.Visible = false;
            }
            //状态栏显示当前登录用户
            toolStripStatusLabel1.Text ="当前用户："+ userName;
    }
    //窗体关闭事件
    private void Form2_FormClosing(object sender, FormClosingEventArgs e)
    {
        //结束应用程序
        Application.Exit();
    }
}
```

习题与拓展训练

一、选择题

1. 可以控制窗体运行时最大化显示的属性是（　　）。

A. StartPosition　B. Maxmized　C. WindowState　D. MaxmizeBox

2. 可以设置窗体为 MDI 子窗体的属性是（　　）。

A. MdiParent　B. IsMdiContainer　C. IsMdiChild　D. Child

3. 窗体即将关闭触发的事件是（　　）。

A. FormClosed　B. FormClosing　C. Closing　D. Closed

4. 文本框的默认事件是（　　）。

A. Click　B. ValueChanged　C. TextChanged　D. TextAlignChanged

5. 可以返回 RadioButton 是否被选中的属性是（　　）。

A. Selected　B. Checked　C. Clicked　D. Choosed

6. 可以令 PictureBox 无视图片大小都可以完整显示图片的属性值是（　　）。

A. Normal　B. StretchImage　C. CenterImage　D. Zoom

7. 可以令 ComboBox 只能选择不能输入的属性值是（　　）。

A. DropDown　B. Simple　C. DropDownList　D. ReadOnly

8. ComboBox 中添加可选项，需要调用（　　）方法。

A. Items.Add()　B. Add()　C. Items.Create()　D. Controls.Add()

9. ComboBox 的默认事件是（　　）。

A. TextChanged　B. Click

C. SelectedIndexChanged　D. Select

10. 可以开启 ListBox 的多选模式的属性是（　　）。

A. MultiSelect　B. SelectionMode　C. MultiColumn　D. SelectedItems

11. 用于设置命令的快捷键的属性是（　　）。

A. HotKeys　B. ShortcutKeys　C. ShowShortcutKeys　D. ShowHotKeys

12. 不属于工具栏元素的是（　　）。

A. ToolStripButton　B. ToolStripStatusLabel

C. ToolStripDropDownButton　D. ToolStripComboBox

13. ListView 中的每条数据是（　　）类型的对象。

A. String　　B. String[]　　C. ListViewItem　　D. List

14. 可以获取到 ListView 选中行的第 0 列元素的是（　　）。

A. Items[0].Text　　B. SelectedItems[0].Text

C. SelectedItem.Text　　D. SelectedItem.SubItems[0]

15. Timer 类的 Interval 属性的时间单位是（　　）。

A. 秒　　B. 毫秒　　C. 分钟

16. 可以控制 RichTextBox 选中文本的颜色的属性是（　　）。

A. Color　　B. ForeColor　　C. SelectionColor　　D. FontColor

17. TreeView 中的每一个树节点的类型是（　　）。

A. TreeNode　　B. TreeItem　　C. Children　　D. Node

18. TreeView 的（　　）方法可以展开树上所有的节点。

A. CollapseAll()　　B. ExpandAll()　　C. Collapse()　　D. Expand()

19. 以下（　　）属性用于设置打开文件对话框可选择的文件类型。

A. FileType　　B. Extension　　C. Filter　　D. SelectionType

20. 所有的通用对话框的返回结果是（　　）类型。

A. String　　B. int　　C. DialogResult　　D. bool

21. 已知 openfiledialog 控件的 filter 属性值为“文本文件（*.txt）|*.Txt| 图形文件（*.bmp,*.jpg）|*.bmp;*.jpg|rtf 文件（*.rtf）|*.rtf”，若希望程序运行时，打开对话框的文件过滤器中显示的文件类型为“rtf 文件（*.rtf）”，应把它的 filterIndex 属性值设置为（　　）。

A. 2　　B. 3　　C. 4　　D. 5

22. 在设计菜单时，若希望某个菜单项前面有一个“√”号，应把该菜单项的（　　）属性设置为 true。

A. checked　　B. radiocheck　　C. showshortcut　　D. enabled

23. 在下列的（　　）事件中可以获取用户按下的键的 ASCII 码。

A. KeyPress　　B. KeyUp　　C. KeyDown　　D. MouseEnter

二、简答题

1. 简述在程序中动态创建控件，将其添加到窗体上，并创建其事件处理函数的实现过程。
2. 简述向 ListView 中添加数据的实现过程。
3. 列举至少 3 个 MessageBox 的 Show 方法的重载，及其参数的作用。
4. 列举至少 3 个用于选择数据的控件，并简述它们适用的场景。

三、拓展训练

1. 使用 Timer 控件实现一个双色球彩票中奖号码生成，如图 12-60 所示。当单击“开始”按钮后，该按钮上的文字变为“停止”。同时，界面上 7 个 Label 中的数字开始不断变换，按照双色球规则，前 6 位数字的取值范围为 1~33，最后一位数字的取值范围为 1~16，当单击“停止”按钮后，所有的数字停止变换，显示出来的数字组合即为双色球中奖号码。

图 12-60　双色球中奖号码生成器界面

2. 继续完善 12.6 节的综合实例，在已实现的区分权限登录功能的基础上，进一步实现图 12-55~图 12-58 显示的菜单中的所有功能，即图书分类管理、出版社管理、图书信息管理、读者分类管理、读者管理、图书借阅、图书归还，以及用户管理和修改密码等一整套图书管理系统的开发。

第 13 章

GDI+ 绘图

天地以生气成之，画以笔墨取之。

——石涛

GDI 是 Graphics Device Interface 的缩写，含义是图形设备接口，它的主要任务是负责系统与绘图程序之间的信息交换，处理所有 Windows 程序的图形输出。GDI+（Graphics Device Interface plus）是 GDI 的升级版，对 GDI 进行了优化，并增加了许多新的功能。

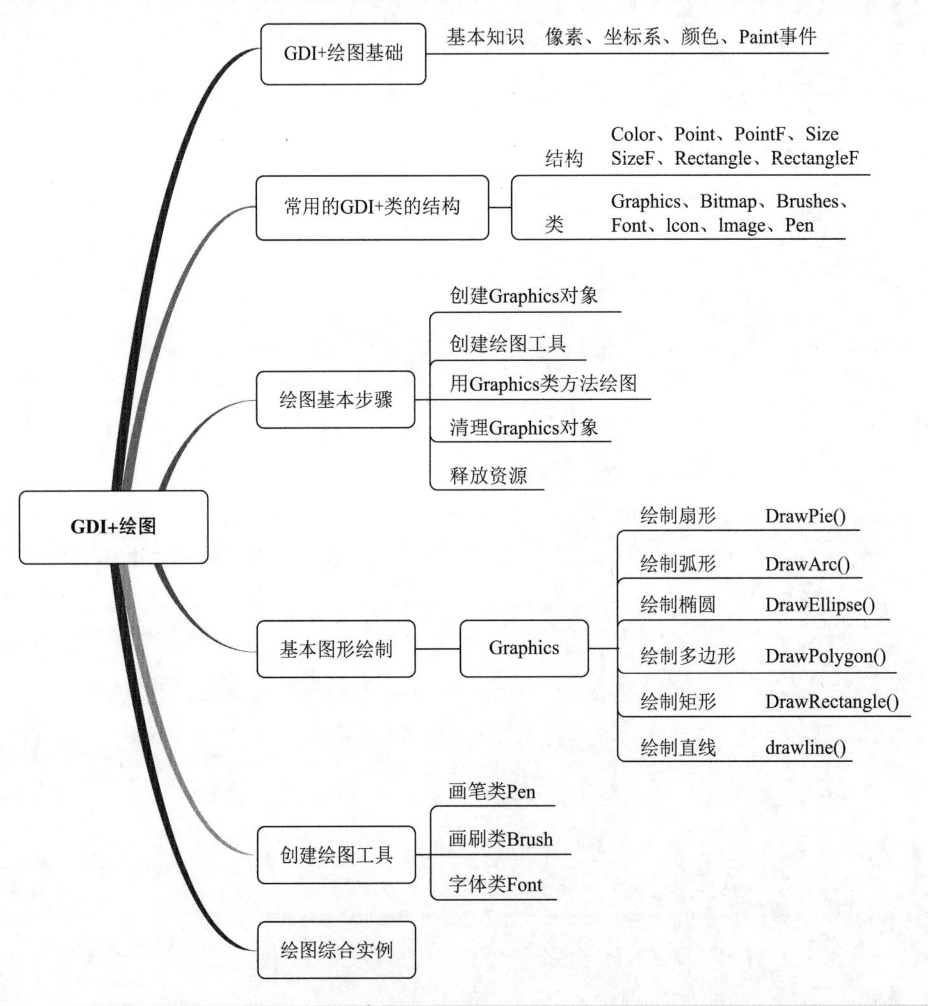

学习目标

（1）掌握绘图基本知识。

（2）了解常用的 GDI+ 类和结构。

（3）掌握绘图的基本步骤。

（4）掌握基本图形绘制的方法。

（5）掌握创建绘图工具的方法。

13.1 GDI+ 绘图基础

.NET Framework 为操作图形提供了应用程序编程接口（API），通过相关类提供的方法可以绘制各种复杂的图形，还可以控制图形的位置、颜色和样式等。

13.1.1 绘图的基本知识

1. 像素

像素是指由图像的小方格组成的，这些小方块都有一个明确的位置和被分配的色彩数值，小方格颜色和位置就决定了该图像所呈现出的样子。

可以将像素视为整个图像中不可分割的单位或者是元素。不可分割是指它不能够再切割成更小的单位或元素，它是以一个单一颜色的小格存在的。每一个点阵图像包含一定量的像素，这些像素决定图像在屏幕上所呈现的大小。

2. 坐标系

将窗体看作一块可以在上面绘制图形的画布，窗体也有尺寸。真正的画布用英寸或厘米来度量，而窗体用像素来度量。“坐标”系统决定了每个像素的位置，其中 X 轴坐标度量从左到右的尺寸，Y 轴坐标度量从上到下的尺寸，如图 13-1 所示。

坐标原点位于窗体左上角，X 轴向右延伸，Y 轴向下延伸。因此，如果要绘制一个距离左边框（内侧）10 像素且距离顶部（下侧）10 像素的单点，应将 X 轴坐标和 Y 轴坐标分别表示为 10,10。像素也可以用来表示图形的宽度和高度。若要绘制一个以刚才描述的点 (10,10) 为左上角，长度为 200，宽度为 100 的矩形，则应将坐标表示为 (10,10,200,100)，使用后续介绍的绘制矩形方法可在屏幕中绘制出该矩形，如图 13-2 所示。

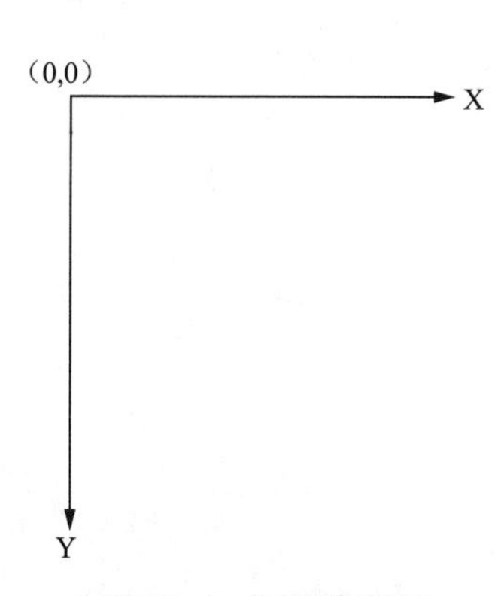

图 13-1 屏幕坐标系

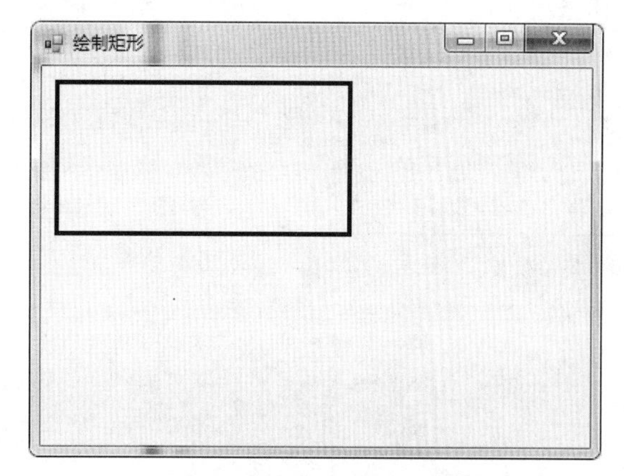

图 13-2 在窗体上绘制成的矩形

绘制矩形的方法将在本章后续内容介绍。

3. Paint 事件

在屏幕上绘制图形的动作需要一个事件触发，窗体和控件都有一个 Paint 事件，每当需要重新绘制窗体和控件时（首次显示窗体或该窗口被其他窗体覆盖后再次获得焦点时）就会发生该事件。用户所编写的用于显示图形的代码通常都包含在 Paint 事件处理函数中。

微视频
Paint事件

4. 颜色

颜色是绘图功能中非常重要的一部分，在 C# 中颜色用 Color 结构和 Color 枚举来表示。在 Color 结构中颜色由 4 个整数值 Red、Green、Blue 和 Alpha 表示。其中 Red、Green 和 Blue 可简写成 R、G、B，表示颜色的红、绿、蓝三原色；Alpha 表示不透明度。

用户可以通过 Color 类的 FromArgb() 方法来设置和获取颜色。调用 FromArgb() 方法的语法格式如下：

```
Color.FromArgb([A,R,G,B])
```

其中，A 为不透明度，取值范围为 0~255，数值越小越透明，0 表示全透明，255 表示完全不透明（默认值）；R、G、B 分别为红色、绿色和蓝色参数，不可默认，取值范围为 0~255，如红色对应的参数组合为 (255,0,0)，绿色对应的参数组合为 (0,255,0)，紫色对应的参数组合为 (255,0,255)。

【实例13-1】调色板。

实例描述：使用滚动条控件演示 FromArgb() 方法各参数的作用。

实例实现：

（1）创建一个 Windows 窗体应用程序，并命名为 gdi_basic。本节所有例题均在该项目下。

（2）右击项目 gdi_Basic，在弹出的快捷菜单中选择“添加”→“Windows 窗体”命令，命名为 frmpalette，窗体的 Text 属性设置为“调色板”，界面设计如图 13-3 所示。frmpalette 窗体中的主要控件按 Tab 键顺序描述如表 13-1 所示，只用来显示文字的 Label 控件未描述，参见运行结果图 13-3。

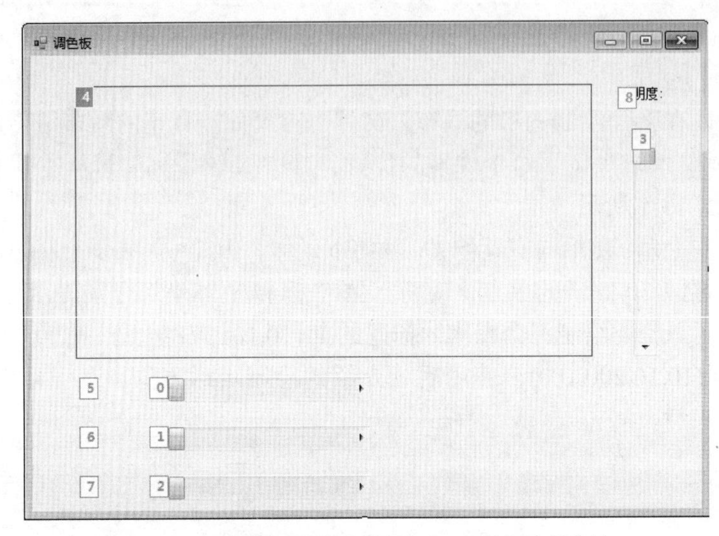

图 13-3　调色板程序设计视图（Tab 键顺序视图）

表 13-1　“调色板”窗体主要控件

Tab 顺序	控件类型	控件名称	说　明	主要属性	
				属性名	属性值
0	hScrollBar	hScrollBarRed	用来调节颜色中的红色参数	Maximum	255
1		hScrollBarGreen	用来调节颜色中的绿色参数	Maximum	255
2		hScrollBarBlue	用来调节颜色中的蓝色参数	Maximum	255
3	vScrollBar	vScrollBarAlpha	用来调节颜色中的不透明度参数	Maximum	255
				Value	255
4	Label	lblColor	用来显示由各参数调出来的颜色及各项参数值	AutoSize	False
				BorderStyle	FixedSingle

说明：不透明度参数对应的滚动条vScrollBarAlpha初始值（Value）须设置为最大值255，否则拖动其他滚动条看不到颜色变化的效果。

（3）找到调整红色参数的水平滚动条 hScrollBarRed，将属性窗口切换到“事件”，将其默认事件 Scroll 命名为 ScrollColor，双击事件名称或按【Enter】键，进入代码视图，输入代码如下，本实例完整源代码参考项目 gdi_basic 下的 frmpalette.cs 文件。

```
private void ScrollColor(object sender, ScrollEventArgs e)
{
    //获取各滚动条数值
    int sRed=hScrollBarRed.Value;
    int sGreen=hScrollBarGreen.Value;
```

```
    int sBlue=hScrollBarBlue.Value;
    int sAlpha=vScrollBarAlpha.Value;
    //从4个分量创建颜色
    lblColor.BackColor = Color.FromArgb(sAlpha, sRed, sGreen, sBlue);
}
```

（4）依次将代表绿色参数、蓝色参数和不透明度参数的 3 个滚动条默认事件 Scroll 绑定到事件处理函数 ScrollColor()，即窗体上的 4 个滚动条绑定相同的事件处理函数代码。

（5）进一步修改代码，在创建颜色的基础上显示各参数数值。首先设置 lblColor 控件的 Font 属性为粗体、小四号字，如图 13-4 所示，并设置其 TextAlign 属性为 MiddleCenter，如图 13-5 所示。

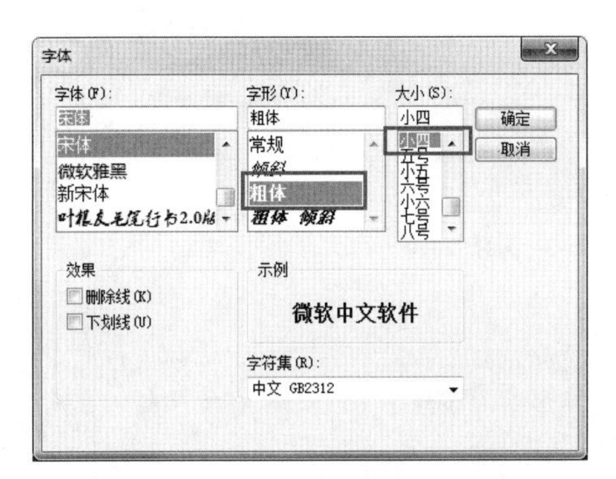

图 13-4 lblColor 控件的 Font 属性

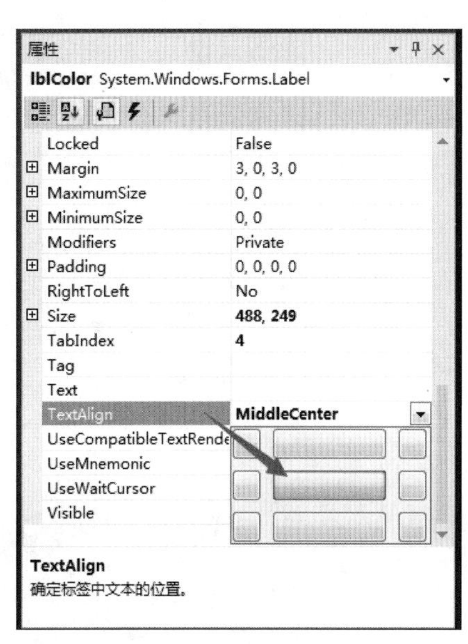

图 13-5 lblColor 控件的 TextAlign 属性

并在 ScrollColor 事件处理函数中添加如下代码。

```
lblColor.Text = "红色：" + sRed + "\r\n";
lblColor.Text += "绿色：" + sGreen + "\r\n";
lblColor.Text += "蓝色：" + sBlue + "\r\n";
lblColor.Text += "不透明度：" + sAlpha ;
```

运行程序，并将红色参数和蓝色参数对应的滚动条拉到最大，结果如图 13-6 所示。

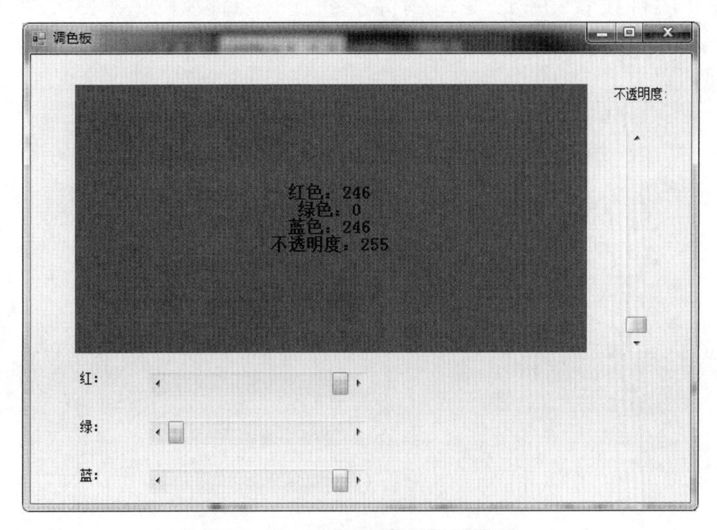

图 13-6 调色板程序运行结果

（6）这里出现了一个问题，图中的红色参数和蓝色参数没有达到最大值 255，而是只达到了 246。这是因为 ScrollBar 控件（无论是垂直滚动条还是水平滚动条）的最大值只能通过设计视图中的属性设置或在代码中设置实现，在与用户交互时，能达到的最大值计算公式为：

MaxValue= 控件 .Maximum - 控件 .LargeChange + 1

各滚动条控件的 LargeChange 属性默认值为 10，因此计算结果为 246。图中显示的不透明度数值为 255，是在控件属性中设置的初始值，只要拖动该垂直滚动条改变数值，就不能再达到 255 了。

要解决这个问题有下列两种方式：

（1）修改控件的 LargeChange 属性为 1。

（2）调整控件的 MaxiMum 属性为希望达到的最大值 +9。

绘制图形时，可以直接使用系统自定义的颜色，这些颜色均用英文命名，有 140 多个。常用的有 Red、Green、Blue、Yellow 等。其使用语法如下：

```
Color.颜色名称
```

可以在代码文件中输入 Color，通过运算符“.”查看系统提供的有名称的颜色，如图 13-7 所示。

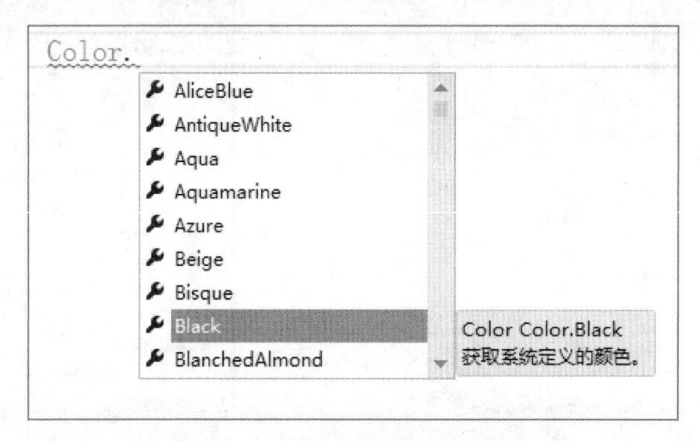

图 13-7　系统提供的颜色名称

【实例13-2】设置窗体背景色。

实例描述：编写程序，单击窗体上的设置颜色按钮时，改变窗体背景色。

实例分析：可以通过设置窗体的 BackColor 属性改变窗体的背景色。

实例实现：

（1）右击项目 gdi_Basic，在弹出的快捷菜单中选择“添加”→“Windows 窗体”命令，命名为 frmBGColor，窗体的 Text 属性设置为“改变窗体背景色”，界面设计如图 13-8 所示。frmBGColor 窗体中的主要控件按 Tab 键顺序描述如表 13-2 所示。

图 13-8　改变窗体背景色窗体设计视图（Tab 键顺序视图）

表 13-2 “改变窗体背景色”窗体主要控件

Tab 顺序	控件类型	控件名称	说 明	主要属性	
				属性名	属性值
0	Button	btnRed	改变窗体背景色为红色	Text	红色
1		btnYellow	改变窗体背景色为红色	Text	黄色
2		btnPurple	改变窗体背景色为红色	Text	紫色

（2）双击“红色”按钮，进入其单击事件处理函数，编写代码如下，本实例完整源代码参考项目 gdi_basic 下的 frmBGColor.cs 文件。

```
private void btnRed_Click(object sender, EventArgs e)
{
    this.BackColor = Color.Red;
}
```

（3）双击“黄色”按钮，进入其单击事件处理函数，编写代码如下：

```
private void btnYellow_Click(object sender, EventArgs e)
{
    this.BackColor = Color.Yellow;
}
```

（4）双击“紫色”按钮，进入其单击事件处理函数，编写代码如下：

```
private void btnPurple_Click(object sender, EventArgs e)
{
    this.BackColor = Color.Purple;
}
```

修改 Main() 方法中的启动窗体为 frmBGColor，并启动程序，运行结果如图 13-9 所示。

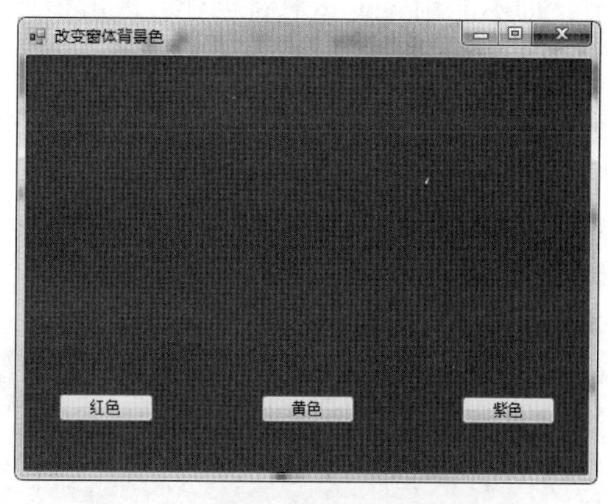

图 13-9 改变窗体背景色运行结果

13.1.2 常用的 GDI+ 类和结构

GDI+ 由 .NET 类库中的 System.Drawing 命名空间中的很多类组成，这些类包括在窗体上绘图必需的功能，常用的 GDI+ 类和结构如表 13-3 所示。

表 13-3 常用的 GDI+ 类和结构

类 / 结构	说 明
Bitmap	封装 GDI+ 位图，该位图由图形图像及其属性的像素数据组成
Brush	定义用于填充图形形状（如矩形、椭圆、饼形、多边形和封闭路径）的内部的对象
Brushes	所有标准颜色的画笔。无法继承此类
SolidBrush	定义单色画笔。画笔用于填充图形形状，如矩形、椭圆、扇形、多边形和封闭路径
TextureBrush	TextureBrush 类的每个属性都是 Brush 对象，这种对象使用图像来填充形状的内部

续表

类 / 结构	说　明
Font	定义特定的文本格式，包括字体、字号和字形属性
FontFamily	定义字体，即有着相似的基本设计但在形式上有某些差异的一组字样
Graphics	封装一个 GDI+ 绘图图面
Icon	表示 Windows 图标，它是用于表示对象的小位图图像。尽管图标的大小由系统决定，但仍可将其视为透明的位图
Pen	定义用于绘制直线和曲线的对象，无法继承此类
Pens	所有标准颜色的钢笔。无法继承此类
Color	表示 ARGB 颜色
Point	表示在二维平面中定义点的整数 X 和 Y 坐标的有序对
PointF	表示在二维平面中定义点的浮点数 X 和 Y 坐标的有序对
Rectangle	存储一组整数，共 4 个，表示一个矩形的位置和大小。对于更高级的区域函数，请使用 Region 对象
RectangleF	存储一组浮点数，共 4 个，表示一个矩形的位置和大小
Size	存储一个有序整数对，通常为矩形的宽度和高度

13.2　绘图基本步骤

在窗体上绘图的基本步骤包括创建画布（Graphics 对象）、创建绘图工具（画笔、画刷等）、绘图等。

13.2.1　创建 Graphics 对象

在窗体或控件上创建一个 Graphics 对象，相当于创建了一块画布，只有创建了 Graphics 对象，才能在窗体或控件上调用 Graphics 类的方法画图。

Graphics 类没有提供构造函数，即不能用 new 运算符创建，一般情况下，创建 Graphics 类的对象有以下两种方法：

（1）调用控件或窗体的 CreateGraphics() 方法以获取对 Graphics 对象的引用，该对象表示控件或窗体的绘图画面。如果在已存在的窗体或控件上绘图，应该使用此方法。

（2）在窗体或控件的 Paint 事件中创建，将其作为 PaintEventArgs 的一部分。在为控件创建绘制代码时，通常会使用此方法来获取对绘图对象的引用。

【实例13-3】在Label控件上绘制直线。

实例描述：设计一个 Windows 应用程序，在 Label 控件上用鼠标画直线。

实例实现：

（1）右击项目 gdi_Basic，在弹出的快捷菜单中选择“添加”→“Windows 窗体”命令，命名为 frmgraphics_1，窗体的 Text 属性设置为“在 Label 控件上绘图”，界面设计如图 13-10 所示。frmgraphics_1 窗体中的主要控件按 Tab 键顺序描述如表 13-4 所示。

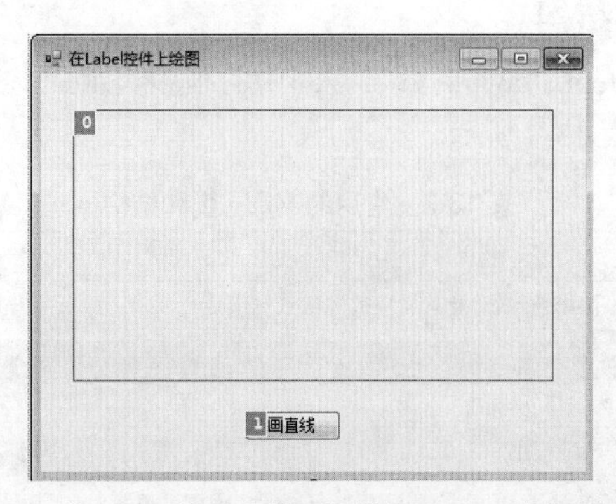

图 13-10　在 Label 控件上绘图设计视图（Tab 键顺序视图）

表 13-4 “在 Label 控件上绘图”窗体主要控件及其说明

Tab 顺序	控件类型	控件名称	说　明	主要属性	
				属性名	属性值
0	Label	lblDrawLine	用来绘制直线	AutoSize	False
				BorderStyle	FixedSingle
1	Button	btnDraw	绘制直线		

（2）双击按钮 btnDraw，编写代码如下，本实例完整源代码参考项目 gdi_basic 下的 frmgraphics_1.cs 文件。

```
private void btnDraw_Click(object sender, EventArgs e)
{
    Graphics g = lblDrawLine.CreateGraphics();     //为Label创建绘图对象
    Pen p = new Pen(Color.Blue, 3);                //创建蓝色、宽度为3的笔
    g.DrawLine(p, 10, 10, 100, 100);               //在点(10,10)和(100,100)之间画直线
}
```

修改主方法中的启动窗体为 frmgraphics_1，并启动程序，窗体加载完成后单击“画直线”按钮，运行结果如图 13-11 所示。

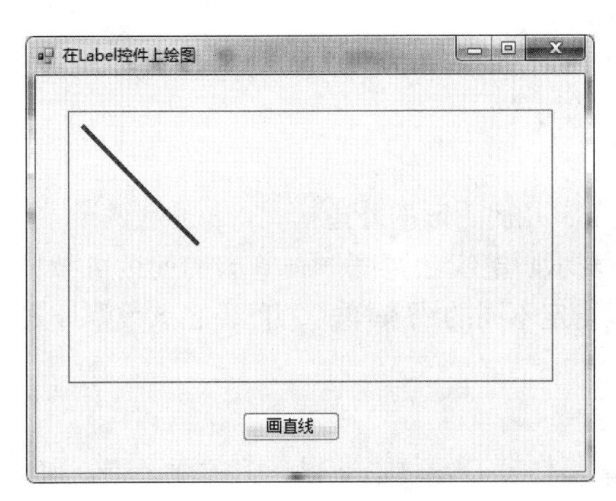

图 13-11　在 Label 控件上绘图运行结果

微视频
Graphics 对象

上述代码中 Pen 类的使用方法和画直线方法 DrawLine 在本章后续内容中再进行介绍。

进一步修改实例，删除 Label 控件，并将上述代码中创建 Graphics 对象的调用控件改成当前窗体，代码如下：

```
Graphics g = this.CreateGraphics();
```

再次运行程序，单击“画直线”按钮，观察直线的位置。这种创建 Graphics 对象的方法可以总结为“要在谁上面绘图，就用谁创建”。

【实例13-4】在窗体的Paint事件中绘图。

实例实现：

（1）右击项目 gdi_Basic，在弹出的快捷菜单中选择“添加”→“Windows 窗体”命令，命名为 frmgraphics_2，窗体的 Text 属性设置为“窗体的 Paint 事件”。

将属性窗口切换到“事件”，找到窗体的 Paint 事件，双击事件名称或按【Enter】键，进入代码编辑视图，输入如下代码，本实例完整源代码参考项目 gdi_basic 下的 frmgraphics_2.cs 文件。

```
private void frmgraphics_2_Paint(object sender, PaintEventArgs e)
{
    Graphics g = e.Graphics;              //从事件处理函数参数PaintEventArgs中获取绘图对象
    Pen p = new Pen(Color.Blue, 3);
    g.DrawLine(p, 10, 10, 300, 200);
}
```

修改主方法中的启动窗体为 frmgraphics_2，并启动程序，运行结果如图 13-12 所示。

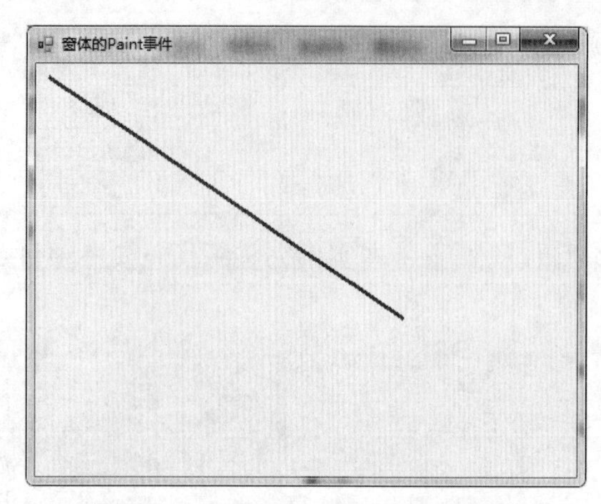

图 13-12　窗体的 Paint 事件运行结果

由上述代码可以看出，以不同方式创建 Graphics 对象，对其使用方式并没有影响。

13.2.2　创建绘图工具

Graphics 对象创建后，可用于绘制线条和形状、呈现文本或图像。与 Graphics 对象一起使用的主要绘图工具有 Pen（画笔）、Brush（画刷）等。

1. Pen 类

Pen（画笔）类用于绘制线条、几何图形的外边框。Pen 类有两个常用属性：一个是 Color，用来设置画笔颜色；一个是 Width，用来表示画笔线条宽度。画笔类的使用可参见实例 13-3。Pen 类不仅可以绘制不同颜色和宽度的线条，还可以指定不同的线条样式、直线起点线帽样式、终点线帽样式和虚线类型，详见 13.4 节。

2. Brush 类

Brush（画刷）类用于填充图形区域，如封闭形状、图像或文本。Brush 类为抽象类，其常用派生类有 SolidBrush、HatchBrush、TextureBrush 等，其使用方法详见 13.4 节。

3. Font 类

Font（字体）类用于创建各类字体对象。Font 对象可指定字体名称、颜色、字体大小、字形等。

4. Color 结构

Color（颜色）结构用来指定颜色。颜色是绘图的基本要素，可使用 Color 结构中自定义的颜色，也可以通过 FromArgb 方法来创建 RGB 颜色。

13.2.3　使用 Graphics 类提供的方法绘图

使用 Graphics 类提供的绘图方法可以绘制空心图形、填充图形和文本等。

1. 绘制空心图形的常用方法

包括 DrawArc()（绘制弧线）、DrawBezier()（绘制贝塞尔曲线）、DrawEllipse()（绘制椭圆）、DrawImage()（绘制图片）、DrawLine()（绘制直线）、DrawPolygon()（绘制多边形）和 DrawRectangle()（绘制矩形）等。这些方法均需搭配 Pen 类使用。

2. 绘制填充图形的常用方法

包括 FillEllipse()（填充椭圆）、FillPolygon()（填充多边形）和 FillRectangle()（填充矩形）等。这些方法均需搭配 Brush 类使用。

3. 绘制文字的方法

包括 DrawString 和绘制图形的方法 DrawImage() 等。

13.2.4　清理 Graphics 对象

绘制图形完成后，有时需要清理原有图形，以在绘图对象上重新绘制其他图形，此时可调用 Graphics 对象的 Clear() 方法，语法格式如下：

```
绘图对象.Clear(颜色);
```

其功能是将绘图对象的内容清理成指定颜色。例如，将 Label 控件 lblColor 上的所有图形清理掉，恢复绘图前的背景，需要先保存原有背景色，代码如下：

```
Color c = lblColor.BackColor;
…
```

绘制图形代码

```
…
g.Clear(c);
```

注意：如果绘制图形和清理图形代码不在同一个事件处理函数中，颜色变量c需要声明成全局变量。

13.2.5　释放资源

对于在程序中创建的 Graphics、Pen、Brush 等资源对象，当不再使用时应尽快释放，调用该对象的 Dispose() 方法即可。如果不调用 Dispose() 方法，则系统将自动收回这些资源，但释放资源的时间会滞后。

13.3　基本图形绘制

基本图形包括直线、矩形、圆形、椭圆等，本节主要介绍使用 Pen 类绘制空心图形和使用 Brush 类填充基本图形的方法。Brush 类填充的必须是封闭图形。

13.3.1　绘制直线

直线只有绘制，不能填充。绘制直线需要创建 Graphics 对象和画笔对象 Pen，Graphics 对象提供的绘制直线的方法是 DrawLine() 和 DrawLines()。DrawLine() 方法共有 4 种重载形式，其常用语法格式如下：

```
绘图对象.DrawLine(Pen, 起点坐标, 终点坐标);
```

其中，起点坐标和终点坐标可以为 Point 或 PointF 类型，即 (X 轴坐标 , Y 轴坐标)，坐标值可以为 int 类型也可以为 float 类型。本节中的 Pen 类型对象均使用纯色实线，其他类型的画笔将在 13.4 节中介绍。

DrawLines() 方法可以绘制一系列首尾相连的直线，共有两种重载形式，其常用语法格式如下：

```
绘图对象.DrawLines(Pen,Point[]);
```

其中，Point 类型的数组用来指定需要连接的多个点，其类型也可以为 PointF 类型。因为 n 个点之间的连线为 n-1 条，因此 DrawLines() 方法画出的线段条数为“Point 数组的元素个数 -1”。

【实例13-5】用鼠标画直线。

实例描述：在窗体上用鼠标画直线。

实例分析：用鼠标画图要求掌握鼠标事件及其参数，在按下鼠标左键（MouseDown 事件）时获取直线起点，并拖动鼠标（MouseMove 事件）持续绘制，直到放开鼠标左键（MouseUp 事件）为止。右击清空现有图形。需要注意的是，在鼠标移动的过程中，要不断擦去上一次触发事件时绘制的直线，再重新绘制最新的直线，否则窗体上将留下所有鼠标移动过的轨迹。

微视频
鼠标绘制直线

实例实现：

（1）创建一个 Windows 窗体应用程序，并命名为 drawShapes。本节所有例题均在该项目下。

（2）右击项目 drawShapes，在弹出的快捷菜单中选择“添加”→“Windows 窗体”命令，命名为 drawLine，窗体的 Text 属性设置为“绘制直线”。

（3）首先声明 3 个全局变量，代码如下，本实例完整源代码参考项目 drawShapes 下的 drawLine.cs 文件。

```
Point startPoint;        //直线起点
Point endPoint;          //直线终点
Graphics g;              //绘图对象
```

（4）将属性窗口切换到“事件”，找到窗体的 MouseDown 事件，双击事件名称或按【Enter】键，进入代码编辑视图，输入如下代码：

```
private void DrawLine_MouseDown(object sender, MouseEventArgs e)
{
    //获取鼠标第一次落下的位置，即直线起点
    startPoint = e.Location;
}
```

MouseDown 事件的第二个参数 e，其中包含鼠标按下的位置坐标、按下的键、按下的次数等，读者可在代码视图中自行查看。

（5）在事件窗口找到窗体的 MouseMove 事件，双击事件名称或按【Enter】键，进入代码编辑视图，输入代码如下：

```
private void DrawLine_MouseMove(object sender, MouseEventArgs e)
{
    if((e.Button ==MouseButtons.Left))  //如果移动时鼠标左键按下才画图
    {
        g = this.CreateGraphics();
        //清空原有图形
        g.Clear(this.BackColor);
        //获取鼠标当前位置坐标
        endPoint = e.Location;
        Pen p = new Pen(Color.Blue, 3);
        //连接鼠标落下的位置和移动到的当前位置，绘制直线
        g.DrawLine(p, startPoint, endPoint);
    }
}
```

在鼠标移动的过程中不断绘制鼠标最新的位置与起点直接的连线，运行结果如图 13-13 所示。

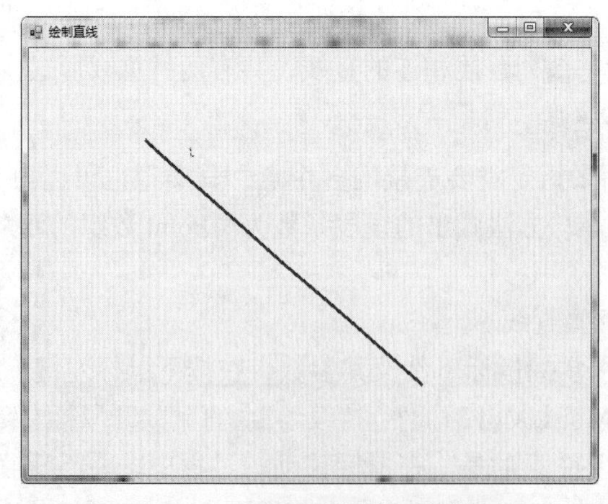

图 13-13　鼠标绘制直线运行结果

代码中的 g.Clear(this.BackColor); 是为了在绘制最新图形之前先清理掉原有的直线，否则就会留下鼠标移动过程中所有的轨迹。注释掉该行代码运行结果如图 13-14 所示。

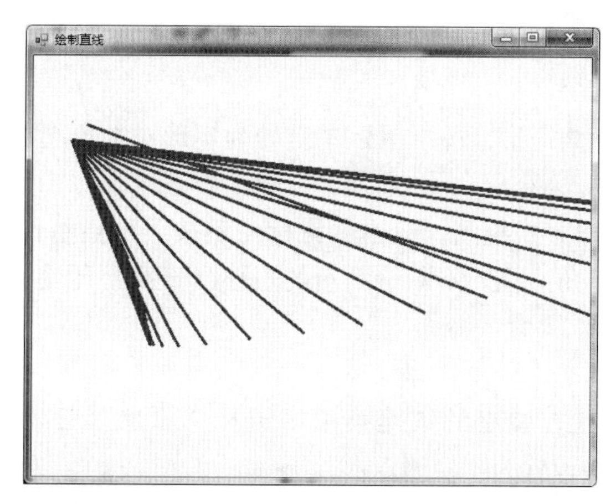

图 13-14 不清理原有直线的运行效果

图 13-14 中线条之间的间距大小是由鼠标移动速度不同造成的，每一条直线都代表 MouseMove 事件被触发了一次。

（6）在事件窗口找到窗体的 MouseUp 事件，双击事件名称或按【Enter】键，进入代码视图，编写代码如下：

```
private void DrawLine_MouseUp(object sender, MouseEventArgs e)
{
    if ((e.Button == MouseButtons.Left))
    {
        g = this.CreateGraphics();
        g.Clear(this.BackColor);
        endPoint = e.Location;
        Pen p = new Pen(Color.Blue, 3);
        g.DrawLine(p, startPoint, endPoint);
    }
    if (e.Button == MouseButtons.Right)
    {
        //清除窗体上的图形
        g.Clear(this.BackColor);
    }
}
```

MouseUp 事件在鼠标键松开时触发，上述代码的作用是：如果松开的是左键，则绘制最新的直线，如果是右键（等同于右击），则清空整个窗体的绘图区域。

13.3.2 绘制矩形

矩形是封闭图形，因此有空心矩形和填充矩形两种绘制方式。

1. 绘制空心矩形

绘制矩形需要创建 Graphics 对象和画笔对象 Pen，Graphics 对象可以绘制单个矩形或多个矩形。绘制单个矩形的方法是 DrawRectangle()，该方法共有 3 种重载形式，其常用语法格式如下：

```
绘图对象.DrawRectangle(Pen, Rectangle);
```

其中，Rectangle 是 System.Drawing 命名空间中的一个结构类型，用于存储 4 个 int 类型数据，如（int x, int y, int width, int height），x 和 y 代表矩形左上角的坐标，width 为矩形宽度，height 为矩形高度。该矩形类也可为 RectangleF 类型，即由 4 个 float 类型数据组成的对象，4 个数据含义与 Rectangle 类型相同。

另一个绘制矩形的方法 DrawRectangles，一次可绘制多个矩形，该方法共有两种重载形式，其常用语法格式如下：

```
绘图对象.DrawRectangles(Pen, Rectangle[]);
```

其中第二个参数即为矩形结构的数组，其类型也可为 RectangleF，即所有参数都为 float 类型。

【实例13-6】用鼠标画矩形。

实例描述：在窗体上用鼠标画矩形，按下鼠标左键处为矩形左上角起点，拖动鼠标至所需矩形大小，松开左键即结束绘图。

实例分析：与实例 13-5 操作方式相同，只不过鼠标左键按下的点将作为矩形的左上角，在鼠标移动的过程中以鼠标当前位置为右下角坐标，不断绘制新的矩形，直到松开鼠标左键完成绘制。右击清空现有图形。

实例实现：

（1）右击项目 drawShapes，在弹出的快捷菜单中选择“添加”→“Windows 窗体”命令，命名为 drawRectangle，窗体的 Text 属性设置为“绘制矩形”。

（2）首先声明以下 3 个全局变量，代码如下，本实例完整源代码参考项目 drawShapes 下的 drawRectangle.cs 文件。

```
Point startPoint;        //直线起点
Size recSize;            //结构类型，表示矩形宽高
Graphics g;              //绘图对象
```

其中，Size 类是 System.Drawing 命名空间中的结构类型，用来存储一个有序整数对，一般代表矩形的宽度和高度。

（3）将属性窗口切换到“事件”，找到窗体的 MouseDown 事件，双击事件名称或按【Enter】键，进入代码编辑视图，输入如下代码：

```
private void DrawRectangle_MouseDown(object sender, MouseEventArgs e)
{
    //获取鼠标第一次落下的位置，即矩形左上角
    startPoint = e.Location;
}
```

（4）在事件窗口找到窗体的 MouseMove 事件，双击事件名称或按【Enter】键，进入代码编辑视图，编写代码如下：

```
private void DrawRectangle_MouseMove(object sender, MouseEventArgs e)
{
    if ((e.Button == MouseButtons.Left))  //如果移动时鼠标左键按下才画图
    {
        g = this.CreateGraphics();
        //清空原有图形
        g.Clear(this.BackColor);
        //用获取的鼠标当前位置坐标及起点坐标计算出矩形的宽和高
        recSize.Width=e.X-startPoint.X;
        recSize.Height=e.Y-startPoint.Y;
        Pen p = new Pen(Color.Blue, 3);
        //连接鼠标落下的位置和移动到的当前位置，绘制直线
        g.DrawRectangle(p, new Rectangle(startPoint, recSize));
    }
}
```

说明：由于绘制矩形需要其宽度和高度，而MouseMove事件获取到的是鼠标当前位置的X坐标及Y坐标，因此需结合左上角坐标计算出矩形的宽度和高度。

（5）在事件窗口找到窗体的 MouseUp 事件，双击事件名称或按【Enter】键，进入代码编辑视图，输入代码如下：

```
private void DrawRectangle_MouseUp(object sender, MouseEventArgs e)
{
```

```
        if ((e.Button == MouseButtons.Left))
        {
            g = this.CreateGraphics();
            //清空原有图形
            g.Clear(this.BackColor);
            //获取鼠标当前位置坐标
            recSize.Width = e.X - startPoint.X;
            recSize.Height = e.Y - startPoint.Y;
            Pen p = new Pen(Color.Blue, 3);
            //绘制矩形
            g.DrawRectangle(p, new Rectangle(startPoint, recSize));
        }
        if (e.Button == MouseButtons.Right)
        {
            //清除窗体上的图形
            g.Clear(this.BackColor);
        }
    }
```

（6）修改主方法中的启动窗体为 DrawRectangle，启动程序，运行结果如图 13-15 所示。

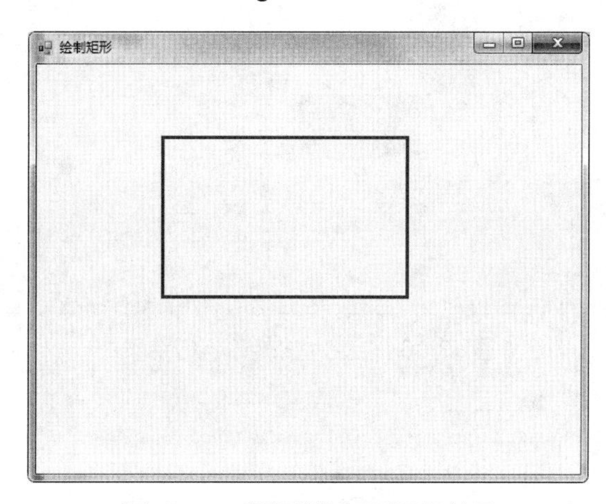

图 13-15 鼠标绘制矩形运行结果

绘制多个矩形的方法 DrawRectangles 对应的实例请读者自行练习。

2. 绘制填充矩形

绘制填充矩形使用 FillRectangle() 或 FillRectangles() 方法，常用语法格式如下 ：

```
绘图对象.FillRectangle(Brush, Rectangle);
绘图对象.FillRectangles(Brush, Rectangle[]);
```

其中，FillRectangle() 方法填充由 Rectangle 指定的矩形内部区域，FillRectangles() 方法填充由 Rectangle 数组指定的一组矩形区域。

Brush 是画刷对象，用于填充图形的内部区域。Brush 对象的详细介绍见 13.4 节，本节只使用系统指定的纯色画刷，如 Brushes.Red、Brushes.Blue 等。

【实例13-7】绘制多个填充矩形。

实例描述：绘制多个用红色填充的填充矩形。

实例分析：在窗体上固定位置绘制 3 个填充矩形。

实例实现：

（1）右击项目 drawShapes，在弹出的快捷菜单中“添加”→“Windows 窗体”命令，命名为 FillRectangles，窗体的 Text 属性设置为“绘制填充矩形”。

（2）在事件窗口找到窗体的 Paint 事件，双击事件名称或按【Enter】键，进入代码编辑视图，输入代码如下，本实例完整源代码参考项目 drawShapes 下的 FillRectangles.cs 文件。

```
private void FillRectangles_Paint(object sender, PaintEventArgs e)
{
    Graphics g = this.CreateGraphics();
    Rectangle r1 = new Rectangle(10, 10, 100, 50);
    Rectangle r2 = new Rectangle(110, 60, 50, 100);
    Rectangle r3 = new Rectangle(160, 160, 100, 50);
    Rectangle[] rec = new Rectangle[] { r1, r2,r3 };
    g.FillRectangles(Brushes.Red, rec);
}
```

上述代码首先创建了 3 个 Rectangle 类型的对象，然后声明并初始化 Rectangle 类型的数组，数组元素即为前面创建的 3 个矩形对象。最后调用 FillRectangles() 方法用红色填充 3 个矩形区域。

（3）修改主方法中的启动窗体为 FillRectangles，运行程序，运行结果如图 13-16 所示。

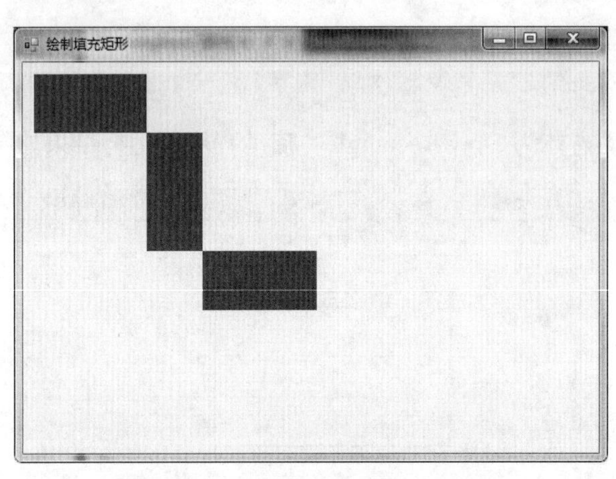

图 13-16　绘制填充矩形运行结果

13.3.3　绘制多边形

多边形是封闭图形，因此有空心多边形和填充多边形两种。

绘制空心多边形需要创建 Graphics 对象和画笔对象 Pen。绘制多边形的方法是 DrawPolygon()，该方法共有两种重载形式，其常用语法格式如下：

```
绘图对象.DrawPolygon(Pen, Point[]);
```

其中，Point[] 也可以是 PointF[]，用于存储多边形的各个顶点。

【实例13-8】绘制六边形。

实例描述：以窗体中心为图形中心，在窗体上绘制六边形。

实例分析：六边形的每个顶点坐标需要经过计算得出，计算公式为

k = 360 / 6

x 坐标 = 边长 * Cos(i * k * π / 180)

y 坐标 = 边长 * Sin(i * k * π / 180)

实例实现：

（1）右击项目 drawShapes，在弹出的快捷菜单中选择“添加”→“Windows 窗体”命令，命名为 DrawPolygon，窗体的 Text 属性设置为“绘制多边形”。

（2）在事件窗口找到窗体的 Paint 事件，双击事件名称或按【Enter】键，进入代码视图，输入代码如下，本实例完整源代码参考项目 drawShapes 下的 DrawPolygon.cs 文件。

```
private void DrawPolygon_Paint(object sender, PaintEventArgs e)
{
```

```
        int n = 6;                                    //多边形边的数目
        PointF[] points = new PointF[n];              //创建一个点数组
        float k = 360.0f / n;
        for (int i = 0; i < n; i++)
        {
            //计算点的横坐标
            float x = (float)(100 * Math.Cos(i * k * Math.PI / 180.0f));
            //计算点的纵坐标
            float y = (float)(100 * Math.Sin(i * k * Math.PI / 180.0f));
            points[i] = new PointF(x, y);             //实例化点
        }
        Graphics g = e.Graphics;                      //实例化Graphics类
        //平移坐标系至窗体中心
        g.TranslateTransform(this.Size.Width / 2, this.Size.Height / 2);
        Pen mypen = new Pen(Color.Red, 3);            //实例化Pen类
        g.DrawPolygon(mypen, points);                 //画多边形
    }
```

代码中的 n 是多边形边的数目，可以修改，如将 n 赋值为 8，则可以绘制出八边形。

（3）修改主方法中的启动窗体为 DrawPolygon，运行程序，运行效果如图 13-17 和图 13-18 所示。

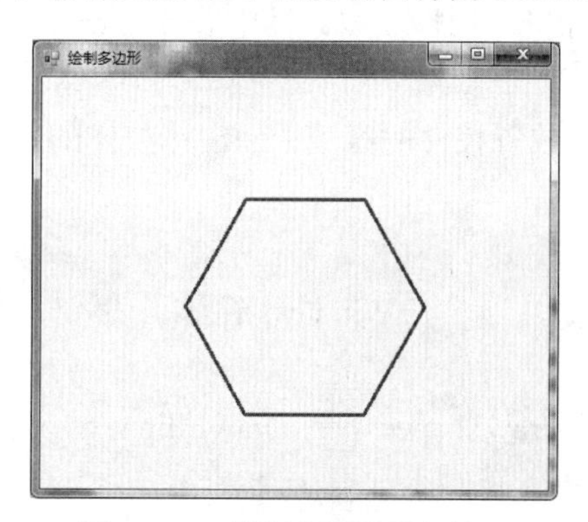

图 13-17　绘制六边形运行结果

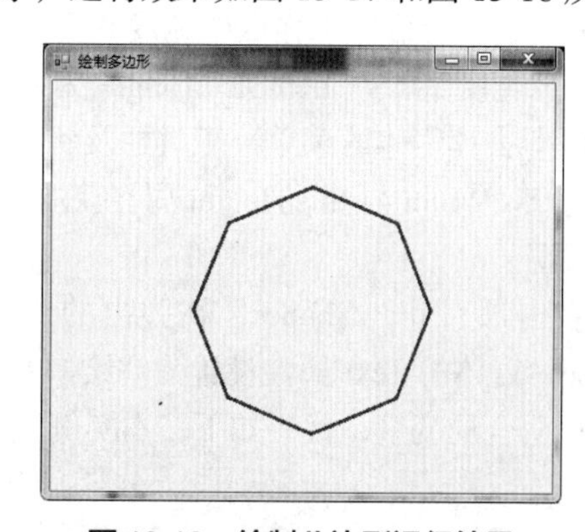

图 13-18　绘制八边形运行结果

绘制填充多边形使用 FillPolygon() 方法，常用语法格式如下：

```
绘图对象.FillPolygon(Brush, Point[]);
```

其中，Point[] 也可以为 PointF[]。

修改实例 13-8 代码，在 Paint 事件处理函数代码最后增加一行代码如下：

```
g.FillPolygon(Brushes.Blue, points);
```

即在绘制空心多边形的基础上填充多边形，程序运行结果如图 13-19 所示。

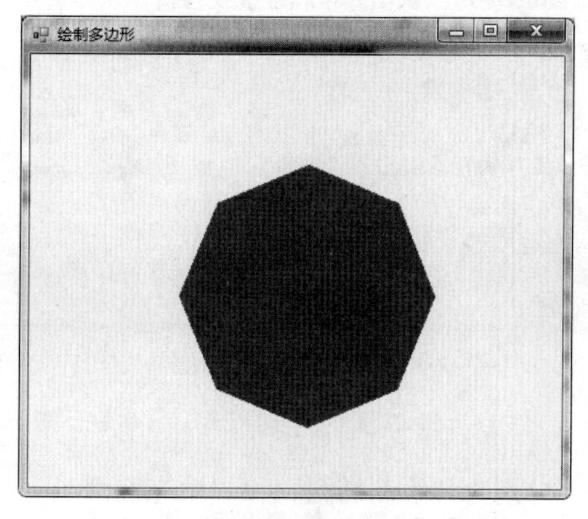

图 13-19　绘制并填充多边形运行结果

13.3.4 绘制椭圆

椭圆是封闭图形，因此有空心椭圆和填充椭圆两种。

1. 绘制空心椭圆

绘制椭圆需要创建 Graphics 对象和画笔对象 Pen，Graphics 对象绘制椭圆的方法是 DrawEllipse()，该方法共有 3 种重载形式，其常用语法格式如下。

```
绘图对象.DrawEllipse(Pen, Rectangle);
```

其中，Rectangle 是矩形对象，绘制出的椭圆是指定的内切椭圆；如要绘制正圆，只需指定一个正方形为参数即可。

2. 绘制填充椭圆

绘制填充椭圆使用 FillEllipse() 方法，常用语法格式如下。

```
绘图对象.FillEllipse(Brush, Rectangle);
```

【实例13-9】绘制及填充椭圆

实例描述：以窗体工作区宽度的 1/2 为长轴，窗体工作区高度的 1/2 为短轴，在窗体上绘制矩形及其内切椭圆。

实例分析：当前窗体工作区的宽度和高度均可通过 this.ClientSize 属性获取，其中 this.ClientSize.Width 为窗体工作区宽度；this.ClientSize.Height 为窗体工作区高度。

工作区即去掉窗体的菜单、工具栏及状态栏等区域之后可以放置控件的区域，而窗体整体的宽度与高度可以通过 this.Width 与 this.Height 属性获取。

实例实现：

（1）右击项目 drawShapes，在弹出的快捷菜单中选择“添加”→“ Windows 窗体”命令，命名为 DrawEllipse，窗体的 Text 属性设置为“绘制及填充椭圆”。

（2）声明全局变量，代码如下，本实例完整源代码参考项目 drawShapes 下的 DrawEllipse.cs 文件。

```
Graphics g;       //用来存储绘图对象
int w, h;         //用来存储计算出的长轴和短轴
Rectangle r;      //用来存储待绘制矩形参数
```

（3）在窗体构造函数中增加计算待绘制图形宽度及高度的代码，修改后的构造函数代码如下：

```
public DrawEllipse()
{
    InitializeComponent();
    w = this.ClientSize.Width/2;      //获取窗体工作区宽度
    h = this.ClientSize.Height/2;     //获取窗体工作区高度
}
```

（4）在事件窗口找到窗体的 Paint 事件，双击事件名称或按【Enter】键，进入代码视图，输入代码如下：

```
private void DrawEllipse_Paint(object sender, PaintEventArgs e)
{
    g = this.CreateGraphics();
    //创建矩形对象，指定画图位置及大小
    r = new Rectangle(10, 10, w, h);
    Pen p1 = new Pen(Color.Blue, 3);
    //绘制矩形
    g.DrawRectangle(p1,r);
}
```

说明：以上代码绘制一个矩形，作为后续椭圆的外切矩形，以展示矩形和椭圆的位置关系。

（5）在窗体上添加两个按钮，分别为“绘制椭圆”和“填充椭圆”。

为“绘制椭圆”按钮编写单击事件处理函数，代码如下：

```
private void btn_DrawEllipse_Click(object sender, EventArgs e)
{
    g = this.CreateGraphics();
    Pen p2 = new Pen(Color.Red, 3);
    //绘制椭圆
    g.DrawEllipse(p2, r);
}
```

为“填充椭圆”按钮编写单击事件处理函数，代码如下：

```
private void btn_FillEllipse_Click(object sender, EventArgs e)
{
    g = this.CreateGraphics();
    SolidBrush b = new SolidBrush(Color.Yellow);
    //填充椭圆
    g.FillEllipse(b, r);
}
```

说明：上述代码中的SolidBrush类是纯色画笔。

（6）修改 Main() 方法中的启动窗体为 DrawEllipse，启动程序。窗体加载时就绘制出矩形；单击“绘制椭圆”按钮，绘制出该矩形的内切椭圆，运行结果如图 13-20 所示；单击“填充椭圆”按钮，绘制出填充椭圆，运行结果如图 13-21 所示。

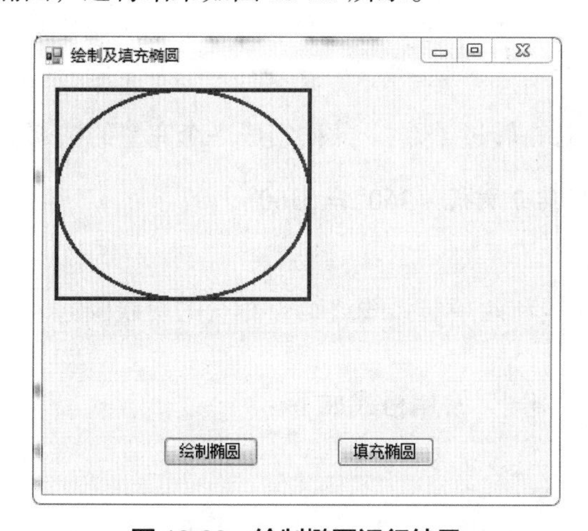

图 13-20 绘制椭圆运行结果

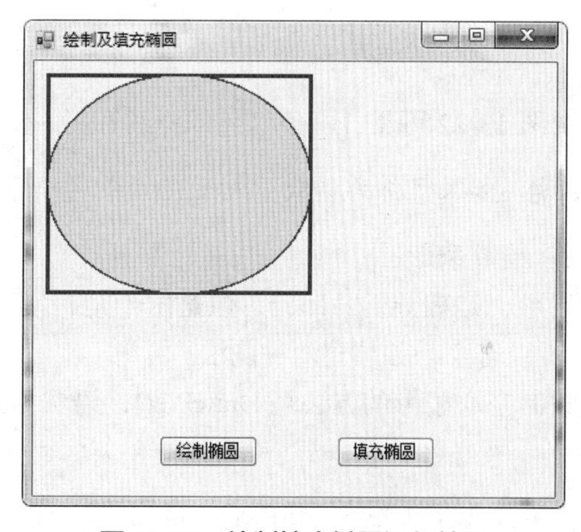

图 13-21 绘制填充椭圆运行结果

13.3.5 绘制弧线和扇形

1. 绘制弧线

弧线不是封闭图形，所以只能绘制，不能填充。因为弧线本质上就是椭圆的一部分，故 Graphics 对象提供绘制弧线的 DrawArc 方法需要的参数中一部分和椭圆相似，其常用语法格式如下：

```
绘图对象.DrawArc(Pen, 起点坐标,终点坐标,起始角度,仰角参数);
```

其中，起点坐标和终点坐标指定矩形的位置及宽、高，也可以用矩形实例代替；起始角度和仰角参数单位都是角度（°）。起始角度是从平面坐标系（不是绘图坐标系）Y 轴正向开始逆时针转过的角度，仰角参数是指从起始角度开始逆时针转过的角度。

【实例13-10】绘制弧线。

实例描述：在窗体上绘制弧线。

实例实现：

（1）右击项目 drawShapes，在弹出的快捷菜单中选择“添加”→“Windows 窗体”命令，命名为 DrawArc，窗体的 Text 属性设置为“绘制弧线”。

（2）在事件窗口找到窗体的 Paint 事件，双击事件名称或按下【Enter】键，进入代码视图，输入代码如下，本实例完整源代码参考项目 drawShapes 下的 DrawArc.cs 文件。

```
private void DrawArc_Paint(object sender, PaintEventArgs e)
{
    Graphics g = this.CreateGraphics();
    g.DrawArc(Pens.Red, 20, 20, 200, 100, 30, 180);  //红色弧线
    g.DrawArc(Pens.Blue, 20, 20, 200, 100, 210, 180);
}
```

（3）修改 Main() 方法中的启动窗体为 DrawArc，程序运行结果如图 13-22 所示。

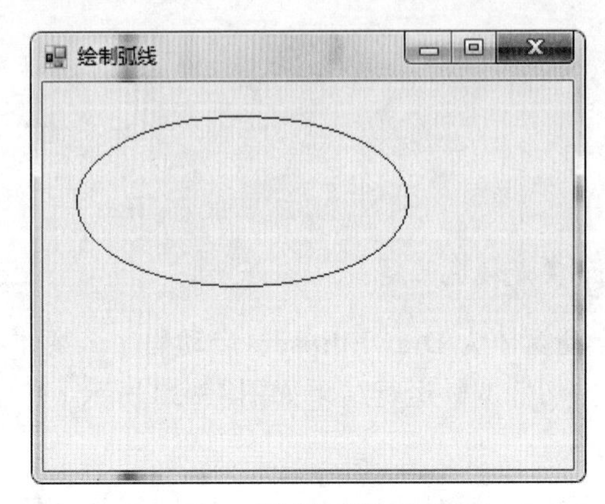

图 13-22 绘制弧线运行结果

由图 13-22 可见，一条红色的弧线和另一条蓝色弧线，各自转过 180°，共同组成一个完整的椭圆。

说明：如果“仰角参数”大于360°或者小于-360°，则将其分别视为360°或-360°。

2. 绘制扇形

扇形也是椭圆的一部分，但是由于是封闭区域（一段弧线和两条与弧线终结点相交的射线围起来的区域），所以有空心和填充两种画法。

绘制空心扇形的方法是 DrawPie()，语法格式与绘制弧线相同，常用格式如下：

```
绘图对象.DrawPie(Pen,Rectangle,起始角度,仰角参数);
```

填充扇形的方法为 FillPie()，常用语法格式如下：

```
绘图对象.FillPie(Brush, Rectangle,起始角度,仰角参数);
```

【实例13-11】绘制及填充扇形

实例描述：在窗体上绘制及填充扇形。

实例实现：

（1）右击项目 drawShapes，在弹出的快捷菜单中选择“添加”→“Windows 窗体”命令，命名为 DrawPie，窗体的 Text 属性设置为“绘制及填充扇形”。

（2）在事件窗口找到窗体的 Paint 事件，双击事件名称或按下【Enter】键，进入代码视图，输入代码如下，本实例完整源代码参考项目 drawShapes 下的 DrawPie.cs 文件。

```
private void DrawPie_Paint(object sender, PaintEventArgs e)
{
    Graphics g = this.CreateGraphics();
    Rectangle r1=new Rectangle(20, 20, 200, 100);
    Rectangle r2 = new Rectangle(150, 20, 200, 100);
    g.DrawPie(Pens.Red, r1, 30, 180);             //红色空心扇形
    g.FillPie(Brushes.Blue, r2, 210, 180);        //蓝色填充扇形
}
```

（3）修改 Main() 方法中的启动窗体为 DrawPie，程序运行结果如图 13-23 所示。

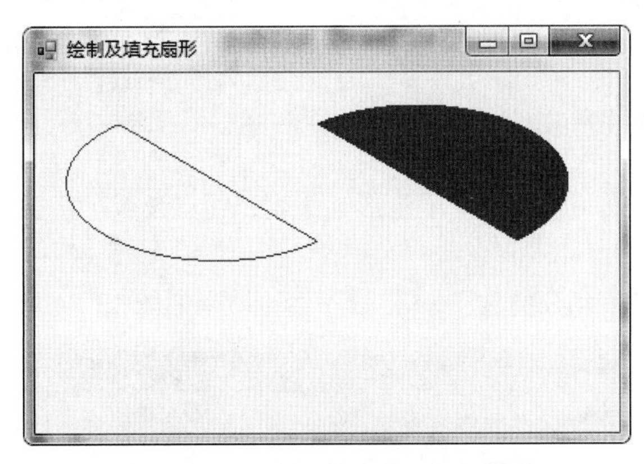

图 13-23 绘制及填充扇形运行结果

说明： 左边是空心扇形，右边是填充扇形。

13.4 创建绘图工具

画图工具包括画笔、画刷、字体和颜色等。画笔用来绘制空心图形，画刷用来绘制实心图形即填充封闭区域，字体和颜色也是绘图功能的常用类，本节分别介绍各类绘图工具的创建及使用方法。

13.4.1 画笔类 Pen

画笔类 Pen 已在前面几节被频繁使用，但都是使用其最简单的形式，其实画笔除了可以设置颜色以外，还可以设置线条样式和宽度。Pen 类常用属性如表 13-5 所示。

表 13-5 Pen 类常用属性

属 性	说 明
Color	设置颜色
DashStyle	设置虚线样式，取值包括 Dash、DashDot、DashDotDot、Dot、Solid 等
EndCap	设置直线终点的线帽样式，常用取值包括 ArrowAnchor、DiamondAnchor、Flat、Round、RoundAnchor、Square、SquareAnchor、Triangle 等
StartCap	设置直线起点使用的线帽样式，其取值与 EndCap 属性相同
PenType	获取直线样式，取值包括 HatchFill、LinearGradient、PathGradient、SolidColor、TextureFill 等
Width	设置线条宽度

上述属性可组合成各种线条效果，以下给出一个典型实例。

【实例13-12】画笔的使用。

实例描述： 设置画笔属性，绘制多种线条。

实例实现：

（1）创建一个 Windows 窗体应用程序，并命名为 tools。本节所有实例均在该项目下。

（2）右击项目 tools，在弹出的快捷菜单中选择“添加”→“Windows 窗体”命令，命名为 Pens，窗体的 Text 属性设置为“Pen 类的使用”。

（3）在事件窗口找到窗体的 Paint 事件，双击事件名称或按【Enter】键，进入代码视图，输入代码如下，本实例完整源代码参考项目 tools 下的 Pens.cs 文件。

```
private void Pens_Paint(object sender, PaintEventArgs e)
{
    Graphics g = this.CreateGraphics();
```

```
        Pen p1 = new Pen(Color.Blue, 10);
        p1.DashStyle = DashStyle.DashDot;          //设置直线虚线样式
        p1.StartCap = LineCap.DiamondAnchor;       //设置直线起点的线帽样式
        p1.EndCap = LineCap.ArrowAnchor;      //设置直线终点的线帽样式
        g.DrawLine(p1, new Point(10, 10), new Point(300, 200));
    }
```

代码中使用了点画线的样式，起点设置了菱形锚头帽，终点设置了箭头状锚头帽，颜色设置为蓝色，宽度为 10。

（4）修改 Main() 方法中的启动窗体为 Pens，程序运行结果如图 13-24 所示。

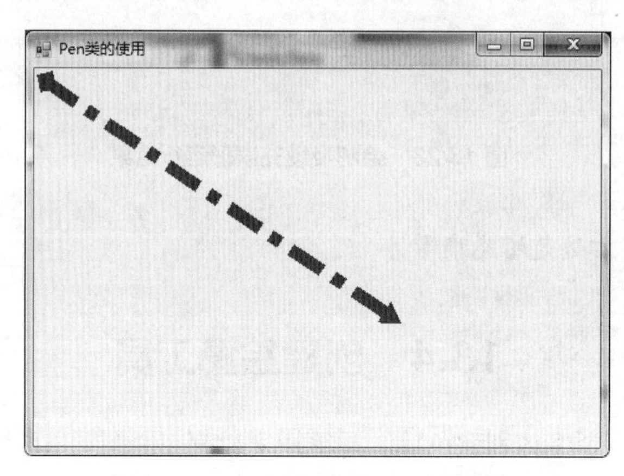

图 13-24　Pen 类的使用运行结果

13.4.2　画刷类 Brush

画笔对象是用来描绘图形的边框和轮廓的，也就是绘制空心图形的。若需要填充图形内部，则需要使用画刷对象 Brush。画刷对象的使用在 13.3 节已有介绍，但都是最基本的画刷对象，本节对画刷类的各属性进行详细介绍。

System.Drawing.Brush 类是个抽象类，不能实例化，其派生类包括纯色画刷（SolidBrush）、纹理画刷（TextureBrush）、阴影画刷（HatchBrush）和渐变画刷（LinearGradientBrush）。

1. 纯色画刷

纯色画刷只需要指定颜色，是最简单的一种，13.3 节中填充区域使用的都是纯色画刷。使用方法不再详述。

2. 纹理画刷

纹理画刷使用图像来填充图形。它使用一个来自图像文件如 .bmp、.jpg 或 .png 的图像。使用 Image 类或 Bitmap 类可以从文件中获取图像。创建 TextureBrush 对象的常用语法如下：

```
TextureBrush tb = new TextureBrush(Image,Rectangle);
```

其中，Image 对象是也可以为 Bitmap 对象，Rectangle 对象是指绘制出的单位矩形区域大小。

3. 阴影画刷

阴影画刷的使用相对来说较为复杂，除了要制定阴影样式，还需要指定前景色和背景色。创建 HatchBrush 的常用语法如下：

```
HatchBrush hb=new HatchBrush(HatchStyle, ForeColor, BackgroundColor);
```

其中，HatchStyle 指定画刷的阴影样式，也就是填充图案的类型，是一个 HatchStyle 枚举类型数据，该枚举类型有 50 多个图案可以选择，请读者在代码中自行查看。ForeColor 指定阴影的线条颜色；BackgroundColor 指定阴影线条之间的空间颜色。

4. 渐变画刷

渐变画刷的参数也比较多，创建 LinearGradientBrush 的常用语法如下：

```
LinearGradientBrush lgb = new LinearGradientBrush(Rectangle, StartColor, EndColor,
LinearGradientMode);
```

其中，Rectangle 指定渐变色矩形区域，StartColor 指定渐变起始颜色，EndColor 指定渐变终止颜色，LinearGradientMode 是指定渐变方式的枚举类型值，取值可以为 Vertical（垂直渐变）、Horizontal（水平渐变）或直接指定渐变方向的角度值。

【实例13-13】Brush类的使用。

实例描述：设计程序，展示纹理画刷、阴影画刷等画刷绘图效果。

实例实现：

（1）右击项目“tools”，在弹出的快捷菜单中选择“添加”→“Windows 窗体”命令，命名为 Brushes，窗体的 Text 属性设置为“Brush 类的使用”，界面设计如图 13-25 所示。Brushes 窗体中的主要控件按 Tab 键顺序描述如表 13-6 所示。

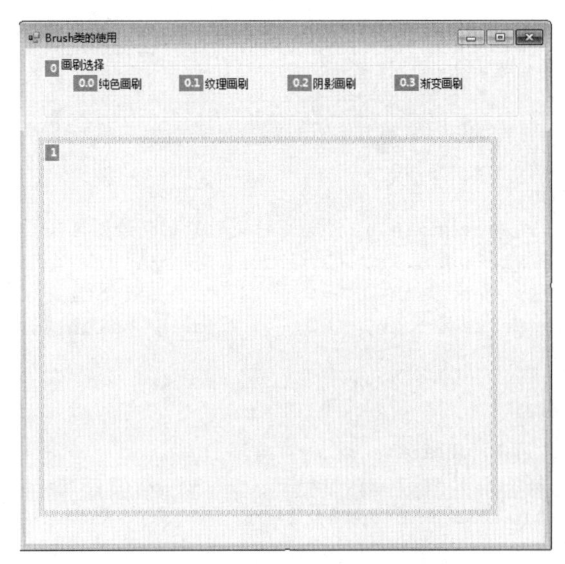

图 13-25　窗体 Tab 键顺序视图

表 13-6 “Brush 类的使用”窗体主要控件

Tab 顺序	控件类型	控件名称	说　明	主要属性	
				属性名	属性值
0	GroupBox	groupBox1	画刷选择控件的容器	Text	画刷选择
0.0	CheckBox	checkBoxSolid	纯色画刷复选框	Text	纯色画刷
0.1	CheckBox	checkBoxTexture	纹理画刷复选框	Text	纹理画刷
0.2	CheckBox	checkBoxHatch	阴影画刷复选框	Text	阴影画刷
0.3	CheckBox	checkBoxLinear	渐变画刷复选框	Text	渐变画刷
1	Label	label1	绘图区域	AutoSize	False
				Text	空

（2）进入代码视图，声明全局变量 Graphics 对象，代码如下，本实例完整源代码参考项目 tools 下的 Brushes.cs 文件。

```
//定义一个 Graphics 对象
private Graphics g;
```

（3）在窗体构造函数中添加创建绘图对象的代码如下：

```
public Brushes()
{
    InitializeComponent();
```

```
        //调用Label的 CreateGraphics 方法创建 Graphics 对象
        g =label1.CreateGraphics();
    }
```

（4）双击 checkBoxSolid 按钮，进入其默认事件 CheckedChanged 事件处理函数，编写代码如下：

```
    private void checkBoxSolid_CheckedChanged(object sender, EventArgs e)
    {
        //如果该画刷对应的复选框被选中，则用该画刷画图，否则，将所画图形清除
        if (checkBoxSolid.Checked)
        {
            //创建红色的画刷
            SolidBrush redBrush = new SolidBrush(Color.Red);
            //创建绿色的画刷
            SolidBrush greenBrush = new SolidBrush(Color.Green);
            //创建黄色的画刷
            SolidBrush yellowBrush = new SolidBrush(Color.Yellow);
            //创建第一个矩形的位置和大小
            int x = 0;
            int y = 0;
            int width = 50;
            int height = 100;
            //调用图形方法 FillRectangle() 将定义的矩形绘制到绘图区域
            g.FillRectangle(redBrush, x, y, width, height);
            g.FillRectangle(greenBrush, 50, y, width, height);
            g.FillRectangle(yellowBrush, 100, y, width, height);
        }
        else
        {
            //获取控件背景色，用来清理矩形
           SolidBrush clearBrush = new SolidBrush(checkBoxSolid.BackColor);
           g.FillRectangle(clearBrush, 0, 0, 150, 100);
        }
    }
```

（5）将事先准备好的图片 pic.bmp 复制到项目当前工作目录（即…\chap13\tools\tools\bin\Debug）中。双击 checkBoxTexture 按钮，进入其默认事件 CheckedChanged 事件处理函数，编写代码如下：

```
    private void checkBoxTexture_CheckedChanged(object sender, EventArgs e)
    {
        //如果该画刷对应的复选框被选中，则用该画刷填充矩形，否则，将所画图形清除
        if (checkBoxTexture.Checked)
        {
            Image img=Image.FromFile("pic.bmp");
            Rectangle r=new Rectangle(0,0,50,40);
            //创建纹理画刷
            TextureBrush TextureBrush = new TextureBrush(img,r);
            //创建图片矩形的位置和大小
            int x = 0;
            int y = 0;
            int width = label1.Width;
            int height = label1.Height;
            //调用图形方法 FillRectangle()将定义的矩形绘制到绘图区域
            g.FillRectangle(TextureBrush, x, y, width, height);
            img.Dispose();
            TextureBrush.Dispose();
        }
        else
        {
```

```
        //获取控件背景色，用来清理矩形
        SolidBrush clearBrush = new SolidBrush(checkBoxHatch.BackColor);
        g.FillRectangle(clearBrush, 0, 0, 500, 400);
    }
}
```

（6）双击 checkBoxHatch 按钮，进入其默认事件 CheckedChanged 事件处理函数，编写代码如下：

```
private void checkBoxHatch_CheckedChanged(object sender, EventArgs e)
{
    //如果该画刷对应的复选框被选中，则用该画刷画图，否则，将所画图形清除
    if (checkBoxHatch.Checked)
    {
        //创建用实心菱形图案进行绘制
        HatchBrush HatchBrush1 = new HatchBrush(HatchStyle.SolidDiamond, Color.Red, Color.Blue);
        //创建用实心圆形图案进行绘制
        HatchBrush HatchBrush2 = new HatchBrush(HatchStyle.Sphere, Color.Plum, Color.Yellow);
        //创建用实心波浪形图案进行绘制
        HatchBrush HatchBrush3 = new HatchBrush(HatchStyle.Wave, Color.Black, Color.White);
        //创建第一个矩形的位置和大小
        int x = 0;
        int y = 110;
        int width = 50;
        int height = 100;
        //调用图形方法 FillRectangle()将定义的矩形绘制到绘图区域
        g.FillRectangle(HatchBrush1, x, y, width, height);
        g.FillRectangle(HatchBrush2, 50, y, width, height);
        g.FillRectangle(HatchBrush3, 100, y, width, height);
    }
    else
    {
        //获取控件背景色，用来清理矩形
        SolidBrush clearBrush = new SolidBrush(checkBoxHatch.BackColor);
        g.FillRectangle(clearBrush, 0, 110, 150, 100);
    }
}
```

（7）双击 checkBoxLinear 按钮，进入其默认事件 CheckedChanged 事件处理函数，编写代码如下：

```
private void checkBoxLinear_CheckedChanged(object sender, EventArgs e)
{
    //如果该画刷对应的复选框被选中，则用该画刷画图，否则，将所画图形清除
    if (checkBoxLinear.Checked)
    {
        //创建 LinearGradientBrush 画刷
        LinearGradientBrush myBrush1 = new LinearGradientBrush(ClientRectangle, Color.
Red, Color.Black, LinearGradientMode.Vertical);
        //创建 LinearGradientBrush 画刷
        LinearGradientBrush myBrush2 = new LinearGradientBrush(ClientRectangle, Color.
Black, Color.White, LinearGradientMode.Horizontal);
        //创建 LinearGradientBrush 画刷
        LinearGradientBrush myBrush3 = new LinearGradientBrush(ClientRectangle, Color.
Green, Color.LemonChiffon, 60);
        //创建第一个矩形的位置和大小
        int x = 0;
        int y = 210;
        int width = 100;
        int height = 200;
        //调用图形方法 FillRectangle()将定义的矩形绘制绘图区域
```

```
            g.FillRectangle(myBrush1, x, y, width, height);
            g.FillRectangle(myBrush2, 100, y, width, height);
            g.FillRectangle(myBrush3, 200, y, width, height);
        }
        else
        {
            //获取控件背景色，用来清理矩形
            SolidBrush clearBrush = new SolidBrush(checkBoxSolid.BackColor);
            g.FillRectangle(clearBrush, 0, 210, 300, 200);
        }
    }
```

修改 Main() 方法中的启动窗体为 Brushes，并启动程序，窗体加载完成后依次勾选“纯色画刷”“阴影画刷”“渐变画刷”复选框，3 种画刷依次绘制出不同实心矩形，运行结果如图 13-26 所示。取消勾选则清空相应区域。

勾选“纹理画刷”复选框，将在 Label 控件上绘制出纹理图案。纹理图案出现的个数算式为

纹理图案个数 = 绘图区域大小 / 图片矩形大小

运行结果如图 13-27 所示，取消勾选则清空相应区域。

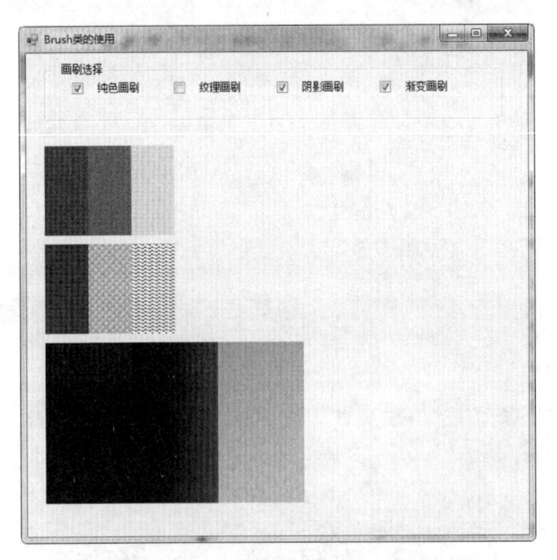

图 13-26　Brush 类的使用运行结果

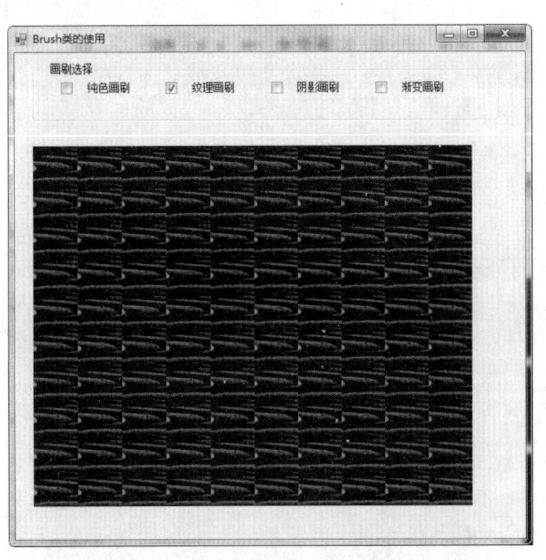

图 13-27　纹理画刷填充矩形区域运行结果

13.4.3　字体类 Font

Font 类定义了文字的格式，如字体、大小和样式等。创建字体对象的一般语法格式如下：

```
Font f=new Font(FamilyName,Size,FontStyle);
```

其中，FamilyName 为字体名称，Size 为字体大小（字号），FontStyle 为枚举类型的字体样式（包括斜体、下画线等）。例如，创建一个字体为“宋体”、字体大小为 18，样式为斜体的 Font 对象，代码如下：

```
Font f = new Font("宋体", 18, FontStyle.Italic);
```

要注意的是，FamilyName（字体名称）、Size（字号）等必须是操作系统中所支持的，且一定要和操作系统中安装的字体名称等一致。字体对象应用实例略。

13.5　综合实例——根据参数绘制图形

微视频
综合实例

【实例13-14】根据参数绘制直线、矩形与椭圆。

实例描述：用户选择要绘制的图形类型（直线、矩形或椭圆），并指定要绘制图形的起始与终点坐标、画笔颜色及宽度等参数，然后绘图。

实例实现：

（1）创建一个 Windows 窗体应用程序，并命名为 finalSample。

（2）右击初始窗体 Form1，在弹出的快捷菜单中选择“重命名”命令，重命名为 frmDraw，窗体的 Text 属性设置为“综合实例”。

由于窗体上控件都是常用控件，不再给出 Tab 键顺序表，设计视图如图 13-28 所示。需要说明的一点是，窗体中有两个面板控件：panelLine 和 panelRectangle，这两个控件位置重合。图 13-28 只是为了向读者展示完整的 panel 控件及其包含的子控件。实际的设计视图两个 panel 控件是完全重叠的，如图 13-29 所示。

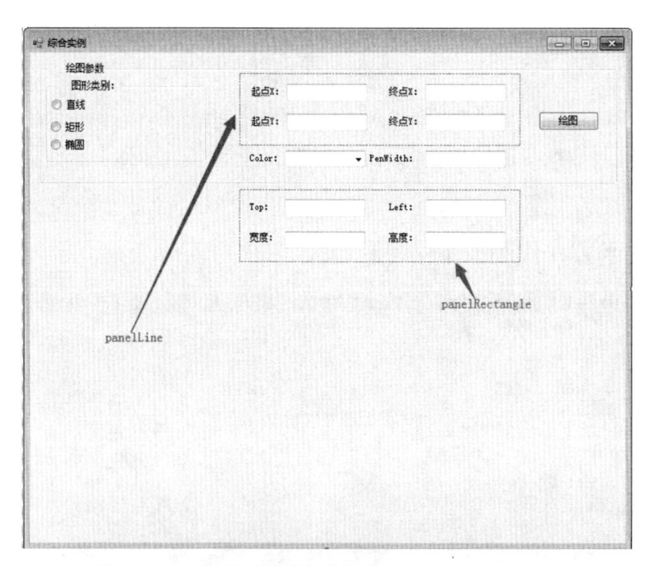

图 13-28　**综合实例设计视图——panel 不重叠**

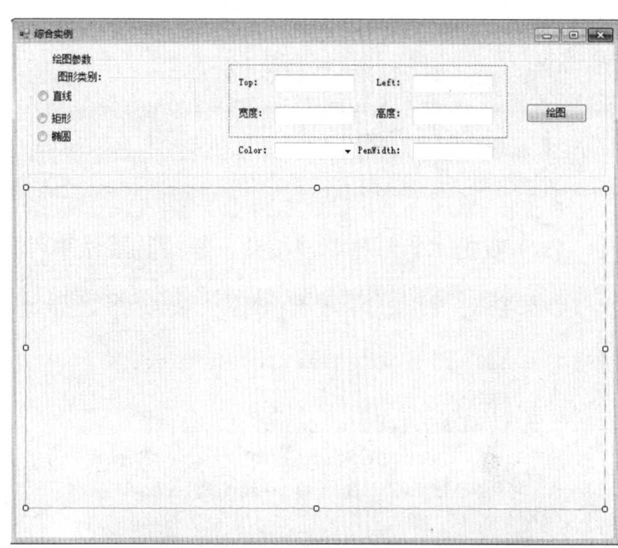

图 13-29　**综合实例设计视图——panel 重叠**

（3）首先声明以下全局变量：

```
Graphics g;
int top, left, width, height;           //绘制直线所需参数
int startX, startY, endX, endY;         //绘制矩形和椭圆所需参数
Pen p;
string drawType;                        //图形类别
```

（4）声明根据参数创建画笔的自定义函数 penSet()，代码如下：

```
//自定义函数，根据参数创建画笔
void penSet()
{
    Color penColor;
    switch (comboBColor.SelectedIndex)
    {
        case 0:
            penColor = Color.Red;
            break;
        case 1:
            penColor = Color.Yellow;
            break;
        case 2:
            penColor = Color.Blue;
            break;
        case 3:
            penColor = Color.Green;
            break;
        default:
            penColor = Color.Black;
```

```
            break;
    }
    int pWidth = int.Parse(txtPenWidth.Text);
    p = new Pen(penColor, pWidth);
}
```

（5）双击“直线”单选按钮，编写其默认事件处理函数，代码如下：

```
private void radioBLine_CheckedChanged(object sender, EventArgs e)
{
    if (radioBLine.Checked)
    {
        panelLine.BringToFront();
        panelRectangle.SendToBack();
        drawType = “line” ;
    }
}
```

（6）双击“矩形”单选按钮，编写其默认事件处理函数，代码如下：

```
private void radioRectangle_CheckedChanged(object sender, EventArgs e)
{
    if (radioBRectangle.Checked)
    {
        panelLine.SendToBack();
        panelRectangle.BringToFront();
        drawType = "rectangle";
    }
}
```

（7）双击“椭圆”单选按钮，编写其默认事件处理函数，代码如下：

```
private void radioBEllipse_CheckedChanged(object sender, EventArgs e)
{
    if (radioBEllipse.Checked)
    {
        panelLine.SendToBack();
        panelRectangle.BringToFront();
        drawType = "ellipse";
    }
}
```

说明：上述代码中对于Panel控件调用SendToBack()方法可将其放在Z轴底层，BringToFront()方法可将其放在Z轴顶层。

（8）双击“绘图”按钮，编写其 Click 事件处理函数，代码如下：

```
private void btnDraw_Click(object sender, EventArgs e)
{
    g = this.labelGraphics.CreateGraphics();
    g.Clear(this.BackColor);
    penSet();
    if (drawType == "line")    //绘制直线
    {
        startX = int.Parse(txtStartX.Text);
        startY = int.Parse(txtStartY.Text);
        endX = int.Parse(txtEndX.Text);
        endY = int.Parse(txtEndY.Text);
        g.DrawLine(p, startX, startY, endX, endY);
    }
    else
```

```
        {
            top = int.Parse(txtTop.Text);
            left = int.Parse(txtLeft.Text);
            width = int.Parse(txtWidth.Text);
            height = int.Parse(txtHeight.Text);
            if (drawType == "rectangle")      //绘制矩形
            {
                g.DrawRectangle(p, new Rectangle(top, left, width, height));
            }
            else if (drawType == "ellipse")     //绘制椭圆
            {
                g.DrawEllipse(p, new Rectangle(top, left, width, height));
            }
            else
                MessageBox.Show("请选择要绘制的图形类别");
        }
    }
```

输入各项参数后单击“绘图”按钮，程序运行界面如图 13-30 所示。

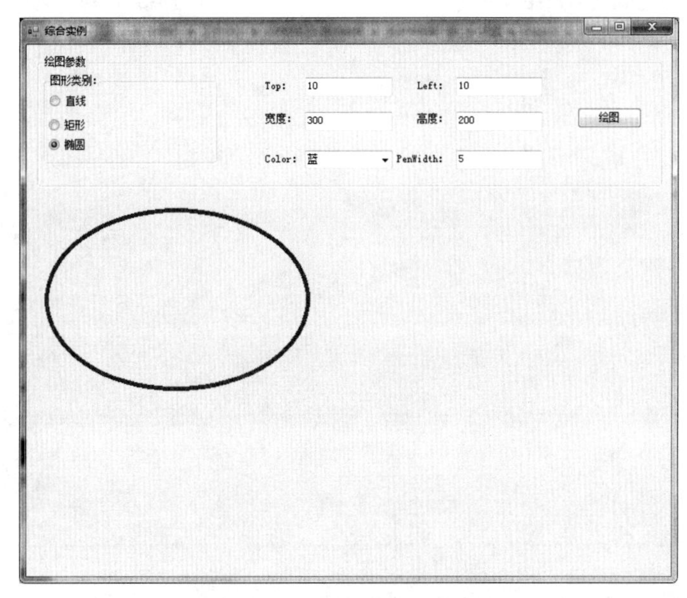

图 13-30　综合实例运行结果

习题与拓展训练

一、选择题

1. 在 System.Drawing 命名空间中，可以用来绘制空心图形的是（　　）类的对象。

   A. Graphics　　B. Brush　　C. Pen　　D. Font

2. 在界面上创建字体需要使用（　　）类。

   A. SolidBrush　　B. Brushes　　C. Font　　D. Pen

3. 通过 HatchBrush 对象的（　　）属性可设置 HatchBrush 对象的阴影样式。

   A. BackgroundColor　　B. ForegroundColor　　C. HatchStyle　　D. ColorStyle

二、简答题

1. 什么是 GDI？
2. 简述 ARGB 颜色空间的构成。

三、拓展训练

1. 创建 Windows 应用程序，实现绘制两个椭圆，其中右侧椭圆经过左侧椭圆对称中心，运行结果如图 13-31 所示。

2. 创建 Windows 应用程序，实现绘制两个填充扇形构成的椭圆，运行结果如图 13-32 所示。

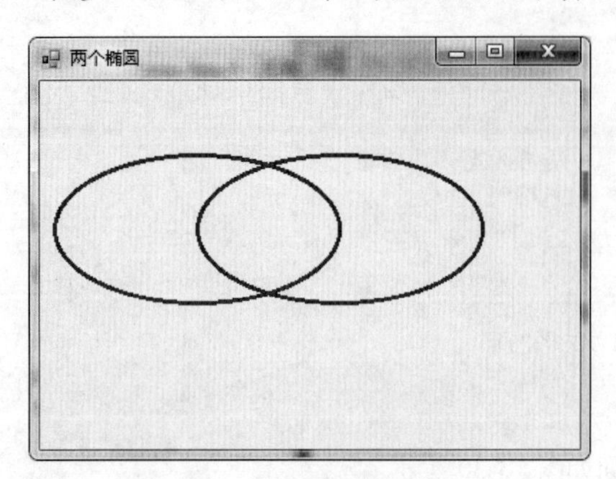

图 13-31 两个椭圆运行结果

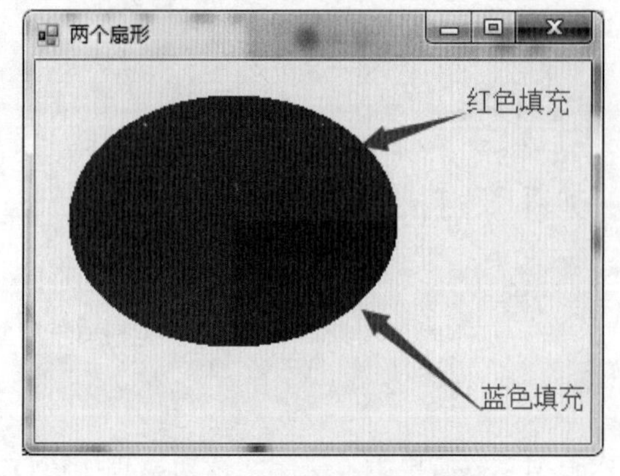

图 13-32 两个扇形运行结果

第 14 章 ADO.NET 操作数据库

库纳乾坤大世界，案容社稷万里川。 ——档案管理经典语录

ADO（ActiveX Data Object）是微软公司开发的面向对象的数据访问库，应用非常广泛。.NET 技术对 ADO 做了很大改进，程序员利用 ADO.NET 可以非常简单、快速地访问数据库。

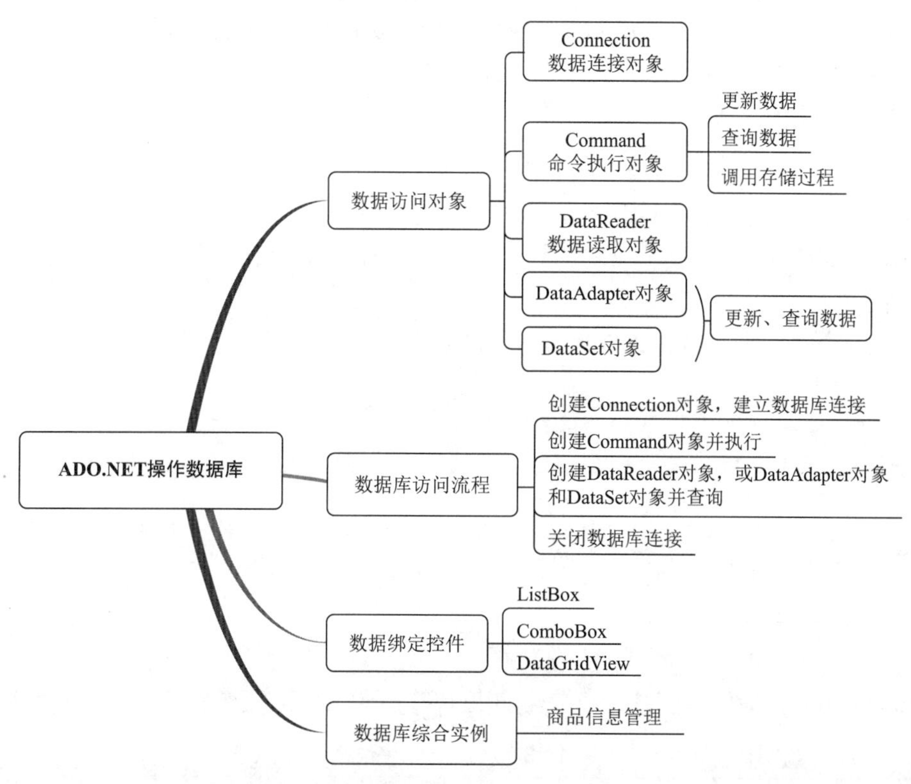

学习目标

（1）掌握 ADO.NET 的体系结构和访问数据库的方式。

（2）掌握 ADO.NET 的数据访问对象，包括 Connection、Command、DataReader、DataAdapter 和 DataSet 等。

（3）掌握数据绑定控件的常用属性和方法。

14.1 ADO.NET 访问数据库基础

14.1.1 ADO.NET 数据访问对象

ADO.NET 数据提供程序提供了 4 个核心对象，分别是 Connection、Command、DataReader 和 DataAdapter 对象，如表 14-1 所示。

表 14-1　ADO.NET 核心对象

对　象	功　能
Connection	提供和数据源的连接功能
Command	提供访问数据库命令，执行查询数据或修改数据的功能，如运行 SQL 命令和存储过程等
DataReader	从数据源中读取只向前的且只读的数据流
DataAdapter	是 DataSet 对象和数据源间的桥梁。DataAdapter 使用 4 个 Command 对象来运行查询、新建、修改、删除的 SQL 命令，把数据加载到 DataSet，或者把 DataSet 内的数据送回数据源

14.1.2　ADO.NET 数据库访问流程

ADO.NET 数据库访问的一般步骤如下：

（1）创建 Connection 对象，建立一个数据库连接。

（2）如需对数据表进行新增、修改或删除操作，则在连接对象的基础上创建 Command 对象，并执行。

（3）如需对数据表进行查询操作，则有两种选择。

① 使用 Command 对象创建 DataReader 对象，读取数据后显示在程序界面。

② 创建 DataAdapter 对象和 DataSet 对象，使用 DataAdapter 对象执行语句并填充查询结果数据到 DataSet。对于 DataSet 中的数据可绑定到界面控件并进行读写操作。

（4）关闭数据库连接。

14.1.3　实例数据库

本章实例数据库名称为 Demo，是在 SQL Server 2012 中创建的，Demo 数据库包含商品类别表和商品表两张表，分别描述如下。

1. 商品类别表

商品类别表 Category 用来存储商品的类别编号和类别名称，表结构如表 14-2 所示。

表 14-2　Category 表结构

序　号	列　名	字段说明	数据类型	长　度	主　键	允许空
1	CategoryID	类别编号	char	4	主键	否
2	CategoryName	类别名称	nvarchar	40	否	否
3	inUse	启用	char	1	否	否

2. 商品表

商品表 Products 用来存储商品信息，表结构如表 14-3 所示。创建完毕后可录入商品信息若干条。

表 14-3　Products 表结构

序　号	列　名	字段说明	数据类型	长　度	主　键	允许空
1	ProductID	商品编号	char	4	主键	否
2	ProductName	商品名称	nvarchar	40	否	
3	SupplierName	供应商名称	nvarchar	40	否	
4	CategoryID	商品类别编号	int	4	否	
5	UnitPrice	单价	money		否	
6	UnitsInStock	库存量	smallint		否	
7	Discount	折扣	char	1	否	

14.2 Connection 数据连接对象

在对数据源进行操作之前，首先需建立到数据源的连接，可使用 Connection 对象显式创建到数据源的连接，数据源可以是 SQL Server、MySQL 等。限于篇幅，本章只介绍访问 SQL Server 数据库的一组对象的使用方法。

用来连接 SQL Server 数据库的类为 SqlConnection，在使用 SqlConnection 类的代码文件中需要添加对 System.Data.SqlClient 命名空间的引用，代码如下：

```
using System.Data.SqlClient;
```

SqlConnection 对象创建常用语法格式如下：

```
SqlConnection conn=new SqlConnection(connectionString);
```

其中，connectionString 为连接字符串。连接字符串语法也有很多形式，这里给出其中常用的两种。

（1）如数据库登录方式为集成验证，则连接字符串可以为如下形式：

```
string connStr="server=机器名;database=Demo;integrated security=true";
```

（2）如数据库登录方式为混合验证，则连接字符串可以为如下形式：

```
string Connstr = "server=机器名;database= Demo;uid=数据库登录名;pwd=密码";
```

【实例14-1】创建SQL Server数据库连接对象。

实例描述：设计一个 Windows 窗体，能通过“Windows 验证”和“Windows 和 SQL Server 混合验证”两种方式建立到本章实例数据库 Demo 的连接。

实例分析：如要实现混合验证，需先确认当前机器 SQL Server 是否支持混合验证方式。且应该首先确认登录当前数据库实例的账号密码。

实例实现：

（1）新建一个 Windows 应用程序，命名为 adoExamples，将创建的默认窗体名更名为 frmConnect，窗体的 Text 属性设置为“连接数据库”，界面设计如图 14-1 所示。frmConnect 窗体中的主要控件按 Tab 键顺序描述如表 14-4 所示。

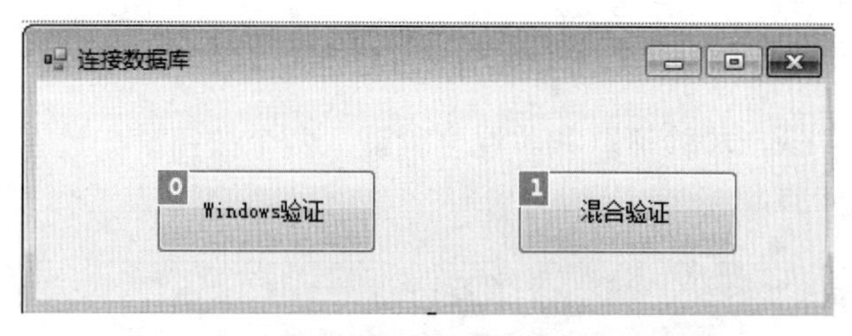

图 14-1 “连接数据库”窗体控件 Tab 顺序

表 14-4 “连接数据库”窗体控件及说明

Tab 顺序	控件类型	控件名称	说　明	主要属性	
				属性名	属性值
0	Button	btnConnect1	Windows 身份验证方式连接数据库	Text	Windows 验证
1		btnConnect2	混合验证方式连接数据库	Text	混合验证

说明：

① 本节内所有实例代码均需引用 System.Data.SqlClient 命名空间，代码如下：

```
using System.Data.SqlClient;        //添加对SQL Server数据访问对象的引用
```

后续实例不再逐一说明。

② 由于篇幅所限，本节中省略了所有实例的异常捕获代码，读者需自行添加获取控件输入

及访问数据库等处的异常捕获代码。

③ 使用混合验证方式之前要确认使用的账号密码能在SQL Server Management Studio正常登录。

（2）双击“Windows 验证”按钮，进入其 Click 事件处理函数，编写代码如下：

```
//Windows验证方式连接数据库
private void btnConnect1_Click(object sender, EventArgs e)
{
    string strConn = "server=(local);database=Demo;integrated security=true";   //连接字符串
    SqlConnection conn = new SqlConnection(strConn);       //创建连接对象
    conn.Open();        //打开连接
    //如连接成功则弹出消息框提示
    MessageBox.Show("数据库已通过集成验证方式连接成功", "连接状态对话框");
    conn.Close();        //使用完毕后关闭数据库连接
}
```

双击“混合验证”按钮，进入其 Click 事件处理函数，编写代码如下：

```
//SQL Server + Windows方式连接数据库
private void btnConnect2_Click(object sender, EventArgs e)
{
    string strConn = "server=( local).;database=Demo;uid=zd;pwd=123";     //连接字符串
    SqlConnection conn = new SqlConnection(strConn);        //创建连接对象
    conn.Open();      //打开连接
    //如连接成功则弹出消息框提示
    MessageBox.Show("数据库已通过混合验证方式连接成功", "连接状态对话框");
    conn.Close();        //使用完毕后关闭数据库连接
}
```

数据库连接字符串包含要连接的数据库的信息，其中 server 属性指定数据库服务器名称，database 属性指定数据库名称。使用 Windows 身份验证方式只需要给出 server 和 database 两个属性的值，并使用“integrated security=true”指定身份验证方式为 Windows 验证；当使用混合验证时则需要使用 uid 属性指定数据库账户、pwd 属性指定该账号的密码。

说明： 上例中的连接字符串中的用户名“zd”和密码“123”，是在SQL Server中以“添加登录账户”的方式创建的，读者可自行修改为自己计算机的SQLServer登录名及密码。

运行程序，分别单击“Windows 验证”和“混合验证”两个按钮，如连接成功，将分别弹出不同的连接状态对话框，如图 14-2 所示。

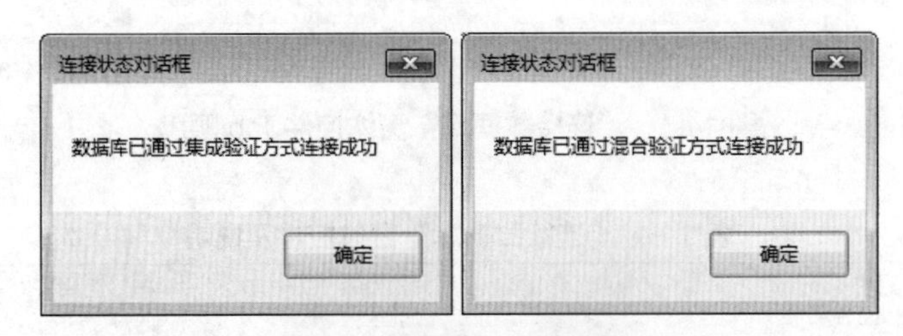

图 14-2　连接状态对话框

14.3　Command 命令执行对象

14.3.1　应用 Command 对象更新数据

在创建好到数据库的连接之后，可以使用 Command 对象对数据库进行更新操作。一般对数据库的操作被概括为 CRUD——Create、Read、Update 和 Delete。在 ADO.NET 中定义 Command 类去执行这些操作。Command 对象常用属性如表 14-5 所示，Command 对象常用方法如表 14-6 所示。

表 14-5　Command 对象常用属性

属　性	说　　明
CommandText	获取或设置要对数据源执行的 T-SQL 语句或存储过程
CommandTimeout	获取或设置在终止执行命令的尝试并生成错误之前的等待时间
CommandType	获取或设置一个值，该值指示如何解释 CommandText 属性
Connection	数据命令对象所使用的连接对象
Parameters	参数集合（OleDbParameterCollection）

表 14-6　Command 对象常用方法

方　法	说　　明
CreateParameter	创建 OleDbParameter 对象的新实例
ExecuteNonQuery	针对 Connection 执行 SQL 语句并返回受影响的行数
ExecuteReader	将 CommandText 发送到 Connection 并生成一个 OleDbDataReader
ExecuteScalar	执行查询，并返回查询所返回的结果集中第一行的第一列，忽略其他列或行

【实例14-2】对数据库进行更新操作。

实例描述：设计一个 Windows 窗体，能实现对实例数据库 Demo 中 Products 表的添加、修改及删除操作。

实例分析：对数据库的更新包括添加、修改及删除操作。

实例实现：

（1）右击项目 adoExamples，在弹出的快捷菜单中选择“添加”→“Windows 窗体”命令，命名为 frmCommand，窗体的 Text 属性设置为“使用 Command 更新数据”，界面设计如图 14-3 所示。frmCommand 窗体中的主要控件按 Tab 键顺序描述如表 14-7 所示。

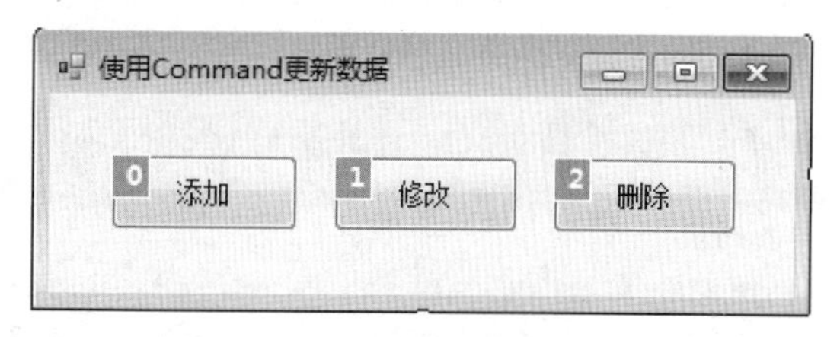

图 14-3　使用 Command 更新数据窗体 Tab 键顺序视图

表 14-7　“使用 Command 更新数据”窗体控件及说明

Tab 顺序	控件类型	控件名称	说　明	主要属性	
				属性名	属性值
0	Button	btnInsert	向数据库表添加一条记录	Text	添加
1		btnUpdate	修改数据库表中的记录	Text	修改
2		btnDelete	删除数据库表中的记录	Text	删除

（2）声明一个全局变量，存储连接字符串，代码如下：

```
string strConn = "server=(local);database=Demo;integrated security=true";  //连接字符串
```

（3）双击“添加”按钮，进入其 Click 事件处理函数，编写代码如下：

```
    //“添加”按钮单击事件处理函数
    private void btnInsert_Click(object sender, EventArgs e)
    {
        SqlConnection conn = new SqlConnection(strConn);  //声明并创建连接对象
        conn.Open();                                      //打开数据库连接
        //向商品表插入一条新记录
        string strSql="insert into Products values('0012','双层蒸锅','苏泊尔集团','厨具',
129.9,100,'false')";
```

```
        SqlCommand comm = new SqlCommand(strSql, conn);  //声明并创建命令对象
        int row = comm.ExecuteNonQuery();  //执行SQL语句，并获取受影响的行数
        if (row > 0)  //如果记录插入成功，则弹出消息框提示
        {
            MessageBox.Show("插入数据成功", "操作状态对话框");
        }
        conn.Close();  //关闭数据库连接
}
```

（4）双击“修改”按钮，进入其 Click 事件处理函数，编写代码如下：

```
    //“修改”按钮单击事件处理函数
    private void btnUpdate_Click(object sender, EventArgs e)
    {
        SqlConnection conn = new SqlConnection(strConn);
        conn.Open();
        //修改商品表中的一条记录
        string strSql = "update Products set UnitsInStock=500 where ProductID='0012'";
        SqlCommand comm = new SqlCommand(strSql, conn);
        int row = comm.ExecuteNonQuery();
        if (row > 0)
        {
            MessageBox.Show("修改数据成功", "操作状态对话框");
        }
        conn.Close();
    }
```

（5）双击“删除”按钮，进入其 Click 事件处理函数，编写代码如下：

```
    //【删除】按钮单击事件处理函数
    private void btnDelete_Click(object sender, EventArgs e)
    {
        SqlConnection conn = new SqlConnection(strConn);
        conn.Open();
        //删除商品表中的一条记录
        string strSql = "delete from Products where ProductID='0012'";
        SqlCommand comm = new SqlCommand(strSql, conn);
        int row = comm.ExecuteNonQuery();
        if (row > 0)
        {
            MessageBox.Show("删除数据成功", "操作状态对话框");
        }
        conn.Close();
    }
```

修改 Main() 方法中的启动窗体为 frmCommand，启动程序，分别单击“添加”“修改”“删除”按钮，如操作成功，将分别弹出不同的操作状态对话框，如图 14-4 所示。对于数据库记录的修改情况，读者可同时从 SQL Server 管理控制台访问数据库 Demo 的 Products 表进行验证。

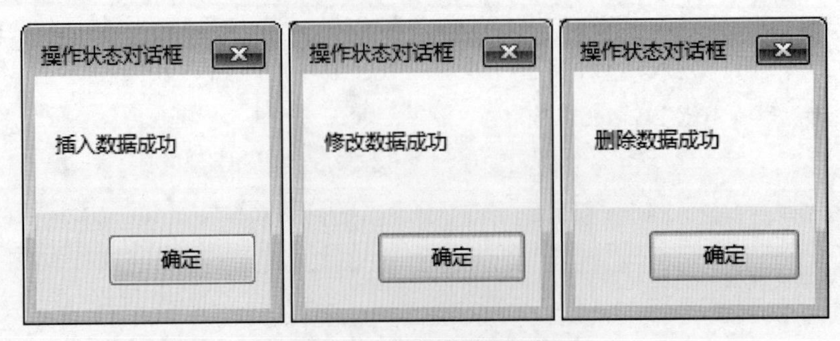

图 14-4　操作状态对话框

14.3.2 应用 Command 对象查询数据

Command 对象的 ExecuteScalar 方法一般用来执行数据库聚合函数，包括 SUM、AVG、COUNT、MAX 和 MIN，返回值均为单个数值。

【实例14-3】应用Command对象进行数据统计。

实例描述：设计一个 Windows 窗体，获取 Demo 数据库中 Products 表中的商品种类数。

实例分析：对 Products 表执行 COUNT 聚合函数，返回记录条数即为商品种类数。

实例实现：

（1）右击项目 adoExamples，在弹出的快捷菜单中选择“添加”→“Windows 窗体”命令，命名为 frmScalar，窗体的 Text 属性设置为“商品表记录条数”，界面设计如图 14-5 所示。frmScalar 窗体中的主要控件按 Tab 键顺序描述如表 14-8 所示。

图 14-5 “商品记录条数”窗体 Tab 键顺序视图

表 14-8 “商品记录条数”窗体控件

Tab 顺序	控件类型	控件名称	说　明	主要属性	
				属性名	属性值
0	Label	label1		Text	记录条数：
1	TextBox	txtResult	显示查询出来的记录条数		
2	Button	btnCount	查询记录条数	Text	计算

（2）双击“计算”按钮，进入其 Click 事件处理函数，编写代码如下：

```
private void btnCount_Click(object sender, EventArgs e)
{
    string strConn = "server=(local);database=Demo;integrated security=true";
    SqlConnection conn = new SqlConnection(strConn);
    conn.Open();
    string strSql = "select COUNT(ProductID) from Products";
    SqlCommand comm = new SqlCommand(strSql, conn);
    txtResult.Text = comm.ExecuteScalar().ToString();
    conn.Close();
}
```

修改 Main() 方法中的启动窗体为 frmScalar，启动程序，单击“计算”按钮，运行结果如图 14-6 所示。

图 14-6 运行结果

14.3.3 应用 Command 对象调用存储过程

存储过程（Stored Procedure）是由一系列 SQL 语句和控制语句组成的数据处理过程，它存放在数据库中，在服务器端执行。由于存储过程已经提前编译，因此调用存储过程比执行程序发送到数据库的相同 SQL 语句速度快。并且使用存储过程可以提高数据操作的安全性。将命令编写为存储过程是提高数据库访问系统程序性能的常用手段。

ADO.NET 调用存储过程的语法与执行 SQL 命令非常相似，区别仅在于以下两点：

（1）创建 Command 对象时 CommandText 属性为存储过程名称。

（2）需设置 Command 对象的 CommandType 属性为 StoredProcedure。

【实例14-4】执行不带参数的存储过程。

实例描述：设计一个 Windows 窗体，调用数据库 Demo 中的存储过程 p_Products。

实例分析：首先创建不带参数的存储过程 p_Products，实现商品类别表和商品表的联合查询；然后在代码中调用该存储过程并将查询到的数据显示在界面上。

实例实现：

（1）在数据库中创建存储过程 p_Products，用来查询商品的编号、名称、类别名称和单价。创建存储过程的 SQL 语句如下：

```
create procedure p_Products
as
select ProductID as 商品编号,ProductName as 商品名称,CategoryName as 商品类别, unitprice as 单价 from Category,Products
where Category.CategoryID=Products.CategoryID
```

创建完成后先在 SQL Server 查询窗口调用存储过程，验证结果是否正确。

调用存储过程的语句为：

```
exec p_Products
```

微视频
存储过程的定义及调用

调用结果如图 14-7 所示。

（2）右击项目 adoExamples，在弹出的快捷菜单中选择“添加”→“Windows 窗体”命令，命名为 frmProcedure，窗体的 Text 属性设置为“调用存储过程”。从工具箱的“数据”分组中拖放一个 DataGridView 控件，修改其 name 属性为 dgvProducts，界面设计如图 14-8 所示。

结果 消息

	商品编号	商品名称	商品类别	单价
1	0001	冰红茶	饮料	2.50
2	0002	阿萨姆奶茶	饮料	4.00
3	0008	雪碧	饮料	6.50
4	0009	可口可乐	饮料	6.50
5	0003	夏凉被	床上用品	59.00
6	0010	蚕丝被	床上用品	99.00
7	0004	全脂甜奶粉	固体饮料	23.00
8	0011	黑芝麻糊	固体饮料	5.00
9	0005	平底煎锅	厨具	99.90
10	0006	馋嘴猴五香豆干	休闲食品	4.50
11	0007	馋嘴猴麻辣豆干	休闲食品	4.50

图 14-7 调用存储过程 p_Products 返回结果

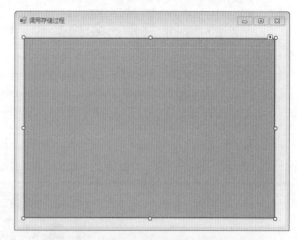

图 14-8 “调用存储过程”窗体设计界面

（3）引用 System.Data.SqlClient 命名空间，代码如下：

```
using System.Data.SqlClient;
```

双击窗体空白处，编辑 Load 事件处理函数，编写代码如下：

```
private void frmProcedure_Load(object sender, EventArgs e)
{
    string strConn = "server=(local);database=Demo;integrated security=true";
    SqlConnection conn = new SqlConnection(strConn);      //创建连接对象
    conn.Open();                                          //打开连接
    SqlCommand comm = new SqlCommand("p_Products", conn);
    comm.CommandType = CommandType.StoredProcedure;
    SqlDataAdapter da = new SqlDataAdapter();
    da.SelectCommand = comm;
    DataSet ds = new DataSet();
    da.Fill(ds,"p_Products");
    dgvProducts.DataSource = ds.Tables[0];
}
```

（4）修改 Main() 方法中的启动窗体为 frmProducts，程序运行结果如图 14-9 所示。

调用存储过程

商品编号	商品名称	商品类别	单价
0001	冰红茶	饮料	2.5000
0002	阿萨姆奶茶	饮料	4.0000
0008	雪碧	饮料	6.5000
0009	可口可乐	饮料	6.5000
0003	夏凉被	床上用品	59.0000
0010	蚕丝被	床上用品	99.0000
0004	全脂甜奶粉	固体饮料	23.0000
0011	黑芝麻糊	固体饮料	5.0000
0005	平底煎锅	厨具	99.9000
0006	馋嘴猴五香豆干	休闲食品	4.5000
0007	馋嘴猴麻辣豆干	休闲食品	4.5000

图 14-9　“调用存储过程”运行界面

【实例14-5】执行带参数的存储过程。

实例描述：设计一个 Windows 应用程序，调用数据库 Demo 中的带参数的存储过程 p_ProductsWithParam。

实例分析：首先创建带参数的存储过程 p_ProductsWithParam，实现按商品名称查询商品数据；然后在代码中调用该存储过程并将查询到的数据显示在界面上。

实例实现：

（1）在数据库中创建存储过程 p_ ProductsWithParam，用来以商品名称为参数模糊查询商品信息。创建存储过程的 SQL 语句如下：

```
create procedure p_ProductsWithParam
 @pName nvarchar(40)
as
select ProductID as 商品编号,ProductName as 商品名称,CategoryName as 商品类别, unitprice
as 单价 from Category,Products
where Category.CategoryID=Products.CategoryID and ProductName like '%' + @pName + '%'
if @@ROWCOUNT>0
  return 1
else
  return 0
go
```

创建完成后先在 SQL Server 查询窗口调用存储过程，验证结果是否正确。

调用存储过程的语句为：

```
exec p_ProductsWithParam '茶'
```

调用结果如图 14-10 所示。

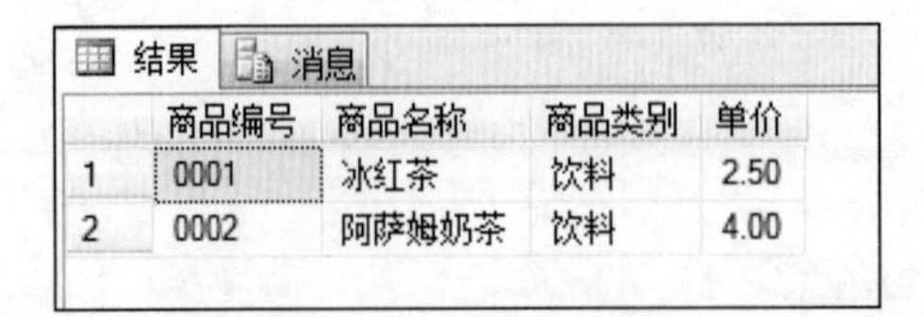
	商品编号	商品名称	商品类别	单价
1	0001	冰红茶	饮料	2.50
2	0002	阿萨姆奶茶	饮料	4.00

图 14-10　调用存储过程 p_ProductsWithParam 返回结果

（2）在项目 adoExamples 上添加一个 Windows 窗体，命名为 frmWithParam，窗体的 Text 属性设置为“调用带参数的存储过程”。从工具箱的“数据”分组中添加一个 DataGridView 控件，修改其 name 属性为 dgvProducts，界面设计如图 14-11 所示。窗体上的主要控件按 Tab 键顺序描述如表 14-9 所示。

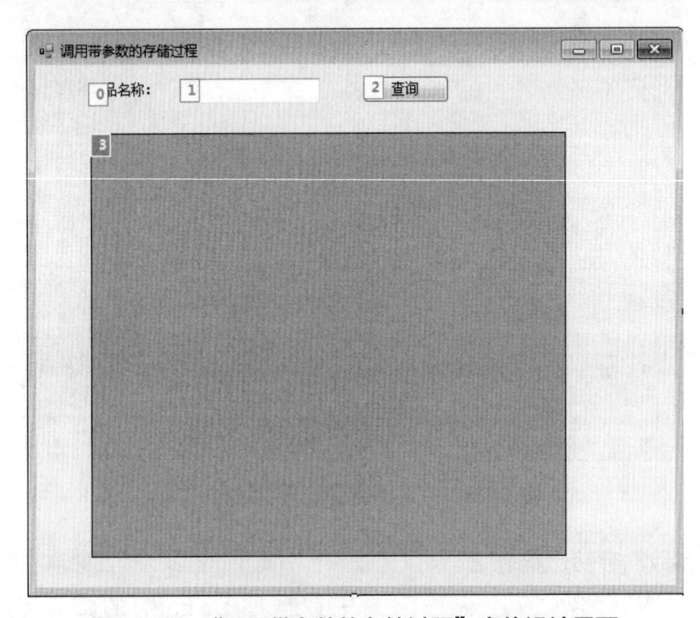

图 14-11　“调用带参数的存储过程”窗体设计界面

表 14-9　“调用带参数的存储过程”窗体控件

Tab 顺序	控件类型	控件名称	说　明	主要属性	
				属性名	属性值
0	Label	Label1		Text	商品名称
1	TextBox	txtProName	商品名称输入框		
2	Button	btnSearch	查询按钮	Text	查询
3	DataGridView	dgvProducts	查询结果显示控件		

（3）引用 System.Data.SqlClient 命名空间，代码如下：

```
using System.Data.SqlClient;
```

（4）双击“查询”按钮，编写其 Click 事件处理函数，代码如下：

```
private void btnSearch_Click(object sender, EventArgs e)
{
    string strConn = "server=(local);database=Demo;integrated security=true";
    SqlConnection conn = new SqlConnection(strConn);       //创建连接对象
    conn.Open();                                           //打开连接
```

```
        SqlCommand comm = new SqlCommand("p_ProductsWithParam", conn);
        comm.CommandType = CommandType.StoredProcedure;
        SqlParameter pName = new SqlParameter("@pName", SqlDbType.VarChar, 40);
        pName.Value = txtProName.Text.Trim();
        comm.Parameters.Add(pName);
        SqlDataAdapter da = new SqlDataAdapter();
        da.SelectCommand = comm;
        DataSet ds = new DataSet();
        da.Fill(ds, "p_Products");
        dgvProducts.DataSource = ds.Tables[0];
    }
```

（5）修改 Main() 方法中的启动窗体为 frmWithParam，程序运行结果如图 14-12 所示。

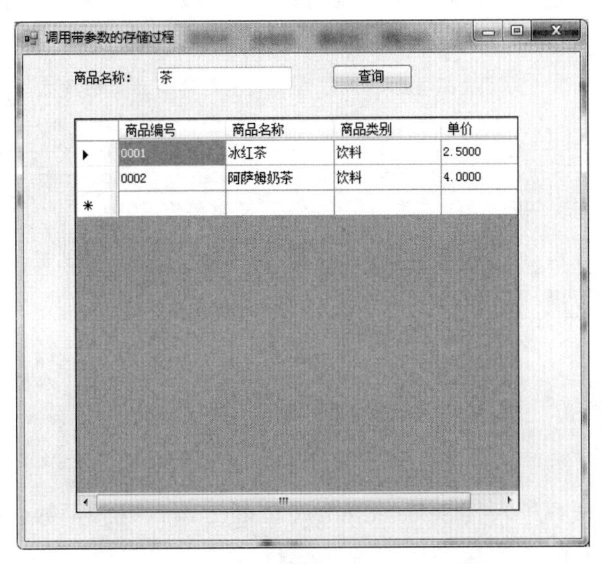

图 14-12　“调用存储过程”运行界面

14.4　DataReader 数据读取对象

DataReader 对象可以从数据库中得到只读的、只能向前的数据流。使用 DataReader 对象在同一时刻只有一条记录在内存中，因此，可以提高程序性能，减少系统开销。DataReader 对象不能通过 new 运算符创建，而是调用 Command 对象的 ExecuteReader 创建。

【实例14-6】使用DataReader对象读取数据。

实例描述：设计一个 Windows 窗体，使用 DataReader 对象为界面控件加载数据。

实例实现：

（1）右击项目 adoExamples，在弹出的快捷菜单中选择“添加”→“Windows 窗体”命令，命名为 frmDataReader，窗体的 Text 属性设置为“商品类别及名称”，界面设计如图 14-13 所示。frmDataReader 窗体中的主要控件按 Tab 键顺序描述如表 14-10 所示。

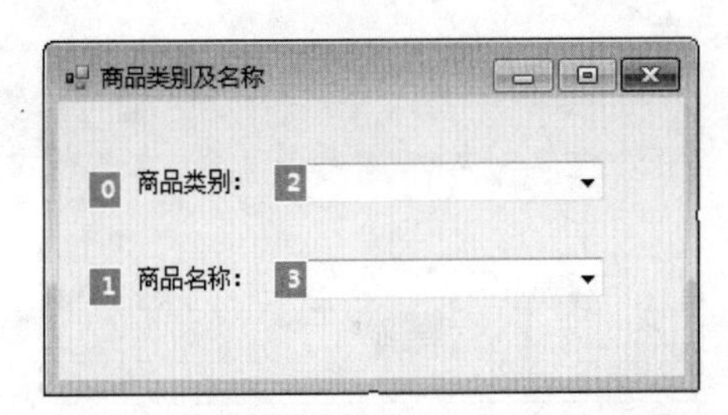

图 14-13　“商品类别及名称”窗体 Tab 键顺序视图

表 14-10 “商品类别及名称”窗体控件

Tab 顺序	控件类型	控件名称	说　明	主要属性	
				属性名	属性值
0	Label	label1		Text	商品类别：
1		label2		Text	商品名称：
2	ComboBox	comboBCategory	绑定所有商品类别名称	DropDownStyle	DropDownList
3		comboBProducts	绑定某商品类别下的商品名称	DropDownStyle	DropDownList

说明：两个ComboBox控件的DropDownStyle属性设置为DropDownList是控制该下拉框只能选择现有选项，不能自主输入。

（2）双击窗体空白位置，进入 Load 事件处理函数，访问数据库，为“商品类别”下拉框加载数据，编写代码如下：

```
//窗体加载事件处理函数，为“商品类别”组合框加载所有的商品类别数据
private void frmProducts_Load(object sender, EventArgs e)
{
    string strConn = "server=(local);database=Demo;integrated security=true";//连接字符串
    SqlConnection conn = new SqlConnection(strConn);  //声明并创建连接对象
    conn.Open();                                       //打开数据库连接
    string strSql = "select distinct CategoryName from Products";    //查询
    SqlCommand comm = new SqlCommand(strSql, conn);
    SqlDataReader dr = comm.ExecuteReader();
    while (dr.Read())
        comboCategory.Items.Add(dr[0]);                //依次加载数据项至ComboBox
    dr.Close();
    conn.Close();
}
```

（3）双击商品类别下拉框，进入其 SelectedIndexChanged 事件处理函数，根据其选项为“商品名称”下拉框加载数据，编写代码如下：

```
//“商品类别”下拉框选项索引变化事件处理函数，
//根据商品类别下拉框中的选项加载该类别下的所有的商品名称
private void comboCategory_SelectedIndexChanged(object sender, EventArgs e)
{
    comboBProducts.Items.Clear();
    string strConn = "server=(LOCAL);database=Demo;integrated security=true";
    SqlConnection conn = new SqlConnection(strConn);
    conn.Open();
    string strSql = "select ProductName from Products,Category where Category.
CategoryID=Products.CategoryID and CategoryName='" + comboBCategory.Text + "'";
    SqlCommand comm = new SqlCommand(strSql, conn);
    SqlDataReader dr = comm.ExecuteReader();
    while (dr.Read())
        comboBProducts.Items.Add(dr[0]);
    dr.Close();
    conn.Close();
}
```

（4）修改 Main() 方法中的启动窗体为 frmDataReader，程序运行结果如图 14-14 所示。

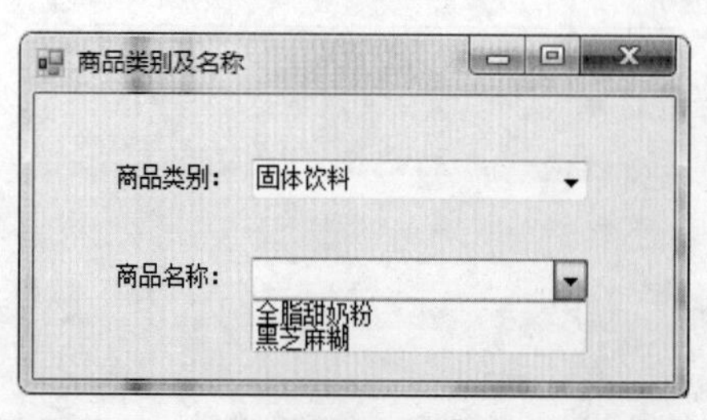

图 14-14 “商品类别及名称”运行结果

14.5 DataSet 和 DataAdapter 数据操作对象

DataAdapter（数据适配器）对象可以执行 SQL 命令及调用存储过程、传递参数等。可在数据库和 DataSet（数据集）对象之间双向传递数据。DataAdapter 类常用属性如表 14-11 所示。

表 14-11 DataAdapter 类常用属性

属　性	说　明
SelectCommand	指定 DataAdapter 要执行的 Select 语句或存储过程，类型为 Command 对象
InsertCommand	指定 DataAdapter 要执行的 Insert 语句或存储过程，类型为 Command 对象
UpdateCommand	指定 DataAdapter 要执行的 Update 语句或存储过程，类型为 Command 对象
DeleteCommand	指定 DataAdapter 要执行的 Delete 语句或存储过程，类型为 Command 对象
TableMappings	获取一个集合，它提供了源表和 DataTable 之间的主映射

DataAdapter 类常用方法如表 14-12 所示。

表 14-12 DataAdapter 类常用方法

方　法	说　明
Fill	用来自动执行 DataAdapter 对象的 SelectCommand 属性中对应的 SQL 语句，从数据库中检索数据，然后更新 DataSet 中的 DataTable（数据表）对象，如 DataTable 对象不存在，则创建它
Update	用来自动执行 DataAdapter 对象的 UpdateCommand、InsertCommand 或 DeleteCommand 属性中对应的 SQL 语句，使用数据集中的数据更新数据库

DataSet 是 ADO.NET 数据库访问组件的核心，它的数据驻留内存，可以对断开式数据或与数据源无关的关系模型进行访问，也可用于对多个数据源的数据进行操作。DataSet 常与 DataAdapter 对象配合实现读取和更新数据源。

14.5.1 应用 DataAdapter 对象填充 DataSet 数据集

DataSet 对象如同内存中的数据库，一个 DataSet 对象包含一个 Tables 属性（数据表集合）和一个 Relations 属性（表之间关系的集合）。DataSet 对象常用方法如表 14-13 所示。

表 14-13 DataSet 对象常用方法

方　法	说　明
AcceptChanges	提交自加载此 DataSet 对象或上次调用 AcceptChanges 以来对其进行的所有更改
Clear	通过移除所有表中的所有行来清除所有数据
GetChanges	获取 DataSet 对象的副本，该副本包含自上次加载以来或自调用 AcceptChanges 以来对其进行的所有更改
HasChanges	获取一个值，该值指示 DataSet 是否有更改，包括新增行、已删除的行或已修改的行
Merge	将指定的 DataSet、DataTable 或 DataRow 对象的数组合并到当前的 DataSet 或 DataTable 对象中
Reset	将 DataSet 重置为其初始状态

【实例14-7】使用DataAdapter对象和DataSet对象读取数据。

实例描述：设计一个 Windows 窗体，使用 DataAdapter 和 DataSet 对象读取商品类别和商品名称，并加载到 ListBox 控件的选项中。

实例实现：

（1）右击项目 adoExamples，在弹出的快捷菜单中选择“添加”→“Windows 窗体”命令，命名为 frmDataAdapter，窗体的 Text 属性设置为“使用 DataAdapter 及 DataSet 读取数据”，界面设计如图 14-15 所示。frmDataReader 窗体中的主要控件按 Tab 键顺序描述如表 14-14 所示。

微视频
填充数据集

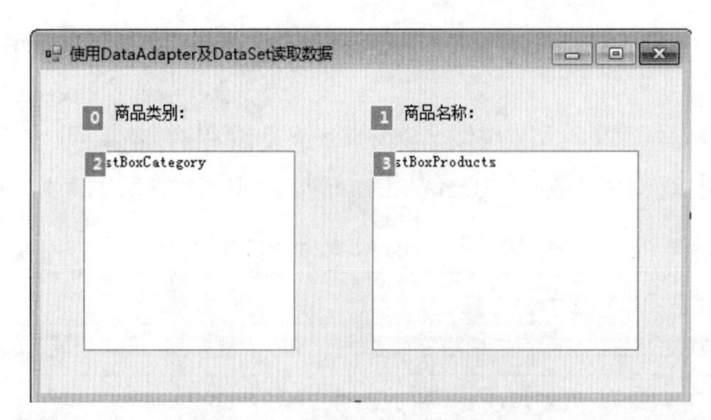

图 14-15 “使用 DataAdatpter 及 DataSet 读取数据”窗体

表 14-14 “使用 DataAdatpter 及 DataSet 读取数据”窗体控件

Tab 顺序	控件类型	控件名称	说　明	主要属性	
				属性名	属性值
0	Label	label1		Text	商品类别：
1		label2		Text	商品名称：
2	ListBox	ListBoxCategory	绑定所有商品类别名称		
3		ListBoxProducts	绑定某商品类别下的商品名称		

（2）声明一个全局变量，用来存储连接字符串，代码如下：

```
string strConn = "server=(local);database=Demo;integrated security=true"; //连接字符串
```

（3）双击窗体空白处，进入其 Load 事件处理函数，为“商品类别”列表框加载数据，编写代码如下：

```
private void frmDataAdapter_Load(object sender, EventArgs e)
{
    SqlConnection conn = new SqlConnection(strConn);        //声明并创建连接对象
    string strSql = "select CategoryID,CategoryName from Category";   //查询商品类别名称
    SqlDataAdapter da = new SqlDataAdapter(strSql, conn);   //声明并创建数据适配器对象
    DataSet ds = new DataSet();                             //声明并创建数据集对象
    da.Fill(ds);                                            //使用数据适配器填充数据集
    listBoxCategory.DataSource = ds.Tables[0];              //设置商品类别下拉框数据源
    listBoxCategory.DisplayMember = "CategoryName";
    listBoxCategory.ValueMember = "CategoryID";
}
```

（4）双击“商品类别”列表框，进入其 SelectedIndexChanged 事件处理函数，根据其选中项为“商品名称”列表框加载数据，编写代码如下：

```
private void listBoxCategory_SelectedIndexChanged(object sender, EventArgs e)
{
    //屏蔽窗体加载时自动触发事件
    if (listBoxCategory.SelectedValue.ToString()!="System.Data.DataRowView")
    {
        SqlConnection conn = new SqlConnection(strConn);
        string strSql = "select ProductName from Products where CategoryID=" + int.Parse
(listBoxCategory.SelectedValue.ToString());
        SqlDataAdapter da = new SqlDataAdapter(strSql, conn);
        DataSet ds = new DataSet();                          //声明并创建数据集对象
        da.Fill(ds);                                         //使用数据适配器填充数据集
        listBoxProducts.DataSource = ds.Tables[0];           //设置商品名称下拉框数据源
        listBoxProducts.DisplayMember = "ProductName";       //设置商品名称下拉框的显示属性
    }
}
```

修改 Main() 方法中的启动窗体为 frmDataAdapter，程序运行结果如图 14-16 所示。

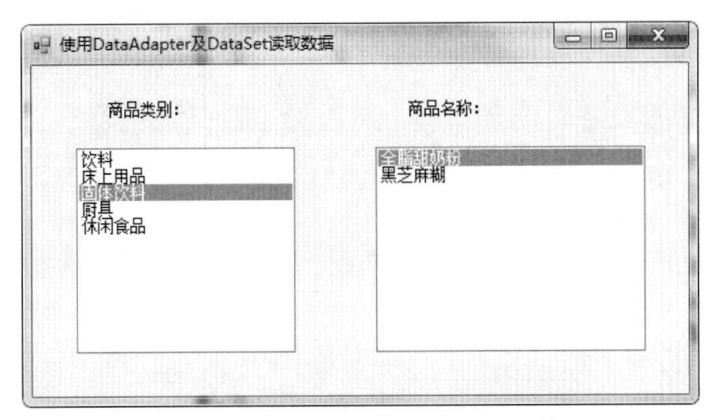

图 14-16　“使用 DataAdatpter 及 DataSet 读取数据”运行结果

14.5.2　与数据源无关的 DataSet 对象

DataSet 对象的 Tables 属性由表组成，每个表是一个 DataTable 对象，DataTable 对象的引用格式为：

```
DataSet.Tables["表名"]
```

或：

```
DataSet.Tables["表索引"]
```

一个 DataTable 对象包含一个 Columns 属性即列集合和一个 Rows 属性即行集合。

【实例14-8】与数据源无关的DataSet数据操作。

实例描述：设计一个 Windows 应用程序，使用与数据源无关的 DataSet 实现对个人年龄及爱好的维护功能。

实例分析：程序要构造一个 DataSet，添加一个数据表（DataTable）并插入数据，将构造好的 DataSet 设置为 DataGridView 控件的数据源。另外，还要实现对数据表的增加、修改及删除操作。

实例实现：

（1）右击项目 adoExamples，在弹出的快捷菜单中选择“添加”→“Windows 窗体”命令，命名为 frmDataSet，将创建的默认窗体名更名为 frmDataSet，窗体的 Text 属性设置为“与数据源无关的 DataSet”，界面设计如图 14-17 所示。frmDataSet 窗体中的主要控件按 Tab 键顺序描述如表 14-15 所示。

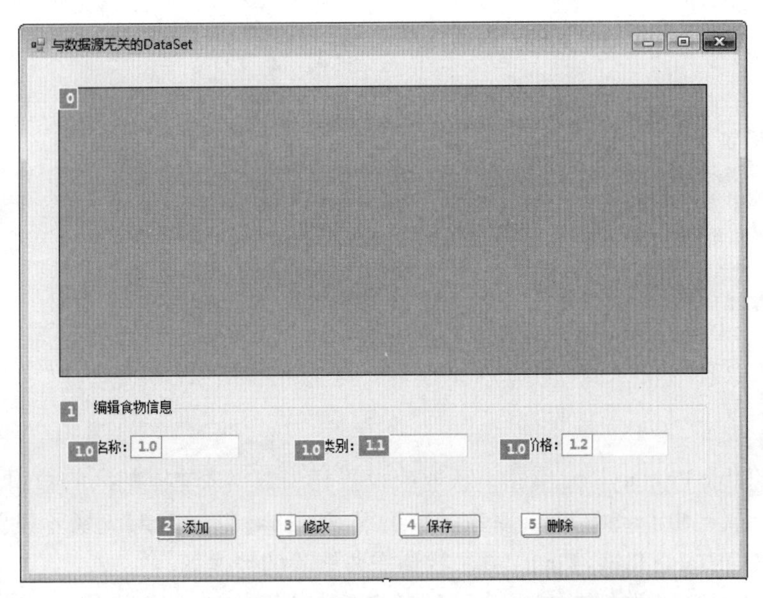

图 14-17　“与数据源无关的 DataSet”Tab 键顺序视图

表 14-15 “与数据源无关的 DataSet”窗体控件

Tab 顺序	控件类型	控件名称	说　明	主要属性	
				属性名	属性值
0	DataGridView	dgvFood	显示食物	SelectionMode	FullRowSelect
1	GroupBox	groupBoxEdit	输入和显示食物	Text	编辑食物信息
1.0	TextBox	txtName	输入和显示名称	Readonly	True
1.1		txtType	输入和显示类别	Readonly	True
1.2		txtPrice	输入和显示价格	Readonly	True
2	Button	btnInsert	添加食物	Enabled	True
3		btnUpdate	修改食物	Enabled	True
4		btnSave	保存食物信息	Enabled	False
5		btnDelete	删除食物	Enabled	True

（2）要为该窗体添加 4 个成员变量，代码如下：

```
//声明数据集、数据表及数据行对象
DataSet myds = new DataSet();
DataTable mydt;
DataRow mydr;
string insertORupdate;     //标识符变量，值为“添加”或“修改”
```

（3）双击窗体空白位置，进入其 Load 事件处理函数，构造数据集、添加数据表并插入初始数据，最终作为数据源显示在 dgvHobby 中，代码如下：

```
private void frmDataSet_Load(object sender, EventArgs e)
{
    mydt = new DataTable("food");  //创建数据表对象
    //定义表结构
    mydt.Columns.Add(new DataColumn("名称", typeof(string)));
    mydt.Columns.Add(new DataColumn("类别", typeof(string)));
    mydt.Columns.Add(new DataColumn("价格", typeof(float)));
    //为数据表设置主键是为了在删除的时候可以定位到要删除的记录
    mydt.PrimaryKey = new DataColumn[] { mydt.Columns["名称"] };
    //新建一行数据
    mydr = mydt.NewR ow();
    mydr[0] = "巧克力";
    mydr[1] = "零食";
    mydr[2] = 18;
    mydt.Rows.Add(mydr);
    //新建第二行数据
    mydr = mydt.NewRow();
    mydr[0] = "炸酱面";
    mydr[1] = "主食";
    mydr[2] = 25;
    mydt.Rows.Add(mydr);
    myds.Tables.Add(mydt);          //加入生成的表到数据集
    dgvFood.DataSource = myds.Tables["food"].DefaultView;       //将数据显示到数据绑定控件
    btnSave.Enabled = false;
}
```

要说明的是 DataTable.PrimaryKey 属性，获取或设置充当数据表主键的列的数组。因为主键可由多列组成,所以 PrimaryKey 属性由 DataColumn 对象的数组组成。如果 DataTable 对象不设置 PrimaryKey 属性，则删除时将不能通过 DataTable.Rows.Find() 方法找到需要删除的数据行。

（4）双击 btnInsert 按钮，进入其 Click 事件处理函数，主要功能是控制按钮及各输入控件的可用性，真正的添加和修改操作，都是在“btnSave”按钮中完成的，代码如下：

```
//“添加”按钮单击事件处理函数
private void btnInsert_Click(object sender, EventArgs e)
{
    txtName.ReadOnly = false;     //清空输入控件并使之可编辑
    txtName.Text = "";
    txtType.ReadOnly = false;
    txtType.Text = "";
    txtPrice.ReadOnly = false;
    txtPrice.Text = "";
    insertORupdate = "insert";    //设置标识变量
    btnInsert.Enabled = false;    //控制按钮可用性
    btnUpdate.Enabled = false;
    btnSave.Enabled = true;
}
```

（5）双击 btnUpdate 按钮，进入其 Click 事件处理函数，主要功能是控制按钮及各输入控件的可用性，真正的添加和修改操作，都是在“btnSave”按钮中完成的，代码如下：

```
//“修改”按钮单击事件处理函数
private void btnUpdate_Click(object sender, EventArgs e)
{
    txtName.ReadOnly = false;     //使输入控件可编辑
    txtType.ReadOnly = false;
    txtPrice.ReadOnly = false;
    insertORupdate = "update";    //设置标识变量
    btnUpdate.Enabled = false;    //控制按钮可用性
    btnInsert.Enabled = false;
    btnSave.Enabled = true;
}
```

（6）双击 btnSave 按钮，进入其 Click 事件处理函数，主要功能是实现对 DataSet 的添加与修改，并控制按钮及输入控件的可用性，代码如下：

```
//“保存”按钮单击事件处理函数
private void btnSave_Click(object sender, EventArgs e)
{
    if (insertORupdate == "insert")  //如要保存的是添加的结果
    {
        //新建一行数据
        mydr = mydt.NewRow();
        mydr[0] = txtName.Text.Trim();
        mydr[1] = Int32.Parse(txtType.Text.Trim());
        mydr[2] = txtPrice.Text.Trim();
        mydt.Rows.Add(mydr);
    }
    else   //如要保存的是修改的结果
    {
        //修改一行数据
        int rowNumber = dgvFood.CurrentRow.Index;  //获取当前行索引
        mydt.Rows[rowNumber][0] = txtName.Text.Trim();
        mydt.Rows[rowNumber][1] = Int32.Parse(txtType.Text.Trim());
        mydt.Rows[rowNumber][2] = txtPrice.Text.Trim();
    }
    btnInsert.Enabled = true;  //控制按钮可用性
    btnUpdate.Enabled = true;
    btnSave.Enabled = false;
}
```

（7）双击 btnDelete 按钮，进入其 Click 事件处理函数，首先从 dgvHobby 控件中获取选中行中的“姓名”属性值，然后使用 DataTable.Rows.Find() 方法通过数据表的主键“姓名”找到指定数据行，最后从数据表的行集合中移除指定行。编写代码如下：

```
//“删除”按钮单击事件处理函数
private void btnDelete_Click(object sender, EventArgs e)
{
    //获取选中行的主键，即“名称”的值
    string name = dgvFood.SelectedRows[0].Cells[0].Value.ToString();
    DataRow drow = mydt.Rows.Find(name);  //获取由主键指定的数据行
    mydt.Rows.Remove(drow);               //移除指定的数据行
}
```

（8）选择 dgvFood 控件，并从事件列表中进入其 CellClick 事件处理函数，其功能为当单击一条数据时，在各输入控件中加载相应字段的值，代码如下：

```
//DataGridView单击单元格事件处理函数，将选中数据加载至控件并控制控件可编辑性
private void dgvHobby_CellClick(object sender, DataGridViewCellEventArgs e)
{
    if (e.RowIndex <= (mydt.Rows.Count - 1))
    {
        txtName.ReadOnly = true;
        txtType.ReadOnly = true;
        txtPrice.ReadOnly = true;
        btnInsert.Enabled = true;
        btnUpdate.Enabled = true;
        btnSave.Enabled = false;
        int rowNumber = e.RowIndex;
        txtName.Text = mydt.Rows[rowNumber][0].ToString();
        txtType.Text = mydt.Rows[rowNumber][1].ToString();
        txtPrice.Text = mydt.Rows[rowNumber][2].ToString();
    }
}
```

程序运行结果如图 14-18 所示。

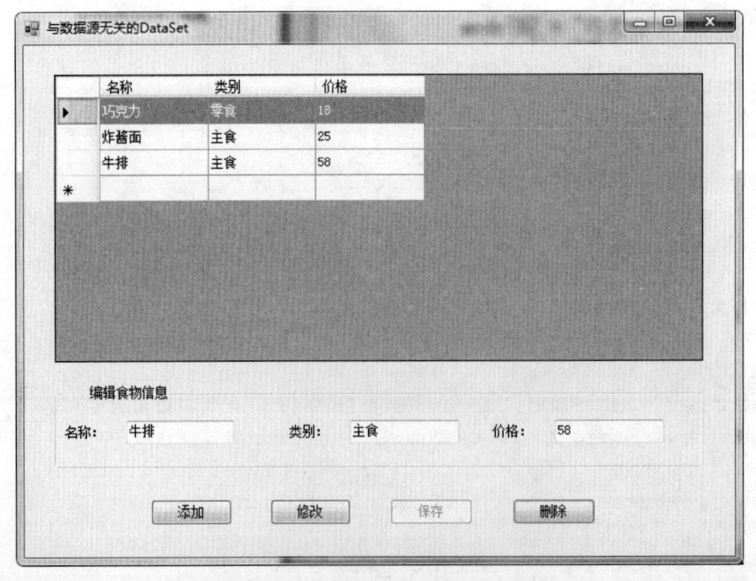

图 14-18　DataSet 操作运行结果

程序操作流程不再描述。本实例所有数据都在内存中处理，没有连接数据库。读者也可自行修改实例为操作从数据库填充的数据集。

14.6 数据绑定控件

14.6.1 绑定基本控件

数据绑定是指在程序运行时，窗体上的控件自动将其属性和数据源关联在一起。当控件进行数据绑定操作后，该控件即会显示所查询的数据记录。

数据绑定技术是数据操作中使用最频繁的技术，利用数据绑定技术能极大地提高项目开发的效率。

【实例14-9】基本控件数据绑定。

实例描述：设计一个 Windows 应用程序，通过 ListBox 和 ComboBox 控件数据绑定实现商品信息的维护。

实例分析：程序要读取数据库中的数据，加载数据至 ListBox 和 ComboBox 控件，并根据用户在 ListBox 控件中选择的数据项再次访问数据库，获取相关记录。另外，本实例还实现了对商品表 Products 的添加、修改及删除操作。

实例实现：

（1）右击项目 adoExamples，在弹出的快捷菜单中选择"添加"→"Windows 窗体"命令，命名为 frmProducts，窗体的 Text 属性设置为"商品信息管理"，界面设计如图 14-19 所示。frmProducts 窗体中的主要控件按 Tab 键顺序描述如表 14-16 所示。

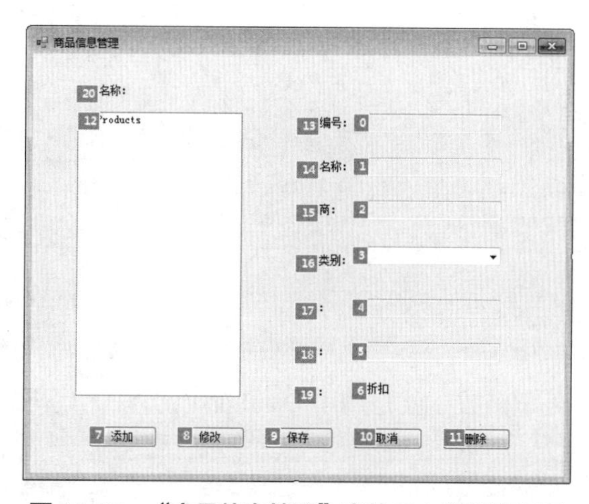

图 14-19 "商品信息管理"窗体 Tab 键顺序视图

表 14-16 "商品信息管理"窗体控件

Tab 顺序	控件类型	控件名称	说明	主要属性	
				属性名	属性值
0	TextBox	txtID	输入和显示商品编号	Readonly	True
1		txtName	输入和显示商品名称	Readonly	True
2		txtSupplier	输入和显示供应商名称	Readonly	True
3	ComboBox	comboCategory	输入和显示商品类别	Enabled	False
4	TextBox	txtUnitPrice	输入和显示商品单价	Readonly	True
5		txtUnitsInStock	输入和显示库存数量	Readonly	True
6	CheckBox	chkDisc	输入和显示是否打折	Enabled	False
7	Button	btnInscrt	添加商品	Enabled	True
8		btnUpdate	修改商品	Enabled	True
9		btnSave	保存数据	Enabled	False
10		btnCancle	取消编辑	Enabled	False
11		btnDelete	删除数据	Enabled	True
12	ListBox	lstProducts	商品名称列表	Enabled	True

（2）要为该程序添加一个连接字符串成员变量、一个标识操作类型的表示变量，代码如下：

```
string strConn = "server=(local);database=Demo;integrated security=true";    //连接字符串
string insertORupdate = "";    //标识变量，用来记录要保存的是添加还是修改操作
```

（3）声明自定义方法 DataLoad()，访问数据库，加载商品类别列表及商品名称列表，代码如下：

```
/// <summary>
/// 访问数据库，加载商品类别列表及商品名称列表
/// </summary>
void DataLoad()
{
    //加载商品类别下拉框
    SqlConnection conn = new SqlConnection(strConn);       //创建连接对象
    conn.Open();                                           //打开连接
    string strSql = "select CategoryID,CategoryName from Category";  //查询不重复的商品类别名
    SqlCommand comm = new SqlCommand(strSql, conn);        //声明并创建命令对象
    SqlDataAdapter da = new SqlDataAdapter(strSql, conn); //声明并创建数据适配器对象
    DataSet ds = new DataSet();                            //声明并创建数据集对象
    da.Fill(ds);                                           //填充数据集
    comboCategory.DataSource = ds.Tables[0];
    comboCategory.DisplayMember = "CategoryName";
    comboCategory.ValueMember = "CategoryID";
    //加载商品名称列表框
    strSql = "select ProductName,ProductID from Products";  //查询商品名称及商品编号
    da = new SqlDataAdapter(strSql, conn);                 //声明并创建数据适配器对象
    ds = new DataSet();                                    //声明并创建数据集对象
    da.Fill(ds);                                           //填充数据集
    lstProducts.DataSource = ds.Tables[0];                 //设置商品名称列表的数据源
    lstProducts.DisplayMember = "ProductName";             //设置显示值属性
    lstProducts.ValueMember = "ProductID";                 //设置实际值属性
    conn.Close();                                          //关闭连接
    lstProducts.SelectedIndex = -1;                        //使商品名称列表没有选中项
}
```

商品管理窗体的 Load 事件处理函数，就是调用 DataLoad() 方法，代码如下：

```
//窗体加载事件处理函数
private void frmProducts _Load(object sender, EventArgs e)
{
   DataLoad();
}
```

（4）声明自定义方法 controlEnabled()，控制各输入控件在“查看”和“编辑”操作时的可用性，代码如下：

```
//自定义方法，控制控件的可用性，将控件可用性分为“查看”和“编辑”两种状态
    public void controlEnabled(string status)
    {
        if (status == "show")                              //当前为查看数据状态，控件都不可编辑
        {
            btnInsert.Enabled = true;
            btnUpdate.Enabled = true;
            btnSave.Enabled = false;
            btnCancle.Enabled = false;
            btnDelete.Enabled = true;
            chkDisc.Enabled = false;
            comboCategory.Enabled = false;
            foreach (Control c in this.Controls)
            {
                if (c is TextBox)
                {
```

```
                TextBox txtb = ((TextBox)c);
                txtb.ReadOnly = true;
            }
        }
    }
    else   //当前为编辑数据状态，控件可用
    {
        btnInsert.Enabled = false;
        btnUpdate.Enabled = false;
        btnSave.Enabled = true;
        btnCancle.Enabled = true;
        btnDelete.Enabled = false;
        chkDisc.Enabled = true;
        comboCategory.Enabled = true;
        foreach (Control c in this.Controls)
        {
            if (c is TextBox)
            {
                TextBox txtb = ((TextBox)c);
                txtb.ReadOnly = false;
            }
        }
    }
}
```

（5）双击 lstProducts 控件，进入其选项索引变化事件处理函数，根据选择的商品，查询该商品其他信息，并为界面其他控件赋值，代码如下：

```
//商品名称列表选项索引变化事件，根据选择的商品名称加载商品其他信息
private void lstProducts_SelectedIndexChanged(object sender, EventArgs e)
{
    //用来判断用户是否选中了有效的选项，且保证是数据加载后用户进行的操作
    if ((lstProducts.SelectedIndex != -1) && (lstProducts.SelectedValue.ToString()
!= "System.Data.DataRowView"))
    {
        string proId = lstProducts.SelectedValue.ToString(); //获取当前选中商品的商品编号
        SqlConnection conn = new SqlConnection(strConn);  //声明并创建连接对象
        conn.Open();                                       //打开数据库连接
        //由商品编号查询该商品其他信息
        string strSql = "select ProductID,ProductName,SupplierName,CategoryName,";
        strSql += "UnitPrice,UnitsInStock,Discount";
        strSql += " from Products a,Category b where b.CategoryID=a.CategoryID";
        strSql += " and ProductId='" + proId + "'";
        SqlCommand comm = new SqlCommand(strSql, conn);   //声明并创建命令对象
        SqlDataReader dr = comm.ExecuteReader();     //使用DataReader获取查询结果
        if (dr.Read())   //如果查询到数据，就将该商品各字段的值赋予窗体各控件用以显示
        {
            txtID.Text = dr["ProductID"].ToString();
            txtName.Text = dr["ProductName"].ToString();
            txtSupplier.Text = dr["SupplierName"].ToString();
            comboCategory.Text = dr["CategoryName"].ToString();
            txtUnitPrice.Text = dr["UnitPrice"].ToString();
            txtUnitsInStock.Text = dr["UnitsInStock"].ToString();
            chkDisc.Checked = (dr["Discount"].ToString()) == "1" ? true : false;
        }
        dr.Close();                  //关闭DataReader
        conn.Close();                //关闭连接
        controlEnabled("show");  //将控件设置为查看状态
```

```
    }
        }
```

说明：由于为ListBox控件加载选项时会触发SelectedIndexChanged事件，此时获取到的ListBox.SelectedValue.ToString()值为“System.Data.DataRowView”，而不是经用户选择过的商品编号，程序需过滤掉这种情况。只有完成ListBox控件的选项加载后，经用户选择某条商品数据时，程序才进行后续操作，通过下列代码即可实现这种过滤功能。

```
      if ((lstProducts.SelectedIndex != -1)&&
(lstProducts.SelectedValue.ToString()!="System.Data.DataRowView"))
```

（6）双击 btnInsert 按钮，进入其 Click 事件处理函数，清空所有输入控件并使其为可编辑状态，设置编辑状态为 insert，真正的插入操作在 btnSave 的 Click 事件处理函数中进行，代码如下：

```
//“添加”按钮单击事件处理函数
private void btnInsert_Click(object sender, EventArgs e)
{
    insertORupdate = "insert";    //设置标识变量为添加操作
    controlEnabled("edit");       //将控件设置为编辑状态
    //清空所有控件
    foreach (Control c in this.Controls)
    {
        if (c is TextBox)
        {
            TextBox txtb = ((TextBox)c);
            txtb.Text = "";
        }
    }
    comboCategory.SelectedIndex = -1;
    chkDisc.Checked = false;
}
```

（7）双击 btnUpdate 按钮，进入其 Click 事件处理函数，使各输入控件为可编辑状态，设置编辑状态为 update，真正的修改操作在 btnSave 的 Click 事件处理函数中进行，代码如下：

```
//“修改”按钮单击事件处理函数
private void btnUpdate_Click(object sender, EventArgs e)
{
     controlEnabled("edit");
     txtID.ReadOnly = true;        //商品编号不能修改
     insertORupdate = "update";    //设置标志变量为修改操作
}
```

（8）双击 btnSave 按钮，进入其 Click 事件处理函数，根据编辑状态对数据库进行 insert 或 update 操作，代码如下：

```
//“保存”按钮单击事件处理函数，完成添加和修改操作
private void btnSave_Click(object sender, EventArgs e)
{
     SqlConnection conn = new SqlConnection(strConn);   //声明并创建连接对象
     conn.Open();                                       //打开数据库连接
     //下面一段代码将保存添加的商品数据
     if (insertORupdate == “insert”)
     {
          string strSql = "insert into Products values(@ProductID,@ProductName
,@SupplierName,@ CategoryID,@UnitPrice,@UnitsInStock,@Discount)";
          SqlCommand comm = new SqlCommand(strSql, conn);
          comm.Parameters.Add(new SqlParameter("@ProductID", txtID.Text));
```

```
            comm.Parameters.Add(new SqlParameter("@ProductName", txtName.Text));
            comm.Parameters.Add(new SqlParameter("@SupplierName", txtSupplier.Text));
            comm.Parameters.Add(new SqlParameter("@CategoryID", int.Parse(comboCategory.
SelectedValue.ToString())));
            comm.Parameters.Add(new SqlParameter("@UnitPrice", float.Parse(txtUnitPrice.
Text)));
            comm.Parameters.Add(new SqlParameter("@UnitsInStock", float.Parse
(txtUnitsInStock.Text)));
            comm.Parameters.Add(new SqlParameter("@Discount", (chkDisc.Checked == true ?
"1" : "0")));
            if (comm.ExecuteNonQuery() > 0)
                MessageBox.Show("添加商品信息成功！");
            else
                MessageBox.Show("添加商品信息失败！");
        }
        //下面一段代码将保存修改的商品数据
        else
        {
            string strSql = "update Products set ProductName=@ProductName,
    SupplierName=@SupplierName, CategoryID =@ CategoryID,UnitPrice=@UnitPrice,
    UnitsInStock=@UnitsInStock,Discount=@Discount where ProductID=@ProductID";
            SqlCommand comm = new SqlCommand(strSql, conn);
            comm.Parameters.Add(new SqlParameter("@ProductID", txtID.Text));
            comm.Parameters.Add(new SqlParameter("@ProductName", txtName.Text));
            comm.Parameters.Add(new SqlParameter("@SupplierName", txtSupplier.Text));
            comm.Parameters.Add(new SqlParameter("@CategoryID", int.Parse(comboCategory.
SelectedValue.ToString())));
            comm.Parameters.Add(new SqlParameter("@UnitPrice", float.Parse(txtUnitPrice.Text)));
            comm.Parameters.Add(new SqlParameter("@UnitsInStock", float.
Parse(txtUnitsInStock.Text)));
            comm.Parameters.Add(new SqlParameter("@Discount", (chkDisc.Checked == true ?
"1" : "0")));
            if (comm.ExecuteNonQuery() > 0)
                MessageBox.Show("更新商品信息成功！");
            else
                MessageBox.Show("更新商品信息失败！");
        }
        conn.Close();                //关闭数据库连接
        DataLoad();                  //重新访问数据库，刷新界面显示的商品信息
        controlEnabled("show");      //将控件设置为查看状态
    }
```

说明：代码中出现的SqlParameter类为SQL命令对象类。命令对象可使用参数来将值传递给 SQL 语句或存储过程，提供类型检查和验证。与命令文本不同，参数输入被视为文本值，而不是可执行代码。这样可帮助抵御“SQL 注入”攻击，这种攻击的攻击者会将命令插入SQL语句，从而危及服务器的安全。一般来说，在更新DataTable或是DataSet时，如果不采用SqlParameter，那么当输入的SQL语句出现歧义时，如字符串中含有单引号，程序就会发生错误，并且他人可以轻易地通过拼接SQL语句来进行注入攻击。

参数化命令还可提高查询执行性能，因为它们可帮助数据库服务器将传入命令与适当的缓存查询计划进行准确匹配。除具备安全和性能优势外，参数化命令还提供一种用于组织传递到数据源的值的便捷方法。

（9）双击 btnCancel 按钮，进入单击事件处理函数，控制各输入控件的可编辑状态，恢复查看状态，代码如下：

```
    //“取消”按钮单击事件处理函数，退出编辑状态
    private void btnCancle_Click(object sender, EventArgs e)
```

```
{
    controlEnabled("show");    //将控件设置为查看状态
}
```

（10）双击 btnDelete 按钮，进入其 Click 事件处理函数，根据选择商品的编号删除该商品信息，代码如下：

```
//"删除"按钮单击事件处理函数
private void btnDelete_Click(object sender, EventArgs e)
{
    SqlConnection conn = new SqlConnection(strConn);
    conn.Open();
    string strSql = "delete from Products where ProductID=@ProductID";
    SqlCommand comm = new SqlCommand(strSql, conn);
    comm.Parameters.Add(new SqlParameter("@ProductID", txtID.Text));
    if (comm.ExecuteNonQuery() > 0)
        MessageBox.Show("删除商品信息成功！");
    else
        MessageBox.Show("删除商品信息失败！");
    conn.Close();              //关闭数据库连接
    DataLoad();                //重新访问数据库，刷新界面显示的商品信息
    controlEnabled("show");    //将控件设置为查看状态
}
```

运行程序，显示“商品信息管理”界面。界面左侧的商品名称列表中加载了所有的商品名称。单击任一商品名称，右侧商品详细信息区域的各控件中将加载该商品记录的其他字段，如图 14-20 所示。“添加”“修改”“删除”按钮可用，“保存”“取消”按钮不可用。

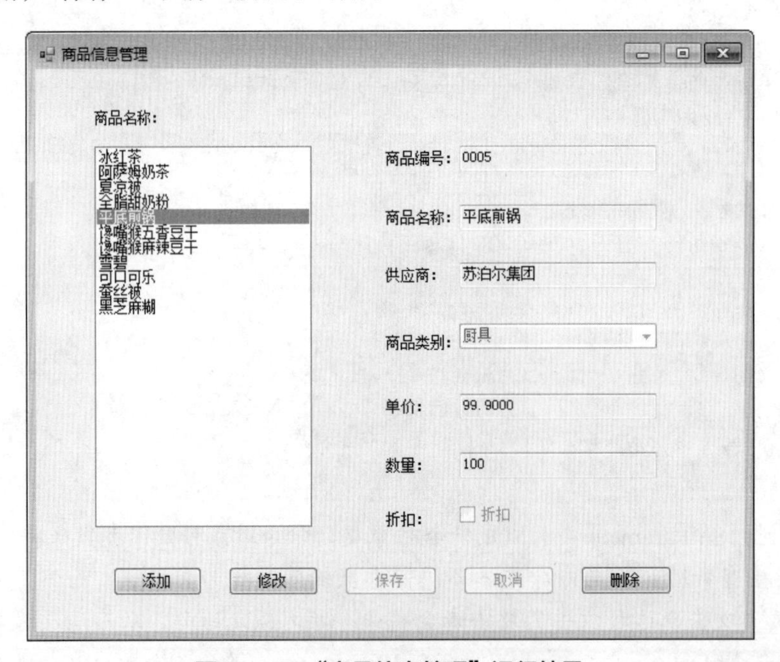

图 14-20　“商品信息管理”运行结果

单击“添加”按钮后，右侧控件全部清空，“保存”“取消”按钮可用，同时“修改”“删除”按钮不可用。如单击“修改”按钮，则右侧控件均为可编辑状态（ReadOnly 属性为 False，商品类别及折扣控件 Enabled 属性为 True），按钮可用性同上。

14.6.2　绑定 DataGridView 控件

DataGridView 控件用于在窗体中显示表格数据，可以显示和编辑来自多种不同类型的数据源的表格数据。将数据绑定到 DataGridView 控件非常简单和直观，在大多数情况下，只需设置 DataSource 属性即可。

在绑定到包含多个列表或表的数据源时，只需将 DataMember 属性设置为指定要绑定的列表或表的字符串即可。

DataGridView 对象常用属性如表 14-17 所示，其中 Columns 属性是一个列集合，由 Column 列对象组成。DataGridView 对象常用方法如表 14-18 所示，其常用事件如表 14-19 所示。

表 14-17 DataGridView 控件常用属性

方 法	说 明
AutoSizeColumnsMode	获取或设置一个值，该值指示如何确定列宽
Columns	获取一个包含控件中所有列的集合
DataMember	获取或设置数据源中 DataGridView 显示其数据的列表或表的名称
DataSource	获取或设置 DataGridView 所显示数据的数据源
ReadOnly	获取一个值，指示用户是否可以编辑 DataGridView 控件的单元格
RowCount	获取或设置 DataGridView 中显示的行数

表 14-18 DataGridView 控件常用方法

方 法	说 明
AutoResizeColumns	已重载。调整所有列的宽度以适应其单元格的内容
AutoResizeRows	已重载。调整某些或所有行的高度以适应其内容
BeginEdit	将当前的单元格置于编辑模式下
CancelEdit	取消当前选定单元格的编辑模式并丢弃所有更改
CommitEdit	将当前单元格中的更改提交到数据缓存，但不结束编辑模式
EndEdit	已重载。提交对当前单元格进行的编辑并结束编辑操作
Refresh	强制控件使其工作区无效并立即重绘自已和任何子控件
RefreshEdit	当前单元格在处于编辑模式时，用基础单元格的值刷新当前单元格的值会丢弃以前的任何值
Sort	已重载。对 DataGridView 控件的内容进行排序

表 14-19 DataGridView 控件常用事件及其说明

事 件	说 明
Click	在单击控件时发生
DoubleClick	在双击控件时发生
CellClick	在单元格的任何部分被单击时发生
CellContentClick	在单元格中的内容被单击时发生
CellContentDoubleClick	在用户双击单元格的内容时发生
ColumnAdded	在向控件添加一列时发生
ColumnRemoved	在从控件中移除列时发生
ColumnHeaderMouseDoubleClick	在双击列标题时发生
RowsAdded	在向 DataGridView 中添加新行之后发生
UserDeletedRow	在用户完成从 DataGridView 控件中删除行时发生
Sorted	在 DataGridView 控件完成排序操作时发生
Click	在单击控件时发生

【实例14-10】使用DataGridView实现对商品信息的增加、删除、修改。

实例描述：设计一个 Windows 窗体程序，仅使用 DataGridView 完成对数据的显示及编辑操作，实现面向无连接的数据加载、批量添加、修改及删除操作。代码中需要使用 DataAdapter、DataSet 和 CommandBuilder 对象。

实例实现：

（1）右击项目 adoExamples，在弹出的快捷菜单中“添加”→“Windows 窗体”命令，命名为 frmUpdateData，窗体的 Text 属性设置为“DataGridView 直接编辑数据”，界面设计如图 14-21 所示。frmCommand 窗体中的主要控件按 Tab 键顺序描述如表 14-20 所示。

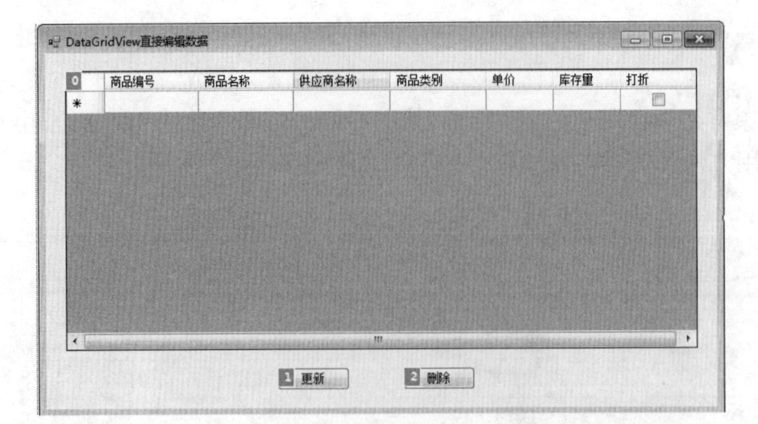

图 14-21 “DataGridView 直接编辑数据”窗体 Tab 键顺序视图

微视频 为DataGridView控件绑定数据

表 14-20 DataGridView 直接编辑数据窗体控件

Tab 顺序	控件类型	控件名称	说　明	主要属性	
				属性名	属性值
0	DataGridView	dgvProducts	显示及编辑商品详细信息		需要编辑列
1	Button	btnUpdate	将添加和修改提交至数据源	Text	更新
2		btnDelete	删除多行数据并提交至数据源	Text	删除

（2）为 dgvProducts 控件编辑列，各列的属性设置如表 14-21 所示。

表 14-21 dgvProducts 中各列的属性设置

列头文本	属性名	属性值
商品编号	DataPropertyName	ProductID
	Visible	False
商品名称	DataPropertyName	ProductName
供应商名称	DataPropertyName	SupplierName
商品类型	DataPropertyName	CategoryName
单价	DataPropertyName	UnitPrice
库存量	DataPropertyName	UnitsInStock
打折	ColumnType	DataGridViewCheckBoxColumn
	DataPropertyName	Discount

其中，“打折”列的 ColumnType 设计为 DataGridViewCheckBoxColumn，对其“数据”部分的属性设置如图 14-22 所示。

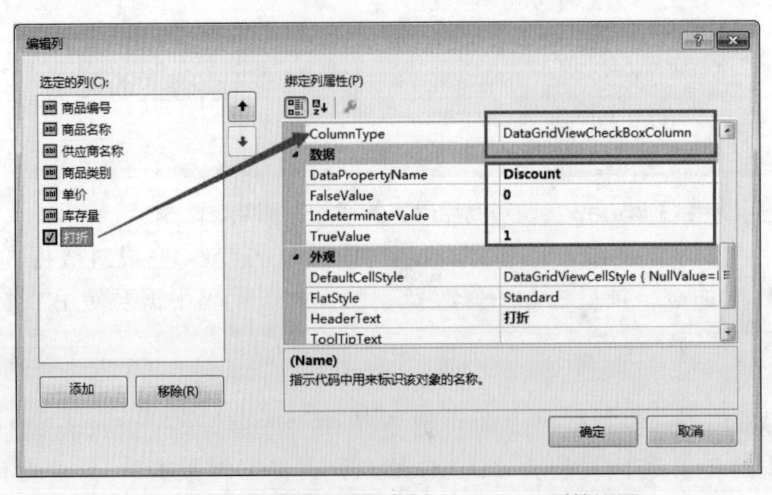

图 14-22 编辑列对话框中对 CheckBox 列的设置

（3）声明 3 个成员变量，代码如下：

```
//声明连接字符串为全局变量
string strConn = "server=(LOCAL);database=Demo;integrated security=true";
SqlDataAdapter da;    //数据适配器对象
DataSet ds;           //数据集对象
```

（4）双击窗体空白位置，进入其 Load 事件处理函数，读取商品表的全部数据，并加载至 DataGridView 控件中显示，编写代码如下：

```
//窗体加载事件处理函数，读取数据并加载至DataGridView
private void frmProducts_Load(object sender, EventArgs e)
{
    SqlConnection conn = new SqlConnection(strConn);
    string strSql = "select * from Products";
    da = new SqlDataAdapter(strSql, conn);
    ds = new DataSet();
    da.Fill(ds);
    ds.Tables[0].PrimaryKey = new DataColumn[] { ds.Tables[0].Columns["ProductId"] };
    dgvProducts.DataSource = ds.Tables[0];
}
```

（5）双击 btnUpdate 按钮，进入其 Click 事件处理函数，为 DataAdapter 创建 CommandBuilder 对象，并将对 DataSet 所进行的更改提交至数据库。编写代码如下：

```
//提交修改至数据源
private void btnUpdate_Click(object sender, EventArgs e)
{
    //为数据适配器创建SqlCommandBuilder对象
    SqlCommandBuilder mBuilder = new SqlCommandBuilder(da);
    if (ds.HasChanges())  //如数据集发生更改
    {
        da.Update(ds);     //将更改提交至数据库
    }
}
```

SqlCommandBuilder 类的对象可自动生成单表命令，用于将对 DataSet 所做的更改与关联的 SQL Server 数据库的更改相同步。

（6）双击 btnDelete 按钮，进入其 Click 事件处理函数，循环删除所有选中行，并将对数据集的更新提交至数据源。代码如下：

```
//“删除”按钮单击事件处理函数，删除选中行并提交至数据库
private void btnDelete_Click(object sender, EventArgs e)
{
    //声明变量存储在DataGridView中的选中行
    DataGridViewSelectedRowCollection rows=dgvProducts.SelectedRows;
    int count = rows.Count;   //计算选中的行数
    //循环删除选中行
    for(int i = 0; i < count; i++)
    {
        //MessageBox.Show(rows[i].Cells[1].Value.ToString());
        string id = rows[i].Cells[1].Value.ToString();
        DataRow drow = ds.Tables[0].Rows.Find(id);
        drow.Delete();
    }
    //为数据适配器创建SqlCommandBuilder对象
    SqlCommandBuilder mBuilder = new SqlCommandBuilder(da);
    da.Update(ds);     //将更改提交至数据库
}
```

程序运行结果如图 14-23 所示．

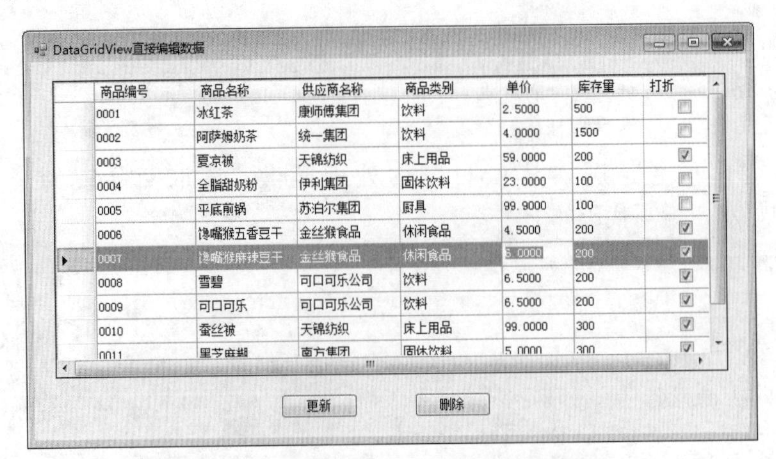

图 14-23　DataGridView 直接编辑数据界面

在数据列表中单击任一单元格，对数据进行修改，然后单击“更新”按钮，即可修改数据集并同时将修改提交至数据源。选择一行数据后单击“删除”按钮，即可删除一条记录。

说明：在实例14-10中，从Dataset删除行使用的是DataRow.Remove()方法，该方法是直接在DataTable中将Row删除，本实例的删除代码中使用了DataRow.Delete()方法，该方法标记Row为删除，在调用DataAdapter.Update()方法的时候才会真正地从DataTable中删除。

14.7　综合实例——商品信息管理

【实例14-11】商品信息的综合查询和维护。

实例描述：设计一个 Windows 应用程序，能实现对商品信息的查询、添加、修改及删除操作。

实例实现：

（1）新建一个 Windows 应用程序，命名为 dataGridView，将创建的默认窗体名更名为 frmProducts，窗体的 Text 属性设置为“DataGridView 的使用”，界面设计如图 14-24 所示。frmProducts 窗体中的主要控件按 Tab 键顺序描述如表 14-22 所示。

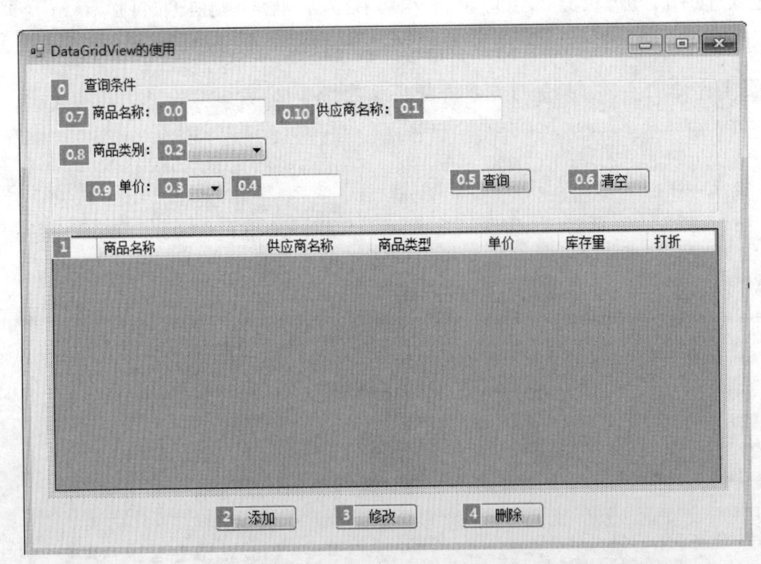

图 14-24　“DataGridView 的使用”窗体 Tab 键顺序视图

表 14-22 “DataGridView 的使用”窗体控件

Tab 顺序	控件类型	控件名称	说　明	主要属性	
				属性名	属性值
0	GroupBox	groupBoxQuery	商品信息查询条件的容器	Text	查询条件
0.0	TextBox	txtProName	输入商品名称	Text	""
0.1		txtSupName	输入供应商名称	Text	""
0.2	ComboBox	comboCategory	显示所有商品类别	DropDownStyle	DropDownList
0.3		comboOperator	选择商品单价的比较运算符	Items	请选择 < <= = > >=
0.4	TextBox	txtUnitPrice	输入商品单价查询数额	Enabled	False
0.5	Button	btnSelect	查询符合条件的商品记录	Text	查询
0.6		btnClear	清空所有查询条件	Text	清空
1	DataGridView	dGVProducts	显示商品信息	SelectionMode	FullRowSelect
2	Button	btnInsert	添加信息	Text	添加
3		btnUpdate	修改信息	Text	修改
4		btnDelete	删除信息	Text	删除

（2）对于控件 dGVProducts，需要对列进行编辑，为每列指定属性 DataPropertyName 为对应的数据表字段，为每列指定 HeaderText 为中文列头，如图 14-25 所示。其中“商品编号”列不需要显示，因此其 Visible 属性设置为 False，其他字段都默认设置为 True。

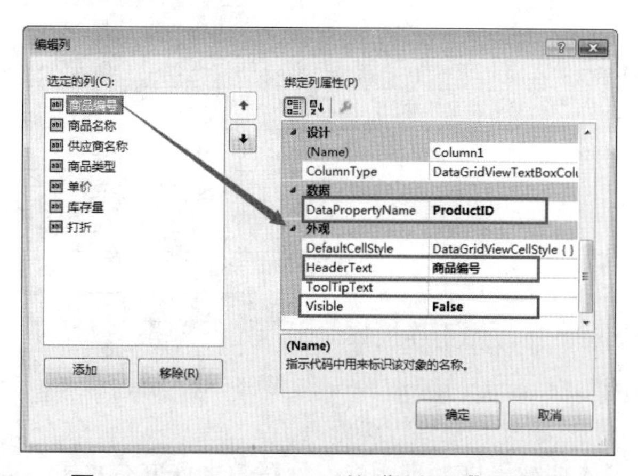

图 14-25 dGVProducts 的“编辑列”对话框

dGVProducts 中各列的属性设置如表 14-23 所示。

表 14-23 dGVProducts 中各列的属性设置

列头文本	属性名	属性值
商品编号	DataPropertyName	ProductID
	Visible	False
商品名称	DataPropertyName	ProductName
供应商名称	DataPropertyName	SupplierName
商品类型	DataPropertyName	CategoryName
单价	DataPropertyName	UnitPrice
库存量	DataPropertyName	UnitsInStock
打折	DataPropertyName	Discount

（3）添加一个 Windows 窗体，修改名称为 frmDetails，并设计界面如图 14-26 所示。frmDetails 窗体中的主要控件按 Tab 键顺序描述如表 14-24 所示。

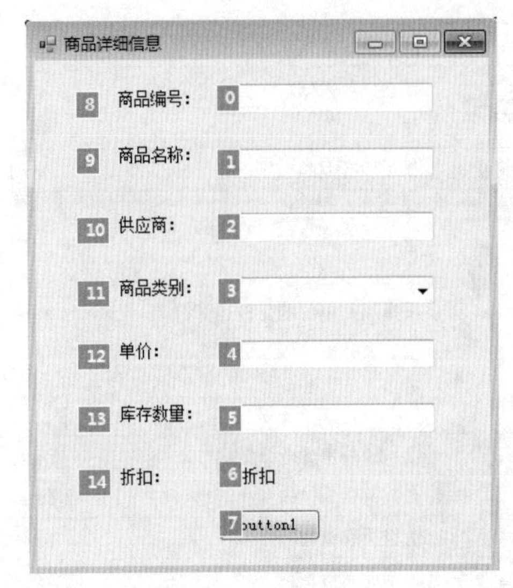

图 14-26 “商品详细信息”窗体 Tab 键顺序视图

表 14-24 “商品详细信息”窗体控件

Tab 顺序	控件类型	控件名称	说　明	主要属性	
				属性名	属性值
0	TextBox	txtID	输入和显示商品编号	Text	""
1		txtName	输入和显示商品名称	Text	""
2		txtSupplier	输入和显示供应商	Text	""
3	ComboBox	comboCategory	用于选择商品类别	DropDownStyle	DropDownList
4	TextBox	txtUnitPrice	输入和显示单价	Text	""
5		txtUnitsInStock	输入和显示库存数量	Text	""
6	Check	chkDisc	勾选是否有折扣	Text	折扣
				Checked	False
7	Button	btnOperate	操作按钮，用于添加或修改		

（4）为该程序添加两个成员变量，用于连接数据库，代码如下：

```
string strConn = "server=(local);database=Demo;integrated security=true";//连接字符串
SqlConnection conn;   //声明连接对象为全局变量
```

（5）双击窗体，进入其窗体加载事件处理函数，连接数据库并查询 Products 表，为商品类别组合框加载所有的商品类别。代码如下：

```
//窗体加载事件处理函数，为商品类别组合框加载数据
private void frmProducts_Load(object sender, EventArgs e)
{
    string strSql = "select CategoryID,CategoryName from Category";
    conn = new SqlConnection(strConn);
    SqlDataAdapter da = new SqlDataAdapter(strSql, conn);
    DataSet ds = new DataSet();
    da.Fill(ds);
    comboCategory.DataSource = ds.Tables[0];
    comboCategory.DisplayMember = "CategoryName";
    comboCategory.ValueMember = "CategoryID";
}
```

（6）输入及显示单价的文本框控件 txtUnitPrice 在窗体加载时为不可用，在用户选择过比较运算符之后才可输入单价。双击比较运算符下拉框，进入其选项索引变化事件处理函数，代码如下：

```
//当单价的比较条件被选择时，后面的文本框才可以输入数字
private void comboOperator_SelectedIndexChanged(object sender, EventArgs e)
{
    if (comboOperator.SelectedIndex != -1)
        txtUnitPrice.Enabled = true;
    else
        txtUnitPrice.Enabled = false;
}
```

（7）定义方法 Query()，按用户在“查询条件”分组框各控件中输入的查询条件对商品信息实现组合条件查询，其代码如下：

```
//自定义方法，用于组合条件查询
private void Query()
{
    //此处在获取每个控件的值时的异常捕获省略了
    string strSql = "select ProductID,ProductName,SupplierName,CategoryName,";
    strSql += "UnitPrice,UnitsInStock,Discount";
    strSql+=" from Products a,Category b where b.CategoryID=a.CategoryID";
    if (txtProName.Text != "")    //如果“商品名称”不为空，则加入查询条件
        strSql += " and ProductName like '%" + txtProName.Text.Trim() + "%'";
    if (txtSupName.Text != "")     //如果“供应商名称”不为空，则加入查询条件
        strSql += " and SupplierName like '%" + txtSupName.Text.Trim() + "%'";
    if (txtUnitPrice.Text != "")  //如果“单价”不为空，则将比较运算符和单价加入查询条件
        strSql += " and UnitPrice " + comboOperator.Text + txtUnitPrice.Text.Trim();
    if (comboCategory.SelectedIndex > -1)  //如果“商品类别”不为空，则加入查询条件
        strSql += " and a.CategoryID=" + int.Parse(comboCategory.SelectedValue.ToString());
    conn = new SqlConnection(strConn);
    SqlDataAdapter da = new SqlDataAdapter(strSql, conn);
    DataSet ds = new DataSet();
    da.Fill(ds);
    dGVProducts.DataSource = ds.Tables[0];
}
```

说明：组合条件查询的实现技巧在于where子句的构造。由于事先无法判断用户会在哪个控件中输入查询条件，所以在where子句中先构造一个永真的条件，如本例中的“1=1”，然后依次判断各个查询条件的输入控件是否有值，如用户有输入，则将该条件连接在where子句后面。

（8）双击 btnSelect 按钮，进入其 Click 事件处理函数，调用 Query() 方法，代码如下：

```
//“查询”按钮单击事件处理函数，实现组合查询
private void btnSelect_Click(object sender, EventArgs e)
{
    Query();
}
```

（9）双击 btnClear 按钮，进入其 Click 事件处理函数，清空查询条件，编写代码如下：

```
//“清空”按钮单击事件处理函数，清空所有查询条件及结果
private void btnClear_Click(object sender, EventArgs e)
{
    //清空所有控件中的查询条件
   foreach (Control c in groupBoxQuery.Controls)
    {
        if (c is TextBox)
            ((TextBox)c).Text = "";
```

```
        if(c is ComboBox)
            ((ComboBox)c).SelectedIndex=-1;
    }
    //清空DataGridView中的数据
    DataTable dt = (DataTable)dGVProducts.DataSource;
    dt.Rows.Clear();
    dGVProducts.DataSource = dt;
}
```

说明：要清空DataGridView中的数据，不能使用datagridview.DataSource=null，这样会使编辑过的列头消失，使用datagridview.Columns.Clear()的效果也一样。如果使用datagridview.Rows.Clear()则会显示"不能清除此列表"。因此，想清空DataGridView中的数据又不影响列头，就需要使用DataTable.Rows.Clear()，如上述代码所示。

（10）双击 btnInsert 按钮，进入 Click 事件处理函数，弹出商品详细信息窗体（frmDetails）。同时需传入商品详细信息窗体如下几个变量：

① 操作状态（insert），以确定在商品详细信息窗体中需进行的相关操作。

② dGVProducts 控件的引用，以在添加完毕后刷新 frmProducts 窗体中的 dGVProducts 控件中的数据。代码如下：

```
//"添加"按钮单击事件处理函数
private void btnInsert_Click(object sender, EventArgs e)
{
    frmDetails frm = new frmDetails();
    frm.insertORupdate = "insert";  //以insert方式打开详细信息窗体
    frm.dgv = dGVProducts;          //将DataGridView的引用传入详细信息编辑窗体
    frm.Show();
}
```

说明：上述代码中向frmDetails窗体传值，在编写这段代码之前需要先在frmDetail窗体的代码中声明相应字段，请参阅后面的代码。

（11）双击 btnUpdate 按钮，进入 Click 事件处理函数，弹出商品详细信息窗体（frmDetails）。同时需传入商品详细信息窗体如下几个变量：

① 操作状态（update），以确定在商品详细信息窗体中需进行的相关操作。

② dGVProducts 控件的引用，以在修改完毕后刷新 frmProducts 窗体中的 dGVProducts 控件中的数据。

③ 用户在商品信息列表中选择的商品的编号，以在商品详细信息窗体中加载该商品的所有字段值。代码如下：

```
//"修改"按钮单击事件处理函数
private void btnUpdate_Click(object sender, EventArgs e)
{
    frmDetails frm = new frmDetails();
    frm.insertORupdate = "update";  //以update方式打开详细信息窗体
    frm.dgv = dGVProducts;          //将DataGridView的引用传入详细信息窗体
    //取当前行的商品编号字段传入详细信息窗体
    frm.pId = dGVProducts.CurrentRow.Cells[0].Value.ToString();
    frm.Show();
}
```

（12）双击 btnDelete 按钮，进入 Click 事件处理函数，删除所选行的记录，并刷新商品信息列表。代码如下：

```
//"删除"按钮单击事件处理函数
private void btnDelete_Click(object sender, EventArgs e)
```

```
    {
        conn = new SqlConnection(strConn);
        conn.Open();
        string strSql = "delete from Products where ProductID=@ProductID";
        SqlCommand comm = new SqlCommand(strSql, conn);
       comm.Parameters.Add(new SqlParameter("@ProductID", dGVProducts.CurrentRow.Cells[0].
Value.ToString()));
        if (comm.ExecuteNonQuery() > 0)     //如该命令影响的记录行数>0
            MessageBox.Show("删除商品信息成功！");
        else
            MessageBox.Show("删除商品信息失败！");
        conn.Close();
       Query();    //重新访问数据库，刷新界面显示的商品信息
    }
```

（13）进入商品详细信息窗体（frmDetails）。声明几个变量，代码如下：

```
    public string insertORupdate = "";  //标识变量，记录是由添加还是修改进入当前窗体的
    public DataGridView dgv;            //存放商品列表窗体中的DataGridView控件引用
    public string pId = "";             //待修改的商品编号
    string strConn = "server=(local);database=chap2;integrated security=true"; //连接字符串
    string strSql;                      //全局变量，用来存放待执行的SQL语句
```

（14）双击窗体空白位置，进入其 Load 事件处理函数，首先从数据库表中查询出不重复的商品类别名称并加载至商品类别下拉框（ComboCategory），然后根据标识变量的值确定后续要执行的代码。

① 如果是 insert，则将 btnOperate 的 Text 属性设置为“添加”。

② 如果是 update，则将 btnOperate 的 Text 属性设置为“修改”，然后根据从 frmProducts 传过来的待修改商品编号 pId 访问数据库，查询该商品的其他字段，为界面其他控件赋值。代码如下：

```
    //窗体加载事件处理函数
    private void frmDetails_Load(object sender, EventArgs e)
    {
        //为“商品类别”下拉框加载数据
        SqlConnection conn = new SqlConnection(strConn);                //创建连接对象
        string strSql = "select CategoryID,CategoryName from Category"; //查询不重复的商品类别名
        SqlDataAdapter da = new SqlDataAdapter(strSql, conn);           //声明并创建数据适配器对象
        DataSet ds = new DataSet();                                     //声明并创建数据集
        da.Fill(ds);                                                    //填充数据集
        comboCategory.DataSource = ds.Tables[0];                        //设置数据源
        comboCategory.DisplayMember = "CategoryName";
        comboCategory.ValueMember = "CategoryID";
        //根据标识变量的值确定按钮上的文字
        if (insertORupdate == "insert")
        {
            btnOperate.Text = "添加";
        }
        else
        {
            btnOperate.Text = "修改";
            txtID.ReadOnly = true;
            conn = new SqlConnection(strConn);
            conn.Open();
            //查询指定商品的所有字段
            strSql = "select * from Products a,Category b where a.CategoryID=b.CategoryID
and ProductID='" + pId + "'";
            SqlCommand comm = new SqlCommand(strSql, conn);     //声明并创建命令对象
            SqlDataReader dr = comm.ExecuteReader();            //执行查询，用DataReader存放数据
            if (dr.Read())                                      //如果查询到数据
```

```
            {
                //根据商品编号访问数据库，为各控件加载数据
                txtID.Text = pId;
                txtName.Text = dr["ProductName"].ToString();
                txtSupplier.Text = dr["SupplierName"].ToString();
                comboCategory.Text = dr["CategoryName"].ToString();
                txtUnitPrice.Text = dr["UnitPrice"].ToString();
                txtUnitsInStock.Text = dr["UnitsInStock"].ToString();
                chkDisc.Checked = (dr["Discount"].ToString() == "True");
            }
            dr.Close();                    //关闭dataReader
            conn.Close();                  //关闭数据库连接
        }
    }
```

（15）双击 btnOperate 按钮，进入其 Click 事件处理函数，根据从列表窗体传过来的操作类别（insert 或 update）对数据库执行添加或修改操作，代码如下：

```
    //操作按钮单击事件处理函数，根据从列表窗体传过来的操作类别访问数据库
    private void btnOperate_Click(object sender, EventArgs e)
    {
        SqlConnection conn = new SqlConnection(strConn);    //声明并创建连接对象
        conn.Open();                                         //打开数据库连接
        //下面一段代码将保存添加的商品数据
        if (insertORupdate == "insert")
        {
            strSql = "insert into Products values(@ProductID,@ProductName,@SupplierName,@
CategoryID,@UnitPrice,@UnitsInStock,@Discount)";
            SqlCommand comm = new SqlCommand(strSql, conn);
            comm.Parameters.Add(new SqlParameter("@ProductID", txtID.Text));
            comm.Parameters.Add(new SqlParameter("@ProductName", txtName.Text));
            comm.Parameters.Add(new SqlParameter("@SupplierName", txtSupplier.Text));
            comm.Parameters.Add(new SqlParameter("@CategoryID", int.Parse(comboCategory.
SelectedValue.ToString())));
            comm.Parameters.Add(new SqlParameter("@UnitPrice", float.Parse(txtUnitPrice.Text)));
            comm.Parameters.Add(new SqlParameter("@UnitsInStock", float.
Parse(txtUnitsInStock.Text)));
            comm.Parameters.Add(new SqlParameter("@Discount", (chkDisc.Checked == true ?
"1" : "0")));
            if (comm.ExecuteNonQuery() > 0)
                MessageBox.Show("添加商品信息成功！");
            else
                MessageBox.Show("添加商品信息失败！");
        }
        //下面一段代码将保存修改的商品数据
        else
        {
            strSql = "update Products set ProductName=@ProductName,SupplierName=@
SupplierName,CategoryID=@CategoryID,UnitPrice=@UnitPrice,UnitsInStock=@
UnitsInStock,Discount=@Discount where ProductID=@ProductID";
            SqlCommand comm = new SqlCommand(strSql, conn);
            comm.Parameters.Add(new SqlParameter("@ProductID", txtID.Text));
            comm.Parameters.Add(new SqlParameter("@ProductName", txtName.Text));
            comm.Parameters.Add(new SqlParameter("@SupplierName", txtSupplier.Text));
            comm.Parameters.Add(new SqlParameter("@CategoryID", int.Parse(comboCategory.
SelectedValue.ToString())));
```

```
            comm.Parameters.Add(new SqlParameter("@UnitPrice", float.Parse(txtUnitPrice.
Text)));
            comm.Parameters.Add(new SqlParameter("@UnitsInStock", float.Parse
(txtUnitsInStock.Text)));
            comm.Parameters.Add(new SqlParameter("@Discount", (chkDisc.Checked == true ?
"1" : "0")));
            if (comm.ExecuteNonQuery() > 0)
                MessageBox.Show("更新商品信息成功！");
            else
                MessageBox.Show("更新商品信息失败！");
```

程序运行结果如图 14-27 所示。

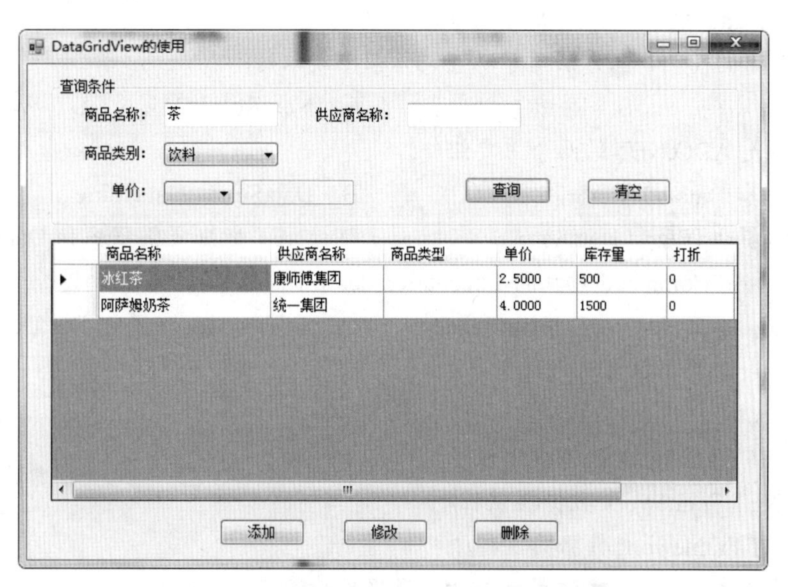

图 14-27　“DataGridView 的使用”运行结果

选中一条记录，单击“修改”按钮，运行结果如图 14-28 所示。

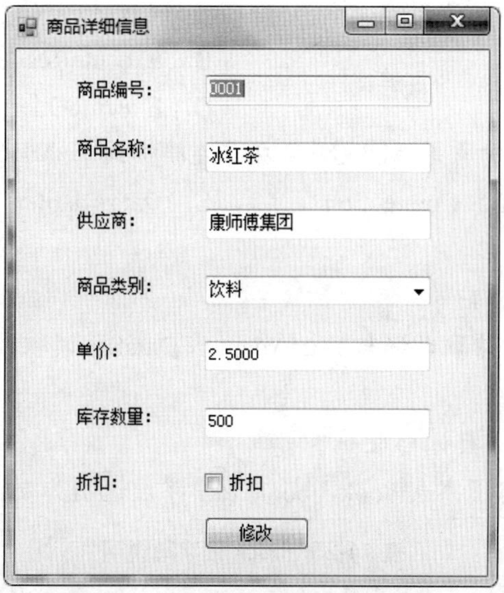

图 14-28　“商品详细信息”运行结果

习题与拓展训练

一、选择题

1. 在 ADO.NET 中，执行数据库的某个存储过程，至少需要创建（　　）并设置它们的属性、调用合适的方法。

A. 一个 Connection 对象和一个 Command 对象

B. 一个 Connection 对象和一个 DataSet 对象

C. 一个 Command 对象和一个 DataSet 对象

D. 一个 Command 对象和一个 DataAdapter 对象

2. DateReader 对象的（　　）方法用于从查询结果中读取行。

A. Next()　　B. Read()　　C. NextResult()　　D. Write()

3. 以下（　　）是 ADO.NET 的两个主要组件。

A. Command 和 DataAdapter　　B. DataSet 和 DataTable

C. .NET 数据提供程序和 DataSet　　D. .NET 数据提供程序和 DataAdapter

4. .NET 框架中的 SqlCommand 对象的 ExecuteReader() 方法返回一个（　　）。

A. XmlReader　　B. SqlDataReader　　C. SqlDataAdapter　　D. DataSet

5. 在对 SQL Server 数据库操作时应选用（　　）。

A. SQL Server.NET Framework 数据提供程序

B. ODBC.NET Framework 数据提供程序

C. OLEDB.NET Framework 数据提供程序

D. Oracle.NET Framework 数据提供程序

6. Connection 对象的（　　）方法用于打开与数据库的连接。

A. Close()　　B. Open()

C. ConnectionString()　　D. DataBase()

7. Command 对象的（　　）方法返回受 SQL 语句的影响或检索的行数。

A. ExecuteNonQuery()　　B. ExecuteReader()

C. ExecuteScalar()　　D. ExecuteQuery()

8. 下列中的（　　）类型的对象是 ADO.NET 在非连接模式下处理数据内容的主要对象。

A. Command　　B. Connection　　C. DataAdapter　　D. DataSet

二、简答题

简述 ADO.NET 数据库访问流程。

2. 简述使用 DataReader 对象读取数据与 DataAdapter+DataSet 读取数据的区别。

三、拓展训练

编写一个 Windows 应用程序，具体要求如下：

（1）创建数据库 MyDb，创建图书表 book，book 表中字段说明如表 14-25 所示。

表 14-25　book 表字段说明

字段名	数据类型	是否主键	含义
bookID	char(5)	是	书号
bookName	nvarchar(50)	否	书名
bookType	char(20)	否	类别
bookPrice	int	否	定价
bookPress	nvarchar(50)	否	出版社

（2）窗体标题设置为“图书信息管理程序”。运行结果如图 14-29 所示。

图 14-29 中“类别”ComboBox 可选项设置为“计算机类”、“小说类”或“童书类”，且只能选择，不能输入。如果不输入查询条件就单击“查询”按钮，将在列表（DataGridView）控件中显示图书 book 表中所有的图书信息；如果输入查询条件即可完成组合条件查询。

（3）在图 14-29 中单击“添加”按钮，弹出图 14-30 所示图书详细信息窗口，输入图书的基本信息后单击“添加”按钮，可完成添加图书信息，并刷新图 14-29 中的 DataGridView 控件。

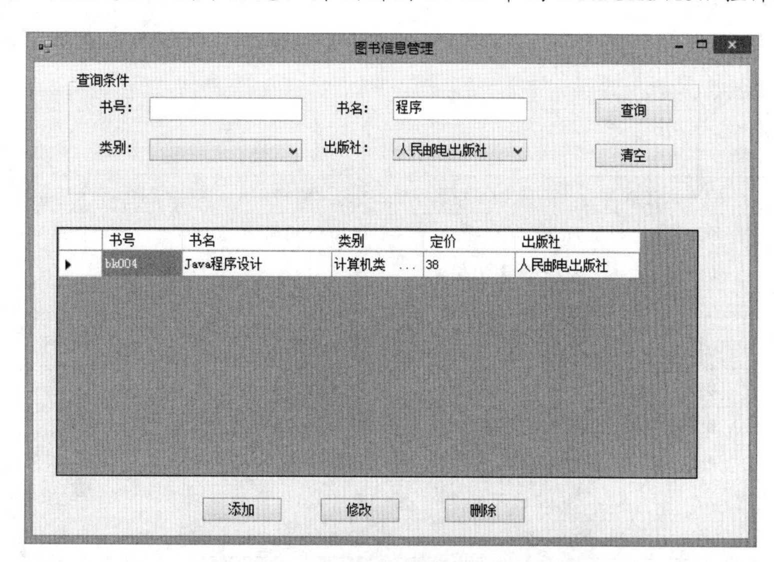

图 14-29　图书信息管理窗体运行结果

在图 14-29 中选中一条记录，单击“修改”按钮，弹出图 14-31 所示的图书详细信息窗口，窗体加载时各控件加载选中图书记录的各字段值，修改图书信息后单击“修改”按钮提交修改，可完成图书信息修改，并刷新图 14-29 中的 DataGridView 控件。

在图 14-29 中的 DataGridView 中选择一条图书信息，单击“删除”按钮完成图书信息的删除，并刷新 DataGridView 控件。

图 14-30　“图书详细信息”运行界面——添加图书信息

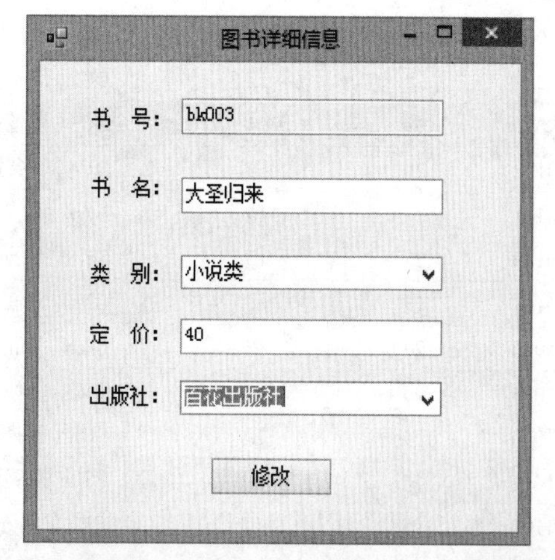

图 14-31　“图书详细信息”运行界面——修改图书信息

附录 A

ASCII 码表

二进制	十进制	十六进制	含义或字符	二进制	十进制	十六进制	含义或字符
0000 0000	0	00	NUL（空）	0010 0100	36	24	$
0000 0001	1	01	SOH（标题开始）	0010 0101	37	25	%
0000 0010	2	02	STX（本文开始）	0010 0110	38	26	&
0000 0011	3	03	ETX（本文结束）	0010 0111	39	27	'
0000 0100	4	04	EOT（传输结束）	0010 1000	40	28	(
0000 0101	5	05	ENQ（请求）	0010 1001	41	29	)
0000 0110	6	06	ACK（确认）	0010 1010	42	2A	*
0000 0111	7	07	BEL（响铃）	0010 1011	43	2B	+
0000 1000	8	08	BS（退格）	0010 1100	44	2C	,
0000 1001	9	09	HT（水平定位）	0010 1101	45	2D	-
0000 1010	10	0A	LF（换行键）	0010 1110	46	2E	.
0000 1011	11	0B	VT（垂直定位）	0010 1111	47	2F	/
0000 1100	12	0C	FF（换页键）	0011 0000	48	30	0
0000 1101	13	0D	CR（回车）	0011 0001	49	31	1
0000 1110	14	0E	SO（移位输出）	0011 0010	50	32	2
0000 1111	15	0F	SI（移位输入）	0011 0011	51	33	3
0001 0000	16	10	DLE（数据链接丢失）	0011 0100	52	34	4
0001 0001	17	11	DC1（设备控制一）	0011 0101	53	35	5
0001 0010	18	12	DC2（设备控制二）	0011 0110	54	36	6
0001 0011	19	13	DC3（设备控制三）	0011 0111	55	37	7
0001 0100	20	14	DC4（设备控制四）	0011 1000	56	38	8
0001 0101	21	15	NAK（确认失败）	0011 1001	57	39	9
0001 0110	22	16	SYN（同步用暂停）	0011 1010	58	3A	:
0001 0111	23	17	ETB（传输块结束）	0011 1011	59	3B	;
0001 1000	24	18	CAN（取消）	0011 1100	60	3C	<
0001 1001	25	19	EM（介质中断）	0011 1101	61	3D	=
0001 1010	26	1A	SUB（替换）	0011 1110	62	3E	>
0001 1011	27	1B	ESC（换码）	0011 1111	63	3F	?
0001 1100	28	1C	FS（文件分隔符）	0100 0000	64	40	@
0001 1101	29	1D	GS（组群分隔符）	0100 0001	65	41	A
0001 1110	30	1E	RS（记录分隔符）	0100 0010	66	42	B
0001 1111	31	1F	US（单元分隔符）	0100 0011	67	43	C
0010 0000	32	20	SP（空格）	0100 0100	68	44	D
0010 0001	33	21	!	0100 0101	69	45	E
0010 0010	34	22	"	0100 0110	70	46	F
0010 0011	35	23	#	0100 0111	71	47	G

续表

二进制	十进制	十六进制	含义或字符	二进制	十进制	十六进制	含义或字符
0100 1000	72	48	H	0110 0100	100	64	d
0100 1001	73	49	I	0110 0101	101	65	e
0100 1010	74	4A	J	0110 0110	102	66	f
0100 1011	75	4B	K	0110 0111	103	67	g
0100 1100	76	4C	L	0110 1000	104	68	h
0100 1101	77	4D	M	0110 1001	105	69	i
0100 1110	78	4E	N	0110 1010	106	6A	j
0100 1111	79	4F	O	0110 1011	107	6B	k
0101 0000	80	50	P	0110 1100	108	6C	l
0101 0001	81	51	Q	0110 1101	109	6D	m
0101 0010	82	52	R	0110 1110	110	6E	n
0101 0011	83	53	S	0110 1111	111	6F	o
0101 0100	84	54	T	0111 0000	112	70	p
0101 0101	85	55	U	0111 0001	113	71	q
0101 0110	86	56	V	0111 0010	114	72	r
0101 0111	87	57	W	0111 0011	115	73	s
0101 1000	88	58	X	0111 0100	116	74	t
0101 1001	89	59	Y	0111 0101	117	75	u
0101 1010	90	5A	Z	0111 0110	118	76	v
0101 1011	91	5B	[	0111 0111	119	77	w
0101 1100	92	5C	\	0111 1000	120	78	x
0101 1101	93	5D	]	0111 1001	121	79	y
0101 1110	94	5E	^	0111 1010	122	7A	z
0101 1111	95	5F	_	0111 1011	123	7B	{
0110 0000	96	60	`	0111 1100	124	7C	|
0110 0001	97	61	a	0111 1101	125	7D	}
0110 0010	98	62	b	0111 1110	126	7E	~
0110 0011	99	63	c	0111 1111	127	7F	DEL（删除）

附录 B 程序流程图符号和用法

1. 基本符号

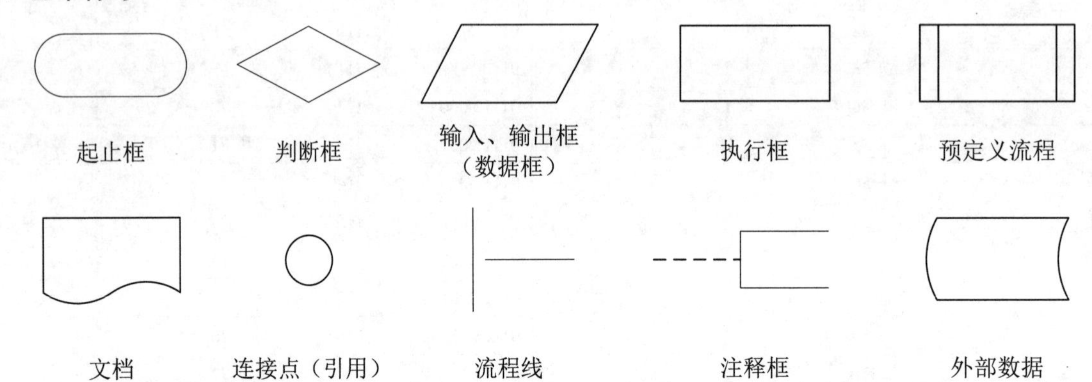

2. 基本流程

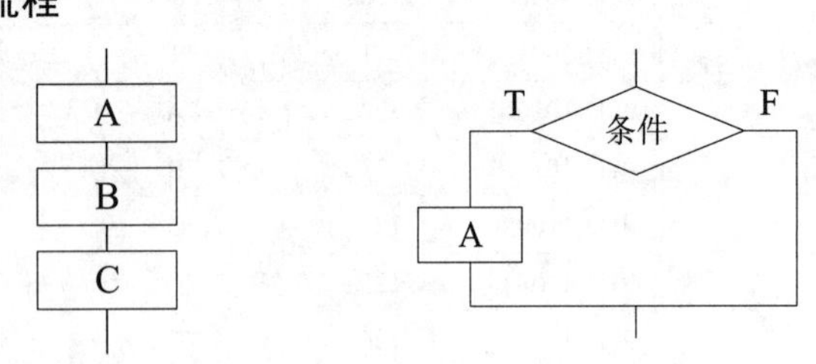

顺序结构

选择（单分支、if）结构

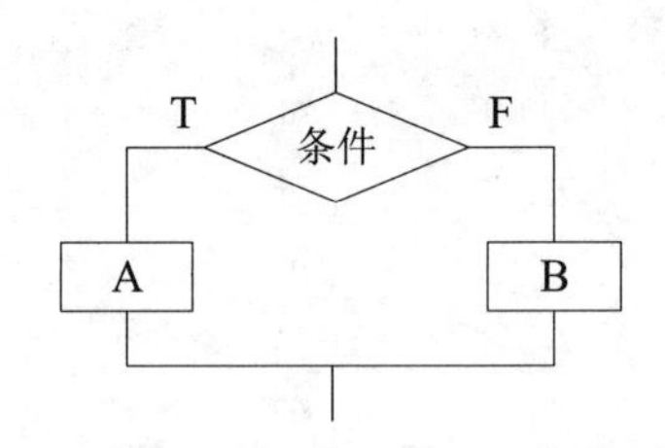

选择（双分支、if...else）结构

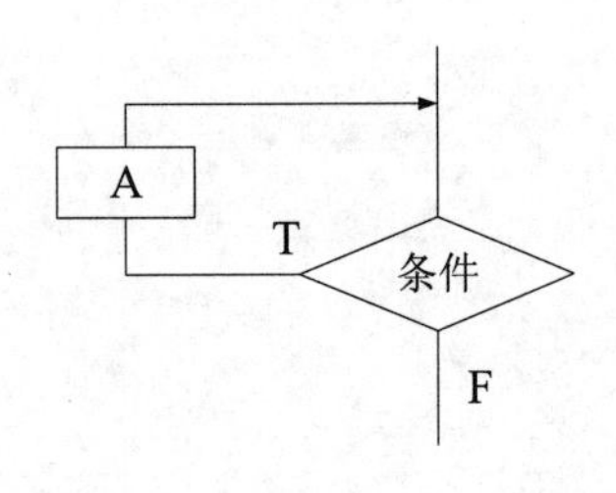

while 循环

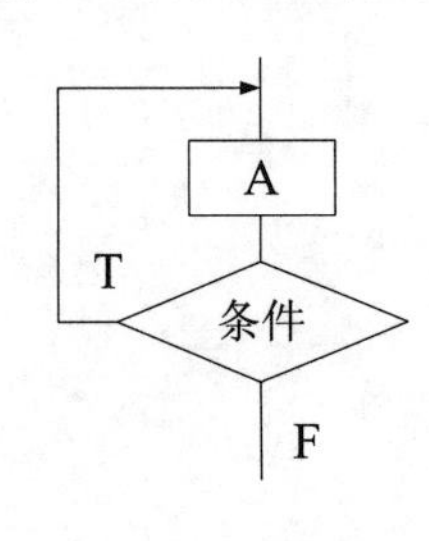

do…while循环

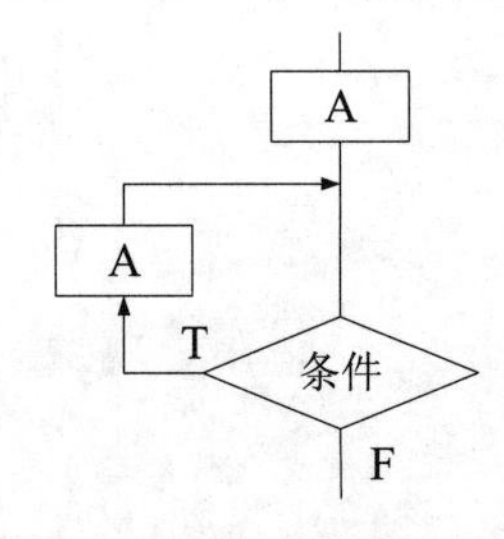

do…while循环转换成 while 循环

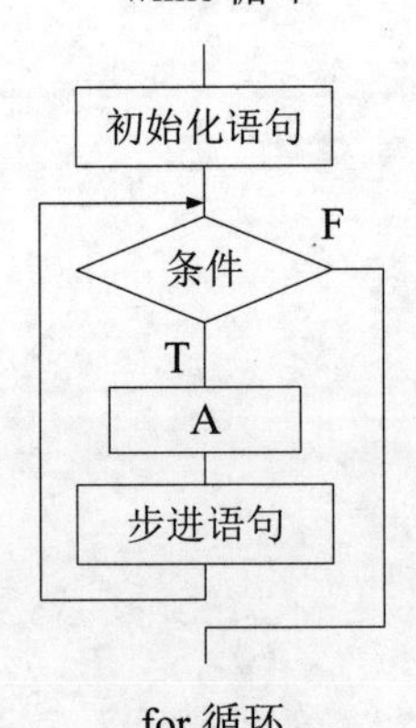

for 循环

附录 C

程序设计命名规则与 C# 编程规范

为了保证标识符的可读性和可区分性，在程序设计中对标识符有一定的命名规则，主要的命名规则有 Camel 命名法和 Pascal 命名法。为编程规范化，不同编程语言也有相应的编程规范。

1. Camel 命名法

Camel（驼峰）命名法是将标识符的首个单词的首字母小写，其余单词的首字母大写，如 myName、backColor、productType、HighSchoolStudent 等。变量名一般用 Camel 命名法命名。

因为要求标识符的首个单词的首字母小写，因此 Camel 命名法也称小驼峰命名法。

2. Pascal 命名法

Pascal（帕斯卡）命名法是将标识符的首字母和后面连接的每个单词的首字母都大写，如 MyName、BackColor、HighSchoolStudent、Console.WriteLine 等，通常用于对类、方法（函数）和属性命名。

因为要求包括首个单词在内的所有单词的首字母要大写，因此 Pascal 命名法也称大驼峰命名法。

3. C# 命名规范

表 C-1 所示是微软规定的 C# 总的命名规范，另外对变量相关、Windows 窗体控件相关、页面相关等都有详细的命名规范，对版权说明、注释、排版等也有相应规范要求，请自行查阅参考。

表 C-1　C# 总的命名规范

标 志 符	规　则	实例与描述
命名空间（namespace）	Pascal	以“.”分隔，当每一个限定词均为 Pascal 命名方式，如 using ExcelQuicker.Framework
类（class）	Pascal	Application、Console
方法（function）	Pascal	ToString
枚举类型（enum）	Pascal	以 Pascal 命名，切勿包含 Enum，否则 FXCop 会抛出 Issue
委托（delegate）	Pascal	以 Pascal 命名，不以任何特殊字符串区别于类名、函数名，命名的后面加 EventHandler
常量（const）	全部大写	全部大写，单词间以下画线隔开，如 public const int LOCK_SECONDS = 3000;
接口（interface）	Pascal	总是以 I 前缀开始，后接 Pascal 命名，如 IDisposable
方法（function）	Pascal	ToString
参数	Camel	首字母小写
成员变量（全局变量）	Camel	加前缀“_”，如 public int _i;
局部变量	Camel	也可以加入类型标识符，如对于 System.String 类型，声明变量是以 str 开头，string strSQL=string.Empty; 在简单的循环语句中计数器变量使用 i、j、k、l、m、n 等
数据成员	Camel	以 m 开头＋ Pascal 命名规则，如 mProductType（m 意味 member）
属性（attribute）	Pascal	为名词及名词短语，如 str.Length、TextBox.Text 对于 bool 型属性或者变量使用 Is（is）作为前缀，不要使用 Flag 后缀，例如应该使用 IsDeleted，而不要使用 DeleteFlag

参考文献

[1] 车战斌 . C# 应用程序开发［M］. 北京：科学出版社，2013.
[2] 马骏 . C# 程序设计及应用教程［M］.3 版 . 北京：人民邮电出版社，2014.
[3] 孙志辉 . C# 程序设计［M］. 北京：人民邮电出版社，2015.
[4] 胡学钢 . C# 应用程序开发与实践［M］. 北京：人民邮电出版社，2012.